生态文明蓝皮书

四川生态文明发展评价报告

（2021）

主　编◆罗　彬

副主编◆王　恒　刘冬梅

西南交通大学出版社

·成　都·

图书在版编目（C I P）数据

生态文明蓝皮书：四川生态文明发展评价报告. 2021 / 罗彬主编. —成都：西南交通大学出版社，2022.6
ISBN 978-7-5643-8720-4

Ⅰ. ①生… Ⅱ. ①罗… Ⅲ. ①生态环境建设—研究报告—四川—2021 Ⅳ. ①X321.271

中国版本图书馆 CIP 数据核字（2022）第 099816 号

Shengtai Wenming Lanpishu:
Sichuan Shengtai Wenming Fazhan Pingjia Baogao (2021)

生态文明蓝皮书：
四川生态文明发展评价报告（2021）

主编　罗　彬

责任编辑　刘　昕
封面设计　原谋书装

出版发行　西南交通大学出版社
（四川省成都市金牛区二环路北一段 111 号
西南交通大学创新大厦 21 楼）
邮政编码　610031
发行部电话　028-87600564　028-87600533
网址　http://www.xnjdcbs.com
印刷　四川煤田地质制图印刷厂

成品尺寸　185 mm × 260 mm
印张　17.5
字数　432 千
版次　2022 年 6 月第 1 版
印次　2022 年 6 月第 1 次
定价　98.00 元
书号　ISBN 978-7-5643-8720-4
审图号　川 S【2022】00037 号

编 委 会

前　言

生态文明建设关系人民福祉、关乎民族未来。四川是长江黄河上游重要的生态屏障和水源涵养地，肩负着维护我国生态安全的重要使命，加强四川生态文明建设，不仅关系巴山蜀水的秀美山河，更关系国家生态安全和长远发展。本书围绕当前生态文明领域重大战略部署以及焦点、难点、亮点等开展研究，力求全面呈现四川各地在生态文明建设方面的有益探索和实践经验。

全书分为总报告、分报告和实践篇。总报告立足生态环境质量改善和经济社会高质量发展目标，基于省域、区域、市域及县域 4 个尺度，系统评估了四川生态文明发展水平。分报告从污染排放、资源消耗、人居改善、生态安全、生态经济等 7 个维度进行研究，提出 21 市（州）差异化生态文明发展路径选择。实践篇针对美丽四川建设实践中存在的重点、难点等问题，从美丽空间、宜人环境、自然生态、锦绣家园、绿色经济、生态文化、现代治理体系 7 个领域开展研究，并提出政策建议，以期为谱写美丽中国四川篇章提供科学支撑。

由于时间仓促和编者水平有限，书中难免有不足之处，敬请读者批评指正！

编委会

2022 年 4 月

目 录 CONTENT

总 报 告

分 报 告

实 践 篇

总报告

四川省生态文明发展水平评价

罗彬　何蓉　王恒　刘冬梅　唐书培
四川省环境政策研究与规划院

黄鑫童
重庆大学

【摘　要】沿用《生态文明蓝皮书·四川生态文明发展评价报告（2020）》提出的生态文明发展指数对2019年四川省省域、区域以及市域尺度下生态文明发展水平进行评价，分析压力、状态、响应各维度指数对生态文明发展水平的贡献率，并提出相关政策建议。探索建立了由生态环境质量指数、社会经济质量指数、生态文明建设质量指数组成的县域生态文明发展水平评价指标体系，并对四川省183个县（区、市）2020年生态文明发展水平及耦合协调度进行了评价。

【关键词】生态文明发展指数；市域指标体系；县域指标体系；评价

一、研究优化、完善和说明

本报告主要是基于《生态文明蓝皮书·四川生态文明发展评价报告（2020）》中生态文明发展评估研究基础，持续完善和优化评估体系。本次生态文明评估主要内容包括：

（1）持续开展省域、区域、市域生态文明发展水平评价。沿用《生态文明蓝皮书·四川生态文明发展评价报告（2020）》指标体系进行省域、区域和市域尺度评价，计算2019年四川省省域、5大经济区及21市（州）的生态文明发展水平。但由于部分指标数据的来源和统计口径发生变化，本报告未进行年度比较。

（2）创新开展生态文明发展影响因素贡献率研究。贡献率可反映各个因素对总产出成果成效作用的大小程度，但现有相关研究多集中于经济发展、产业结构、企业管理等领域，较少应用于生态文明发展水平研究中。本报告基于生态文明发展水平的评估结果，测算各维度指数对最终的生态文明发展水平的贡献率，定量化分析各区域压力指数、状态指数和响应指数对生态文明发展的作用及影响。

（3）探索建立四川省县域生态文明发展水平评价的多维指标体系。受数据可得性、可度量性等因素的影响，现有生态文明发展相关指标体系研究尺度多以国家、省域、市域等中宏观尺度研究为主，对于县域生态文明发展的定量研究却不多见。本报告探索建立了由生态环境质量指数、社会经济质量指数、生态文明建设质量指数组成的县域生态文明发展水平评价指标体系，基于空间视阈评价了四川省183个县（区、市）2020年的生态文明发展水平和耦合协调度，对当前县域生态文明建设工作具有一定的指导作用。本次研究的数据主要来源于四川省统计年鉴、中国城市建设统计年鉴、四川省水资源公报、四川省生态环境质量报告、EPS数据库等。

二、生态文明发展水平指标构建及评价方法

（一）省域、区域、市域指标体系

四川省省域、5大经济区及市域生态文明发展水平评价仍沿用《生态文明蓝皮书·四川生态文明发展评价报告（2020）》指标体系。即以压力因素—现状水平—应对措施为主线，建立包含3个子系统、28个具体指标的四川省生态文明发展水平评价指标体系，如表2-1所示。

表2-1 四川省生态文明发展评价指标体系

序号	系统层	准则层	指标层	具体指标	指标属性[①]
1	压力指标层	污染排放	大气污染源排放	单位GDP二氧化硫排放量	−
2				单位GDP氮氧化物排放量	−
3			水污染源排放	单位GDP氨氮排放量	−
4				单位GDP化学需氧量排放量	−
5		资源消耗	土地资源消耗	单位第二三产业增加值建设用地面积	−
6				单位第一产业增加值耕地面积	−
7			能源消耗	单位GDP能耗	−
8			水资源消耗	单位GDP用水量	−
9	状态指标层	生态环境状态	生态环境质量	EI指数	+
10			水环境质量	地表水监测断面劣Ⅴ类比例	−
11				地表水监测断面Ⅰ-Ⅲ类比例	+
12			大气环境质量	空气质量综合指数	−
13				空气质量优良天数比例	+
14		社会经济状态	发展水平	人均GDP	+
15				城镇化率	+
16			发展质量	人均科教财政支出	+
17				城乡人均可支配收入比值	+
18	响应指标层	改善人居环境	环境整治	城镇污水处理率	+
19				生活垃圾处理率	+
20			饮水安全	集中式水源地水质优良比例	+
21			城市绿化	城市建成区绿化覆盖率	+
22		维护生态安全	环境风险防范	危险废物利用处置率	+
23			环境污染治理	节能环保支出占一般公共预算支出比例	+
24			生态系统功能提升	森林覆盖率	+
25				生态保护红线面积比例	+
26		发展生态经济	发展低碳经济	碳排放强度	−
27			优化产业结构	第三产业增加值占GDP比重	+
28			推动产业循环	一般工业固体废物综合利用率	+

① “−”为负向指标，“+”为正向指标，后同。

市域评价指标体系中，压力指标用来描绘生态文明建设压力，即生态文明发展过程中经济、社会活动引起的污染排放和能源消耗对生态文明建设产生的压力作用。本报告对压力指数中的逆向指标做了标准化处理，压力指数越大，说明生态文明发展面临的压力越小，即干扰越小。具体来讲，污染排放得分越大，表明受污染排放影响的压力越小；资源消耗得分越大，表明资源利用效率越高，应对因资源消耗而带来的影响压力越小。

状态指标用来描绘地方生态文明发展状态，表征该地区生态环境、社会经济发展的结构、功能和稳定性，包括生态环境质量和社会经济发展。状态指数反映的是一个地区生态环境及社会经济的综合状态，状态指数越大，说明地区生态文明发展的综合状态越好。

响应指标用来反映地方政府针对压力活动和状态变化做出的响应措施，可以客观体现生态文明建设力度，主要从改善人居环境、维护生态安全、发展生态经济三方面的响应措施来描述各地区对生态文明的重视程度及生态文明的建设程度。响应指数体现了各地区对生态文明的重视程度及建设生态文明的努力程度，状态指数越大，说明地区对生态文明发展的重视程度及建设生态文明的努力程度越高。

（二）县域指标体系

1. 指标体系的构建原则

构建四川省县域生态文明发展水平评价指标体系应遵循以下原则：

（1）科学性原则。由于生态文明的发展会受各县（区、市）环境本底条件、经济状况、生态文明建设力度等多个要素的影响，在选择评价指标时要考虑其是否具有代表性，并能从多个方面综合反映生态文明的发展水平。同时应保持各指标涵盖信息的相对独立性，降低数据信息的冗余度，尽可能以较少的指标体现生态文明的发展水平。

（2）可度量性原则。所选择的指标必须是可度量的，而且能够实际取得数据。有些指标虽然在理论上可行，但缺乏数据来源，或虽然取得数据，但可信程度较低，这样的指标宁可暂缺，以尽量避免主观判断代替客观度量。数据主要来自四川省统计年鉴、市（州）统计年鉴数据。

（3）可比性原则。评价指标体系的每一个指标都需要经过严谨的计算才能进行设置，同时评价指标体系的建设应该在保证对评估对象已经有了比较充分的认识和研究的前提之下，进而更好地反映出四川各县（区、市）生态文明发展水平。

（4）导向性原则。所选择指标既要从县（区、市）的现实出发，考虑数据资料的可获得性，又要从各县（区、市）的发展趋势出发，考虑指标的先进性，力求使每个设置指标都能够反映生态文明发展的本质特征、时代特点和未来取向。

2. 指标体系的构建

生态环境质量是生态文明发展的前提和基本条件，社会经济基础决定生态文明发展的上层建筑，生态文明建设的质量体现了各地区对生态文明的重视程度及建设生态文明的努力程度，是生态文明发展的动力引擎。生态文明发展离不开生态环境和社会经济发展的支撑带动，社会经济质量和生态环境质量快速提升的积极成果将不断转化为生态文明持续推进的强大动力，更离不开以产业优化、人居改善、环境治理等为途径的生态文明建设的影响，它既是对一个县（区、市）生态文明建设取得的积极成果的准确刻画，也是对该县（区、市）生态文明不断健全完善这一过程的客观描述。

围绕生态环境质量、社会经济质量、生态文明建设质量 3 个方面，遵循科学性、可度量性、可比性及导向性等基本原则，建立四川省县域生态文明发展水平评价指标体系（见表 2-2），用于客观评价四川省 183 个县（区、市）的生态文明发展水平。其中，生态环境质量作为生态文明发展的基础支撑，用“生态环境质量指数”表征，主要是指评测县（区、市）的环境本底情况，涵盖水、气、土、生态等方面的指标。社会经济基础决定生态文明发展的上层建筑，用“社会经济质量指数”表征，主要是指评测县（区、市）的社会经济状况，包括社会发展、经济发展等方面指标。生态文明建设质量体现了各县（区、市）对生态文明的重视程度及建设生态文明的努力程度，用“生态文明建设质量指数”表征，主要涉及经济结构优化、人居改善、环境治理等方面指标。

表 2-2　四川省县域生态文明发展水平评价指标体系

序号	准则层	指标层	指标属性
1	生态环境质量指数	EI 指数	+
2		地表水监测断面 I-Ⅲ类比例	+
3		化肥使用强度	−
4		空气质量优良天数比例	+
5		PM2.5 平均浓度	−
6	社会经济质量指数	人均 GDP	+
7		城乡收入比	−
8		税收收入占地方一般公共预算收入比重	+
9		三产增加值占 GDP 比重	+
10		城镇化率	+
11	生态文明建设质量指数	污水处理率	+
12		生活垃圾处理率	+
13		建成区绿地率	+
14		公园绿地服务半径覆盖率	+
15		三产占比变化率	+
16		生态环境状况变化度	+

（三）评价方法

本报告借助目标渐近法对指标数据进行标准化处理后，采用熵权法计算权重，最终通过加权法对生态文明发展水平进行测度分析。

1. 标准化处理

本次评估均采用目标渐近法（Proximity-to-target）进行数据标准化处理，即每项指标转化为 0 ~ 100 之间的一个数值，以 100 表示绩效目标，表示采集到的最低值，首先对于超过建设目标的数值进行调整，使其与目标值持平，以避免“过度绩效”。其次采用公式（2-1）和公式（2-2）进行算术转换，将数值转化为 0 ~ 100 分的相对数值。

对于正向指标，进行数据标准化：

$$d_{ij} = \frac{D_{ij} - d_{\min}}{d_{\max} - d_{\min}} \times 100 \tag{2-1}$$

对于负向指标，进行数据标准化：

$$d_{ij} = \frac{D_{ij} - d_{\max}}{d_{\min} - d_{\max}} \times 100 \tag{2-2}$$

式中　d_{ij}——第 i 个评测区域第 j 个指标的维度个体指数；

D_{ij}——第 i 个评测区域第 j 个指标的统计值；

$d_{\min}$——第 j 个指标的统计值的最小值；

$d_{\max}$——第 j 个指标的统计值的最大值。

2. 指标的权重确定

本报告评价指标权重赋值以理论层次分析为基础，采取自下而上、逐层分解的方式，循环使用熵权法，最终得到具体指标的权重，具体计算方法如下。

将实际数据转变为标准化数据 d_{ij} 后，依据公式（2-3）计算各维度的第 j 项指标信息熵：

$$E_j = (\ln m)^{-1} \sum_{i=1}^{m} p_{ij} \ln p_{ij} \tag{2-3}$$

其中，m 为被评价对象的数目，n 为评价指标数目，p_{ij} 表达式为

$$p_{ij} = \frac{d_{ij}}{\sum_{i=1}^{m} d_{ij}} \tag{2-4}$$

若 $p_{ij} = 0$，则定义 $\lim\limits_{p_{ij} \to 0} p_{ij} \ln p_{ij} = 0$。

利用熵计算各指标客观权重公式为

$$w_j = \frac{1 - E_j}{n - \sum_{j=1}^{n} E_j}, \quad (j = 1, 2, 3, \cdots, n) \tag{2-5}$$

生态文明发展水平评价指标体系各指标计算结果如表 2-3、表 2-4 所示。

表 2-3 四川省生态文明发展评价指标体系权重计算结果

序号	具体指标	指标权重
1	单位 GDP 二氧化硫排放量	0.041 2
2	单位 GDP 氮氧化物排放量	0.041 2
3	单位 GDP 氨氮排放量	0.041 3
4	单位 GDP 化学需氧量排放量	0.041 3
5	单位第二三产业增加值建设用地面积	0.037 3
6	单位第一产业增加值耕地面积	0.018 7
7	单位 GDP 能耗	0.054 5
8	单位 GDP 用水量	0.054 5
9	EI 指数	0.056 1
10	地表水监测断面劣Ⅴ类比例	0.028 9
11	地表水监测断面Ⅰ-Ⅲ类比例	0.028 9
12	空气质量综合指数	0.027 2
13	空气质量优良天数比例	0.028 9
14	人均 GDP	0.041 6
15	城镇化率	0.038 4
16	人均科教财政支出	0.040 5
17	城乡人均可支配收入比值	0.039 5
18	城镇污水处理率	0.018 7
19	生活垃圾处理率	0.017 6
20	集中式水源地水质优良比例	0.037 4
21	城市建成区绿化覆盖率	0.036 3
22	危险废物利用处置率	0.039 6
23	节能环保支出占一般公共预算支出比例	0.039 6
24	森林覆盖率	0.020 4
25	生态保护红线面积比例	0.020 4
26	碳排放强度	0.036 3
27	第三产业增加值占 GDP 比重	0.037 4
28	一般工业固体废物综合利用率	0.036 3

表 2-4　四川省县域生态文明发展水平评价指标体系

序号	具体指标	指标权重
1	EI 指数	0.083
2	地表水监测断面Ⅰ-Ⅲ类比例	0.084
3	化肥使用强度	0.083
4	空气质量优良天数比例	0.041
5	PM2.5 平均浓度	0.042
6	人均 GDP	0.066
7	城乡收入比	0.067
8	税收收入占地方一般公共预算收入比重	0.067
9	三产增加值占 GDP 比重	0.066
10	城镇化率	0.066
11	污水处理率	0.042
12	生活垃圾处理率	0.042
13	建成区绿地率	0.042
14	公园绿地服务半径覆盖率	0.042
15	三产占比变化率（三产增加值比上年±%）	0.083
16	生态环境状况变化度	0.084

3. 生态文明发展指数（DEC）计算

将标准化的具体指标按照指标权重进行加权求和，计算得到各子目标和生态文明发展水平指数（DEC）分数。为易于表征分析，仍将准则层各子目标分数转化为 0～100 分的相对数值。

各地区子目标指数 F_{jk} 为

$$F_{jk} = \frac{\sum_{j=1}^{m} W_j d_{ij} \times 100}{w_k} \quad (k = 1,2,3) \tag{2-6}$$

其中，w_k 为各子目标指数的权重。

各地区的生态文明发展指数（DEC_i）为

$$\text{DEC}_i = \sum_{j=1}^{n} W_j d_{ij} \tag{2-7}$$

4. 县域耦合协调度分析

引入耦合协调度模型系统分析 183 个县域生态环境质量指数、社会经济质量指数、生态文明建设质量指数两两相互作用程度，客观评价四川县域生态文明发展水平中 3 个影响因子的协调发展水平，模型结构为

$$C = \sqrt{\frac{F_a \times F_b}{(F_a \times F_b)^2}} \tag{2-8}$$

$$T = \alpha F_a + \beta F_b \tag{2-9}$$

$$D = \sqrt{C \times T} \tag{2-10}$$

其中，C 代表耦合度，$C \in (0,0.3]$代表低水平耦合，$C \in (0.3,0.5]$代表拮抗耦合，$C \in (0.5,0.8]$代表磨合阶段，$C \in (0.8,1]$代表高水平耦合；F_a 和 F_b 分别代表四川县域生态文明发展指数中的影响因子；T 代表综合协调系数，反映影响指数对协调度的贡献；α、β 为待定系数，考虑 3 个影响因子均同等重要，设定$\alpha = \beta = 0.5$；D 代表协调度，$D \in [0,1]$，其等级划分如表 2-5 所示。

表 2-5　四川省县域生态文明发展指数协调度等级划分

协调度等级	取值范围	协调度等级	取值范围
极度失调	（0，0.1）	勉强协调	[0.5，0.6）
严重失调	[0.1，0.2）	初级协调	[0.6，0.7）
中度失调	[0.2，0.3）	中级协调	[0.7，0.8）
轻度失调	[0.3，0.4）	良好协调	[0.8，0.9）
濒临失调	[0.4，0.5）	优质协调	[0.9，1）

三、四川省省域及区域生态文明发展水平评价

（一）四川省生态文明发展水平总体评价

1. 四川省生态文明发展水平评价结果

2019 年，四川省生态文明发展指数为 62.48 分，如表 3-1 所示。其中压力指数得分为 70.67，状态指数得分为 49.92 分，响应指数得分为 66.73。

具体来看，四川省在污染排放方面总体得分为 78.41。其中大气污染源排放和水污染源排放得分分别为 89.33 和 67.51。

在资源消耗方面，四川省总体得分为 62.93。其中土地资源消耗得分为 46.64；能源消耗得分为 71.09；水资源消耗得分为 71.51。

生态环境状态方面，四川省总体得分为 52.76。其中生态状态得分为 44.07；水环境状态得分为 69.89；大气环境状态得分为 43.79。

社会经济状态方面，四川省总体得分为 46.90。其中发展水平和发展质量得分分别为 45.44、48.36。

改善人居环境方面，四川省的总体得分为 88.98。其中，环境整治得分为 89.18；饮水安全得分为 97.14；城市绿化得分为 80.37。

维护生态安全方面，四川省总体得分为 54.61。其中环境风险防范得分为 93.20；生态系统功能提升得分为 42.07；环境污染治理得分为 28.94。

发展生态经济方面，四川省总体得分为 57.71。其中发展低碳经济得分为 92.06；优化产业结构得分为 54.96；推动产业循环得分为 26.19。

如图 3-1 所示为指数雷达图。

表 3-1　四川省省域生态文明发展水平各级指标得分

目标层	得分	系统层	得分	准则层	得分	指标层	得分
生态文明发展水平	62.48	压力指标	70.67	污染排放	78.41	大气污染源排放	89.33
						水污染源排放	67.51
				资源消耗	62.93	土地资源消耗	46.64
						能源消耗	71.09
						水资源消耗	71.51
		状态指标	49.92	生态环境状态	52.76	生态状态	44.07
						水环境状态	69.89
						大气环境状态	43.79
				社会经济状态	46.90	发展水平	45.44
						发展质量	48.36
		响应指标	66.73	改善人居环境	88.98	环境整治	89.18
						饮水安全	97.14
						城市绿化	80.37
				维护生态安全	54.61	环境风险防范	93.20
						环境污染治理	28.94
						生态系统功能提升	42.07
				发展生态经济	57.71	发展低碳经济	92.06
						优化产业结构	54.96
						推动产业循环	26.19

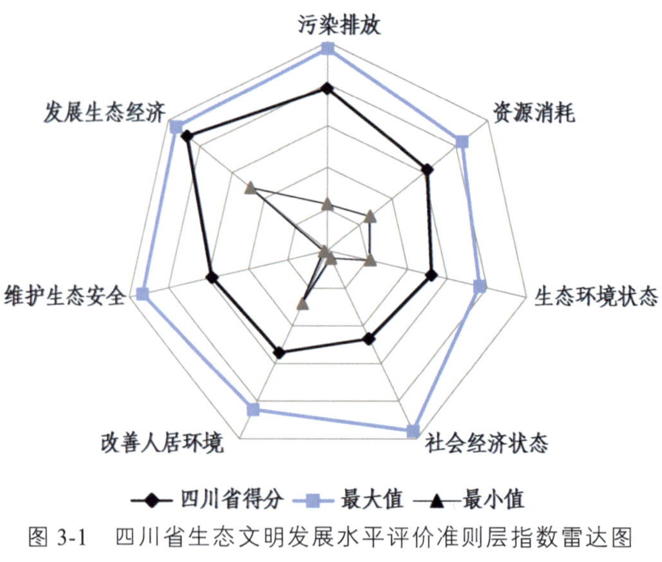

图 3-1　四川省生态文明发展水平评价准则层指数雷达图

2. 四川省生态文明发展水平贡献率分析

由驱动因素贡献率可以发现（见图 3-2），2019 年四川省压力层指数对生态文明发展指数的贡献率最高，贡献率总计达 40%左右，是生态文明发展的主要贡献因素；其次是改善人居环境和生态环境状态，其对生态文明发展水平的贡献率分别为 16%、14%；社会经济状态、发展生态经济和维护生态安全的贡献率较低，分别为 12%、10%、10%，表明经济高质量发展和生态安全保护仍是四川省生态文明发展的短板。

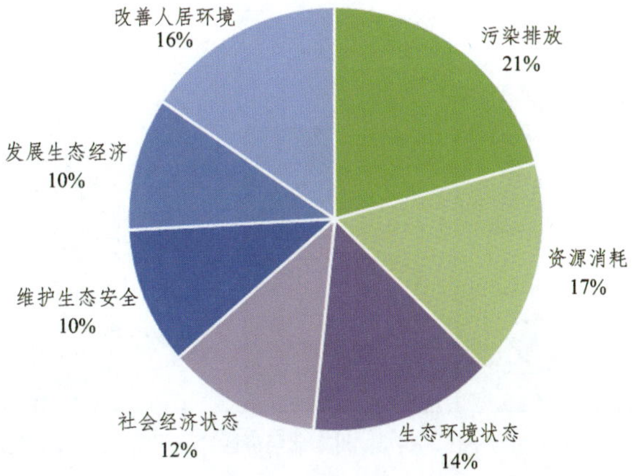

图 3-2　四川省生态文明发展驱动因素贡献率图

（二）区域生态文明发展水平评价

全面贯彻新发展理念，按照四川省委“一干多支、五区协同”的战略布局，对五大经济区生态文明发展水平及影响因素贡献情况进行评价。

1. 区域生态文明发展水平评价结果

（1）生态文明发展指数评价结果。

如图 3-3 所示，总体来看，成都平原经济区得分第一，为 62.70，即生态文明发展总体水平处于其他经济区之首；其次是川南经济区，平均得分为 58.39；川东北经济区和川西北生态示范区平均得分分别为 56.48 和 51.38，攀西经济区处于最末，平均得分仅为 49.02。

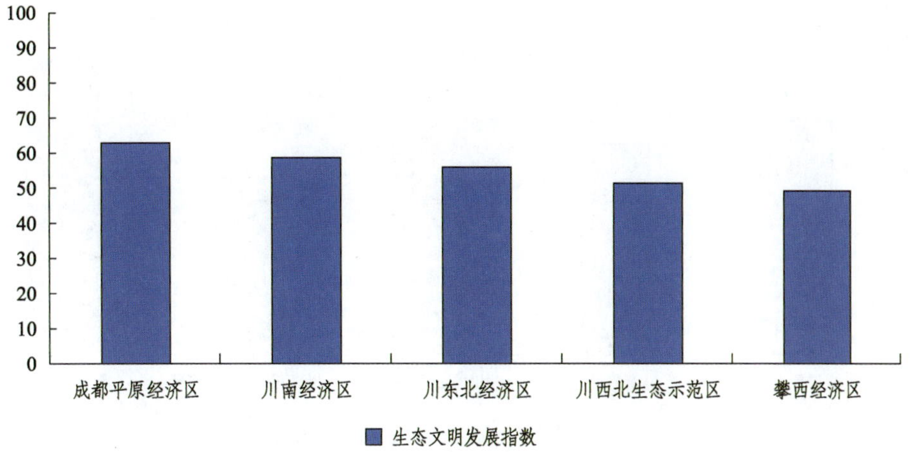

图 3-3　各区域生态文明发展指数情况

（2）压力层指数评价结果。

从压力指数来看，成都平原经济区、川南经济区、川东北经济区、川西北生态示范区和攀西经济区压力指数得分分别为 67.15、66.35、58.03、56.08 和 37.76。攀西经济区资源消耗和污染排放得分均明显落后于其他区域，如图 3-4 所示。

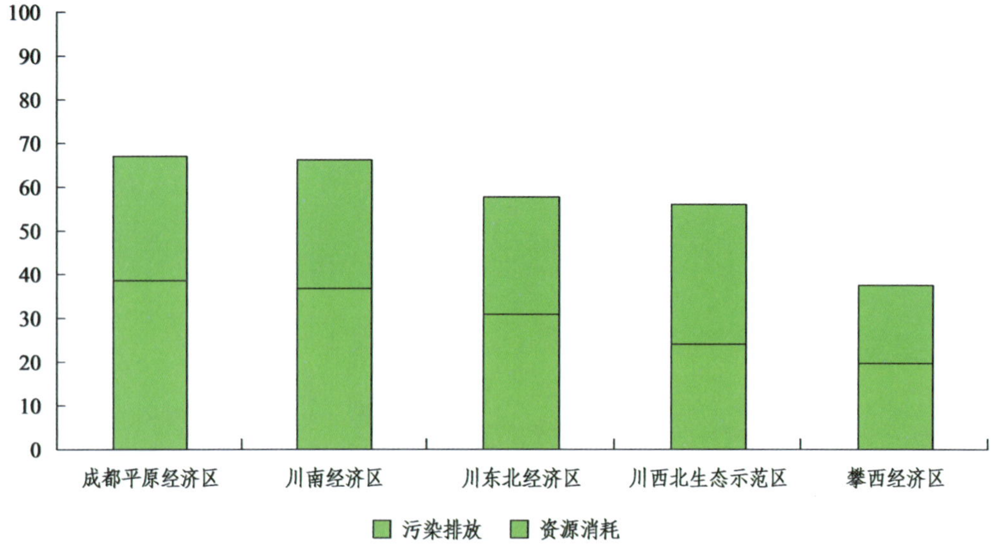

图 3-4　各区域压力指数情况

（3）状态层指数评价结果。

从状态指数来看，攀西经济区状态指数得分为 60.34，位列全省第一，无论是生态环境状态还是社会经济状态均位于前列，攀西经济区生态文明发展具有较好的基础。成都平原经济区、川东北经济区、川南经济区和川西北生态示范区得分分别为 51.41、47.27、45.97、42.08，与攀西经济区相比，四区的生态环境状态与社会经济状态的不平衡性较为突出，如图 3-5 所示。

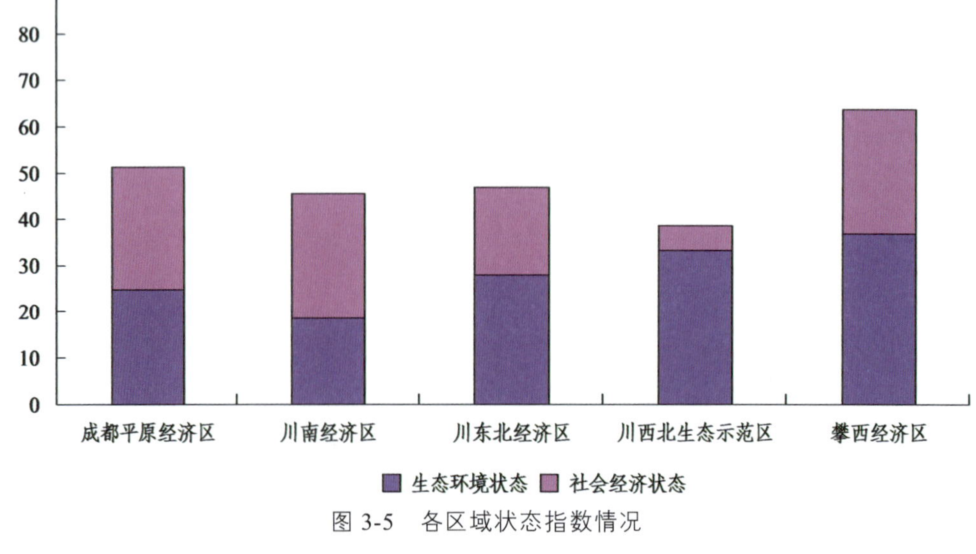

图 3-5　各区域状态指数情况

（4）响应层指数评价结果。

从响应指数来看，成都平原经济区和川东北经济区相对领先，指数得分分别为 71.43 和 65.86，表明其推进生态文明建设力度较大；其次为川南经济区和川西北生态示范区，响应指数得分分别为 64.61 和 57.53；攀西经济区响应指数得分最低，为 50.46，特别是在发展生态经济方面明显滞后于其他四区，如图 3-6 所示。

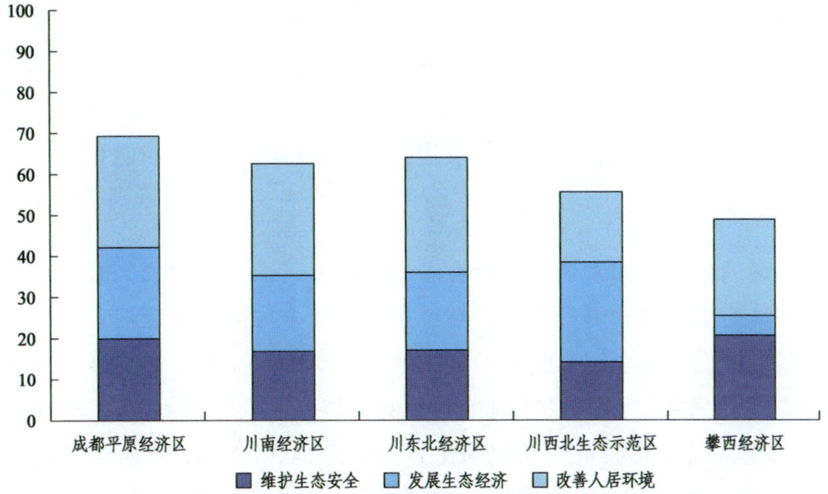

图 3-6　各区域响应指数情况

2. 生态文明发展水平贡献率分析

由区域驱动因素贡献率可以发现（见图 3-7），川西北生态示范区的生态环境状态和资源消耗对其生态文明发展水平的贡献最大，均达到了 20%以上，但维护生态安全力度不足、社会经济状态短板突出，贡献率仅占 9%、3%。成都平原经济区、川南经济区和川东北经济区的生态文明发展水平受污染排放、资源消耗及改善人居环境影响也较大，影响率均达到了 15%以上，但在维护生态安全方面均存在短板，贡献率均仅占 10%左右。攀西经济区生态环境状态和社会经济状态对生态文明发展水平的贡献最大，总计达到了 40%，但其他方面贡献率均表现不佳，特别是发展生态经济方面，贡献率仅占 4%，是制约其生态文明发展的瓶颈所在。

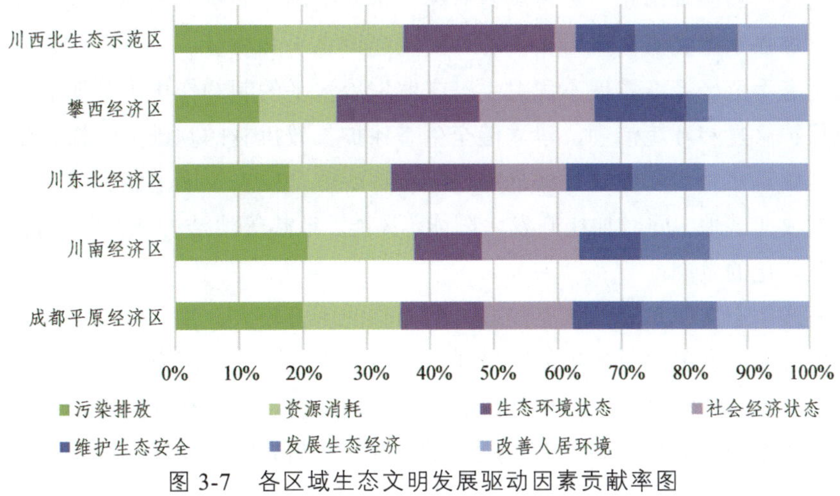

图 3-7　各区域生态文明发展驱动因素贡献率图

（三）主要结论

1. 四川省生态文明发展水平及对策建议

2019 年四川省生态文明发展指数为 62.48 分，生态文明发展子系统无论是得分还是贡献率都呈现压力指数>响应指数>状态指数的规律，尤其是社会经济高质量发展和维护生态安全方面，仍是四川省生态文明发展的突出短板。未来四川省应以“碳达峰十大行动”为抓手，加快推进产业结构调整和经济社会发展全面绿色转型，以筑牢长江黄河上游生态屏障为核心，深入推进污染防治攻坚战，加强山水林田湖草沙冰系统保护修复，高质量建设大熊猫国家公园，大力推动黄河流域生态保护和高质量发展，持续提升生态系统功能和碳汇能力。

2. 区域生态文明发展水平及对策建议

四川省各区域的生态文明发展水平存在着较大的不平衡性。成都平原经济区生态文明发展水平受生态环境质量制约影响严重，且在维护生态安全方面存在短板。针对此现状，成都平原经济区应围绕建设具有全国影响力的科技创新中心和高品质生活宜居地，充分发挥科教资源丰富、创新平台密集、创新人才集聚等优势，以智慧化、精细化管理为抓手持续加大生态环境保护力度，以成德眉资同城化为重点加强跨地区的交流与合作，强化生态环境保护及生态文明建设好的经验做法的推广，协同推进区域生态环境高水平保护与社会经济高质量发展。

川南经济区的生态环境质量不优和生态安全保护力度不强是影响该区域生态文明发展的主要短板。该区应紧紧围绕建设长江上游绿色发展示范区，发展绿色产业，建立健全生态产品价值实现机制，推动发展方式向绿色低碳循环转变，同时以大气污染防治、水生态廊道建设等为重点深入打好污染防治攻坚战，进一步加大生态环境保护和污染治理力度，筑牢长江上游生态屏障，树立全国生态文明建设样板。

川东北经济区在生态文明发展过程中，社会经济发展相对落后，面临的生态文明建设压力较大。该区应依托丰富的自然生态资源，强化区域内有机、生态、富硒特色农产品优势，提高绿色有机农产品品牌影响力和市场占有率，推动生态产品价值实现，提升社会和经济发展质量，同时加强生态文明建设力度，着力提高建设水平和质量。

川西北生态示范区经济发展不优对生态文明发展水平的制约作用十分明显。该区应在加强生态系统保护修复和环境治理、建立健全生态保护长效机制的基础上，探索生态资源产业化、产业发展生态化路径和模式，促进绿色生态旅游融合发展，因地制宜成片成带成规模建设特色生态农牧业基地，同时加快开发太阳能、风能、地热等清洁能源，提升能源输送能力，提高“两山”转化的效率。

攀西经济区生态文明发展的状态较好，但面临的压力较大，生态经济发展响应力度严重不足，导致生态文明发展的总体水平相对滞后。该区应围绕服务国家碳达峰、碳中和战略部署，创新资源开发体制机制，加快推进风能、太阳能开发利用，推动风光水多能互补，提升资源综合利用效率和清洁化利用水平。此外要发挥四季阳光明媚、气候温暖宜人、自然风光绚丽秀美、民族风情多姿多彩的优势，挖掘和丰富特色生态产品，推进农文旅融合发展，加快攀西文旅经济带和阳光生态经济走廊建设。

四、市域生态文明发展水平评价

（一）市域生态文明发展水平总体评价

1. 生态文明发展指数评价结果

从 21 市（州）来看（见图 4-1），2019 年生态文明发展指数最高得分为 77.27，最低得分为 47.59。得分排名前五的分别是成都市、绵阳市、乐山市、雅安市和遂宁市，得分排名后五名的分别是达州市、内江市、凉山州、甘孜州和攀枝花市。

从空间分布来看（见图 4-1），市域生态文明发展水平总体呈中部高、东西两侧低的态势，沿四川盆地外圈的成都、绵阳、雅安、广元、乐山等市生态文明水平普遍高于其他市（州），大致呈 C 环分布。生态文明发展水平相对靠后的地区主要集中分布在攀西和川西地区。

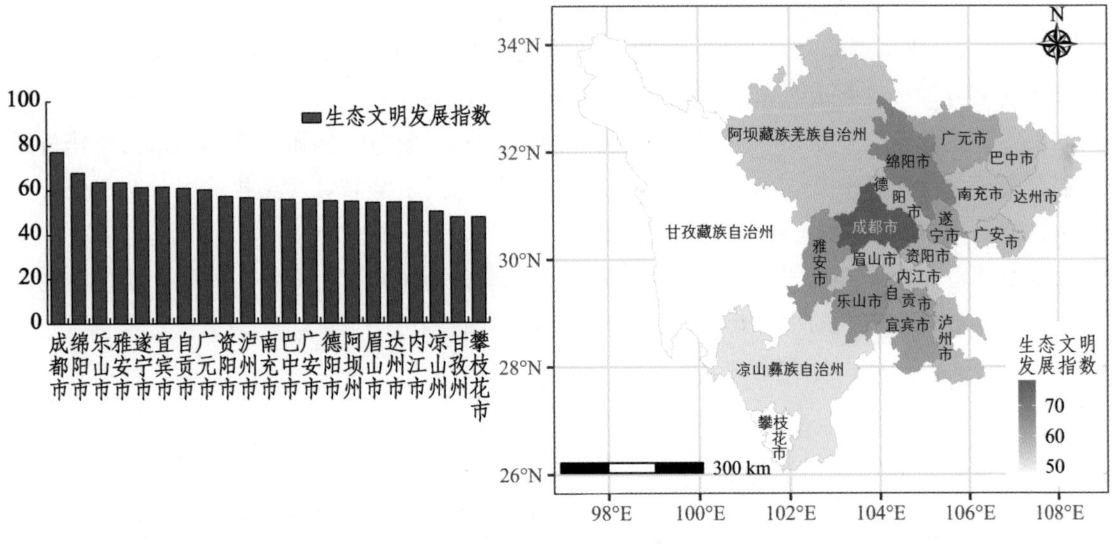

图 4-1　市域生态文明发展指数比较

2. 压力层指数评价结果

从 21 市（州）来看（见图 4-2），2019 年压力指数最高得分为 91.10，最低得分为 25.10。得分排名前五的分别是成都市、自贡市、绵阳市、宜宾市和资阳市，得分排名后五名的分别是阿坝州、巴中市、广安市、凉山州和攀枝花市，攀枝花市压力指数明显低于其他 20 市（州）。

从空间分布来看（见图 4-2），压力指数较高的市（州）主要集中分布于四川盆地区域，压力指数较低的市（州）主要集中分布在西部地区。

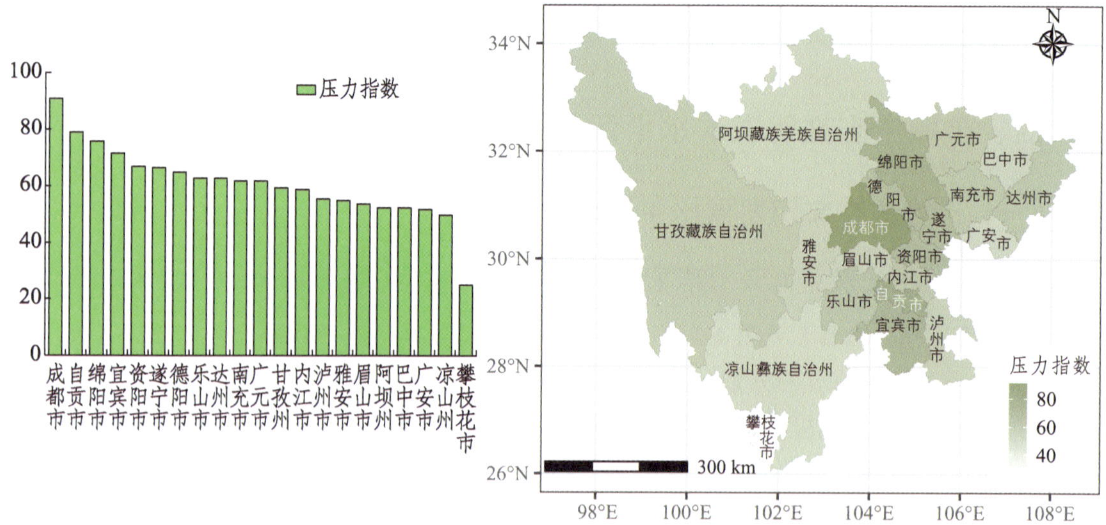

图 4-2　市域生态文明发展压力指数比较

（1）污染排放方面。

从 21 市（州）来看（见图 4-3），2019 年污染排放最高得分为 98.06，最低得分为 22.58。得分排名前五的分别是成都市、自贡市、绵阳市、资阳市和宜宾市，得分排名后五名的分别是广安市、达州市、甘孜州、阿坝州和攀枝花市。成都、自贡、绵阳、资阳四市污染排放得分明显高于其他市（州），其面临的污染排放压力相对较小；攀枝花污染排放得分明显低于其他市（州），表明其生态文明发展受污染排放影响的压力较大。

从空间分布来看（见图 4-3），污染排放得分较高的市（州）主要集中分布于四川盆地区域，污染排放得分较低的市（州）主要集中分布在攀西和川西地区。

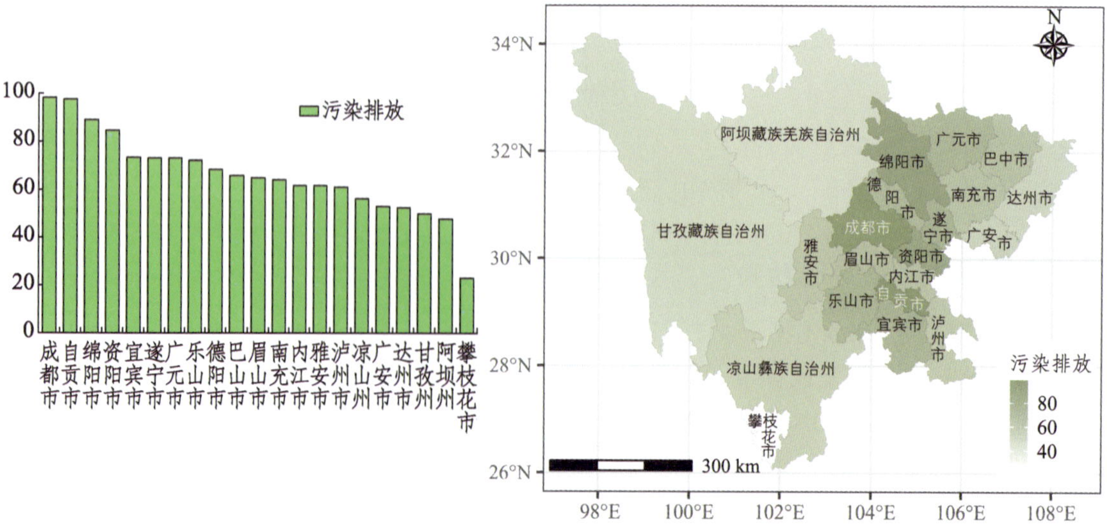

图 4-3　市域生态文明发展污染排放压力比较

（2）资源消耗方面。

从 21 市（州）来看（见图 4-4），2019 年资源消耗最高得分为 84.15，最低得分为 27.62。得分排名前五的分别是成都市、达州市、宜宾市、甘孜州和绵阳市，得分排名后五名的分别是雅安市、凉山州、眉山市、巴中市和攀枝花市。成都市资源消耗得分明显高于其他市（州），位列全省第一，资源利用效率较高，面临资源消耗带来的压力较小；攀枝花市资源消耗得分排名最末，其应对资源消耗的压力相对最大。

从空间分布来看（见图 4-4），各市（州）资源消耗得分空间集聚性较差，分布较分散，污染排放得分较低的市（州）主要集中分布在攀西地区。

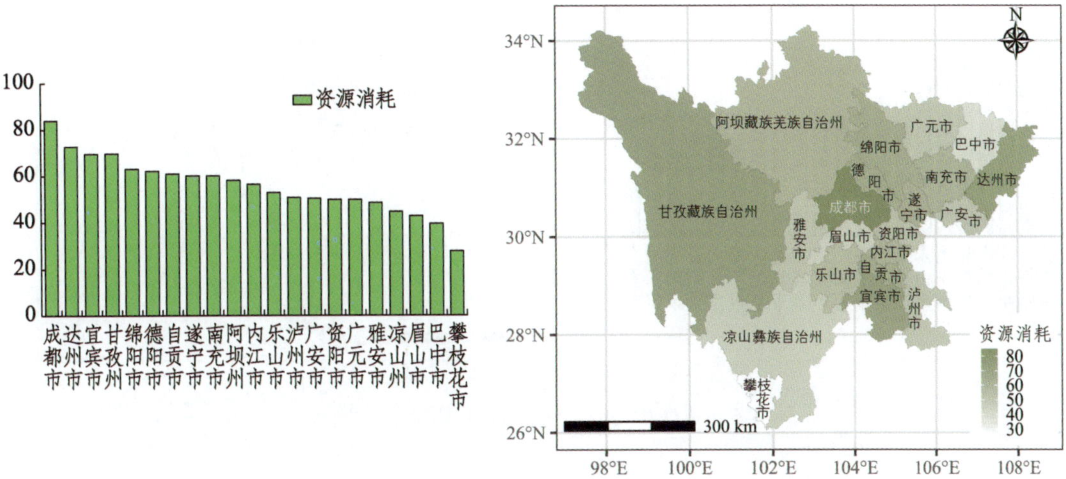

图 4-4　市域生态文明发展资源消耗压力比较

3. 状态层指数评价结果

从 21 市（州）来看（见图 4-5），2019 年状态指数最高得分为 66.97，最低得分为 37.04。得分排名前五的分别是攀枝花市、成都市、雅安市、绵阳市、凉山州，得分排名后五名的分别是内江市、自贡市、眉山市、资阳市和甘孜州。从空间分布来看（见图 4-5），市域状态指数得分较高的市（州）大致沿绵阳—攀枝花呈线性分布。

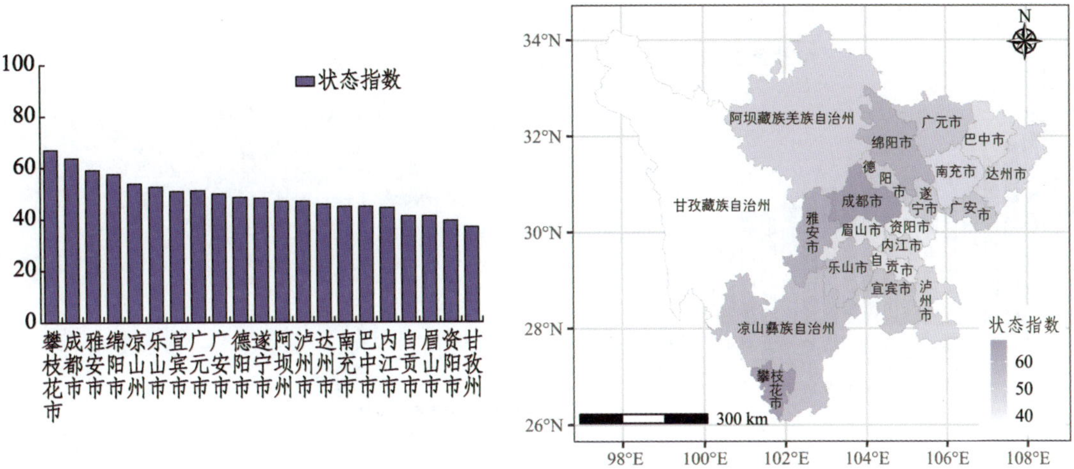

图 4-5　市域生态文明发展状态指数比较

（1）生态环境状态方面。

从 21 市（州）来看（见图 4-6），2019 年生态环境状态最高得分为 77.17，最低得分为 21.05。得分排名前五的分别是雅安市、阿坝州、凉山州、广元市、甘孜州，得分排名后五名的分别是内江市、资阳市、成都市、眉山市、自贡市。

从空间分布来看（见图 4-6），生态环境状态较好的市（州）主要分布在西部和北部地区，盆地区域生态环境状态普遍较差。

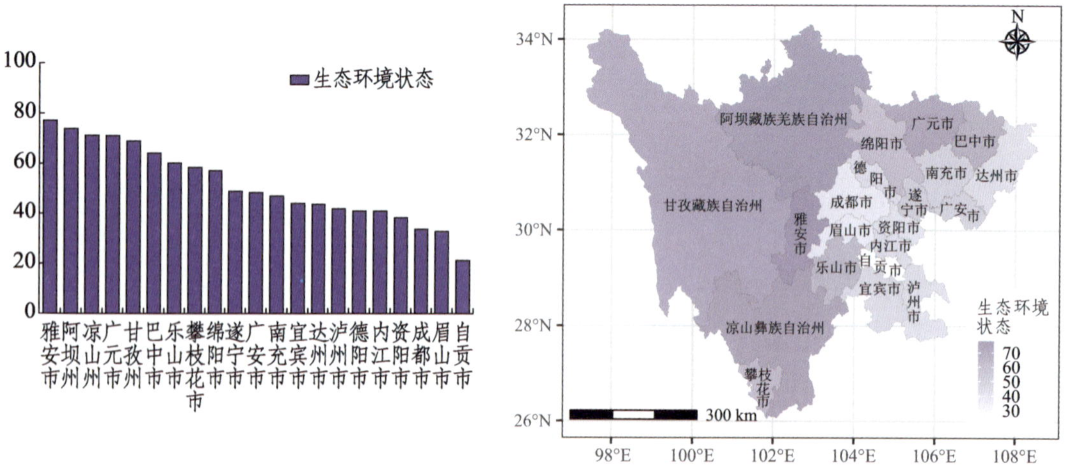

图 4-6　市域生态文明发展生态环境状态比较

（2）社会经济状态。

从 21 市（州）来看（见图 4-7），2019 年社会经济状态最高得分为 96.01，最低得分为 3.13。得分排名前五的分别是成都市、攀枝花市、自贡市、宜宾市和绵阳市，得分排名后五名的分别是凉山州、广元市、巴中市、阿坝州和甘孜州。成都市和攀枝花市的社会经济状态得分远远高于其他市（州），巴中市、甘孜州和阿坝州的社会经济状态得分明显低于其他市（州），整体呈现出极度不平衡的特点。从空间分布来看（见图 4-7），社会经济状态较差的市（州）主要分布在攀枝花—绵阳一线以西地区。

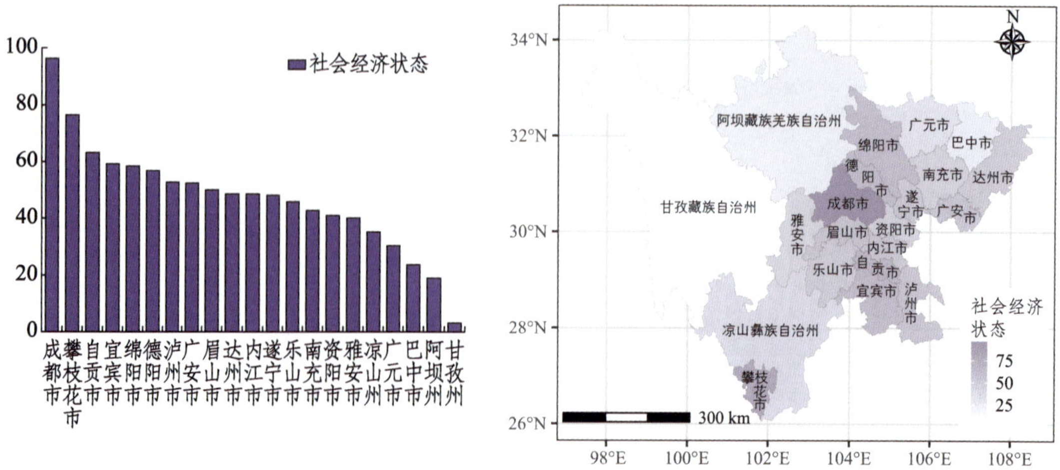

图 4-7　市域生态文明发展社会经济状态比较

4. 响应层指数评价结果

从 21 市（州）来看（见图 4-8），2019 年响应指数最高得分为 76.81，最低得分为 47.35。得分排名前五的分别是成都市、雅安市、乐山市、绵阳市和广元市，得分排名后五名的分别是达州市、德阳市、攀枝花市、凉山州和甘孜州。从空间分布来看（见图 4-8），响应指数得分较低的市（州）主要分布在四川西南地区。

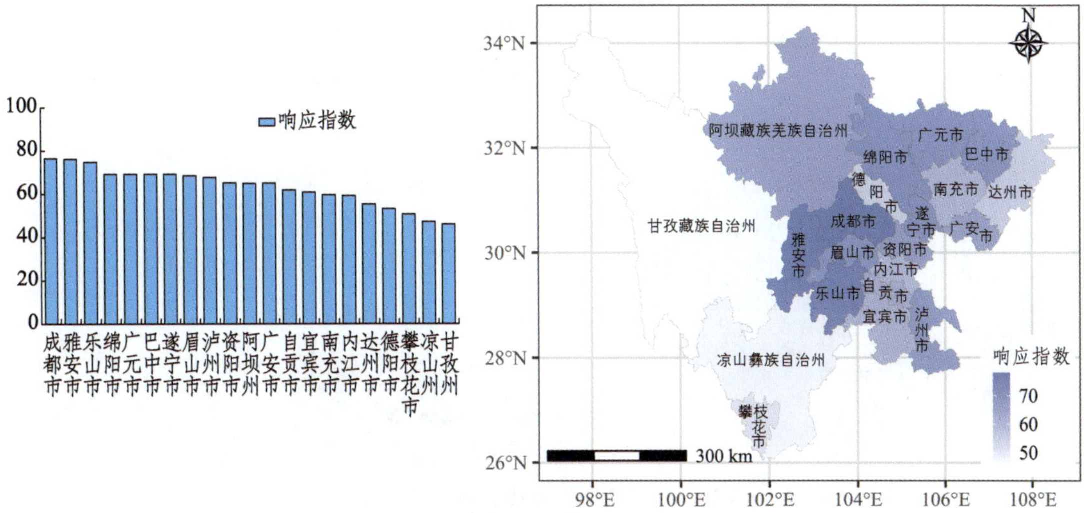

图 4-8　市域生态文明发展响应指数比较

（1）改善人居环境。

从 21 市（州）来看（见图 4-9），2019 年改善人居环境最高得分为 95.46，最低得分为 48.05。得分排名前五的分别是广安市、成都市、南充市、泸州市和眉山市，得分排名后五名的分别是达州市、阿坝州、德阳市、凉山州、甘孜州。后四市（州）的在改善人居环境方面的得分明显低于其他市（州）。从空间分布来看（见图 4-9），改善人居环境表现较好的市（州）主要集聚在四川盆地区域。

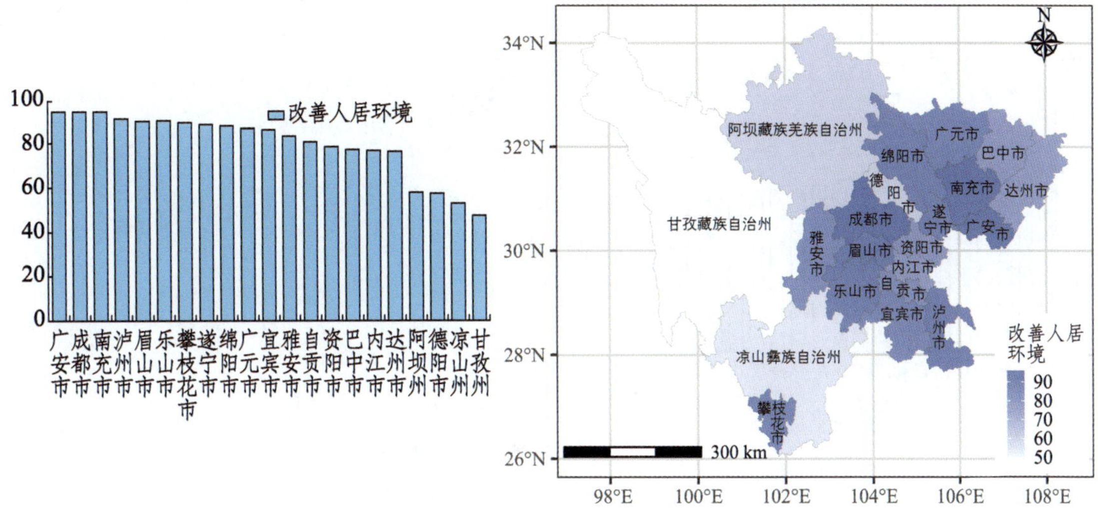

图 4-9　市域生态文明发展改善人居环境响应比较

（2）维护生态安全。

从 21 市（州）来看（见图 4-10），2019 年维护生态安全最高得分为 85.59，最低得分为 26.70。得分排名前五的分别是乐山市、雅安市、巴中市、攀枝花市和遂宁市，得分排名后五名的分别是达州市、资阳市、自贡市、南充市和甘孜州。乐山市和雅安市得分明显高于其他市（州）。

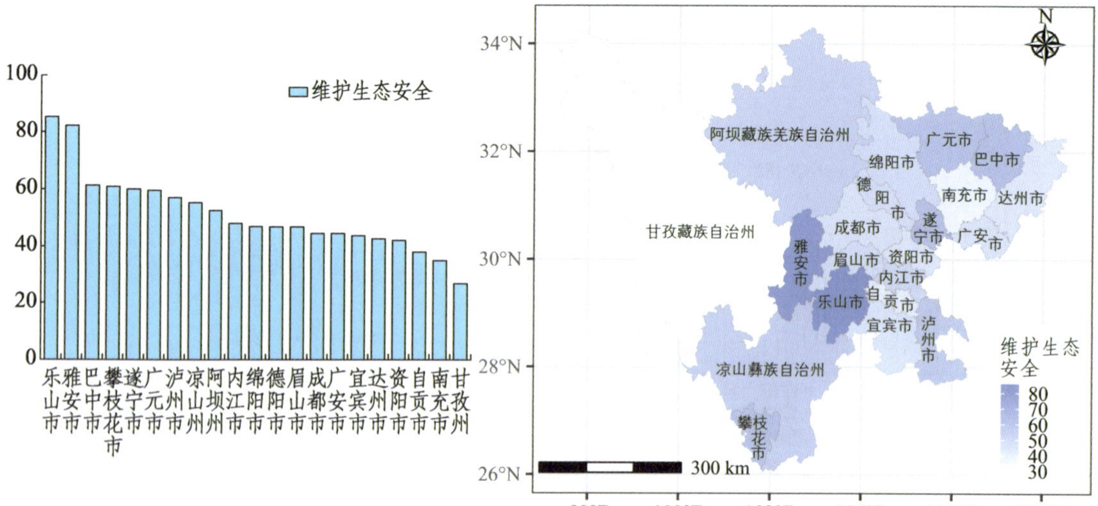

图 4-10　市域生态文明发展维护生态安全响应比较

（3）发展生态经济。

从 21 市（州）来看（见图 4-11），2019 年发展生态经济最高得分为 93.57，最低得分仅 0.33。得分排名前五的分别是成都市、阿坝州、资阳市、绵阳市和眉山市，得分排名后五名的分别是南充市、乐山市、达州市、凉山州和攀枝花市，尤其是攀枝花市，得分显著低于其他市（州），在生态文明发展过程中要尤为注重发展生态经济。

从空间分布来看（见图 4-11），发展生态经济表现较好的市（州）主要集聚在四川中部及西北部区域，发展生态经济表现较差的市（州）主要集聚在攀西区域和川东北地区。

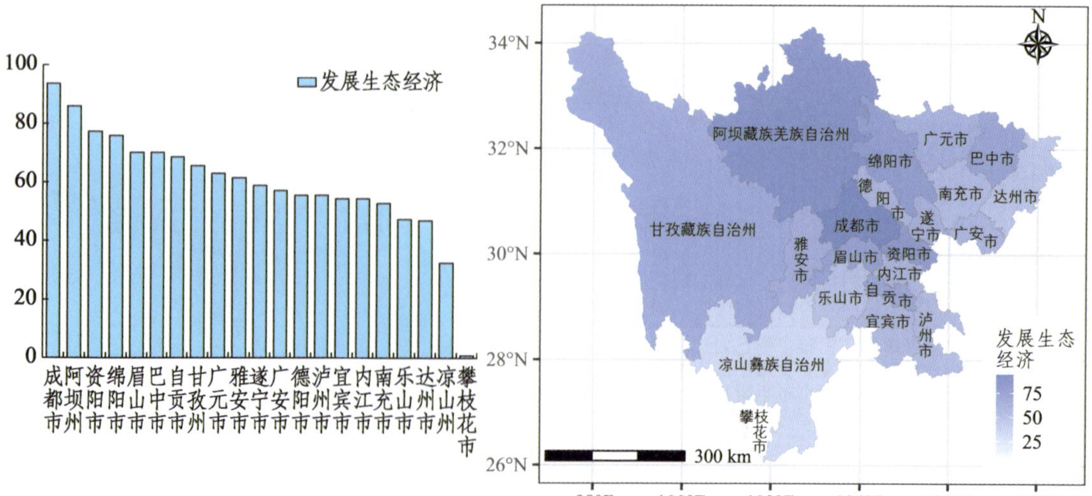

图 4-11　市域生态文明发展发展生态经济响应比较

（二）主要结论

2019 年四川省市域生态文明发展呈现空间非均衡性，高值集中分布于中东部地区，相对靠后的地区主要分布在攀西和川西地区，成都市生态文明发展水平最高，攀枝花市生态文明发展水平最低。从各层指数评价结果来看，四川省东部地区生态文明发展面临的压力小于西部地区，成都平原地区对生态文明发展的综合状态优于其他地区，中部及东北部地区对生态文明发展的重视程度及建设力度高于其他地区。生态文明发展状态空间分布显示绝大部分市（州）生态环境保护和社会经济发展尚未实现协同，呈现两极分化或者均不理想，如社会经济状态得分最高的成都市生态环境状态得分仅为 33.68，位列全省倒数第三，生态环境状态得分最高的雅安市社会经济状态得分仅为 40.01，位列全省倒数第六。

对 21 市（州）生态文明发展水平初步聚类显示，成都市、自贡市、德阳市和达州市呈现生态环境状态较差但社会经济状态较好的特点；广元市、雅安市、巴中市、阿坝州、甘孜州、凉山州等均呈现生态环境状态较好但社会经济状态较差的特点；乐山市、南充市、宜宾市和攀枝花市亟须在生态经济发展方面发力；绵阳市、遂宁市、内江市和资阳市还需在维护生态安全方面进一步加大力度；泸州市、眉山市和广安市则面临污染治理和资源利用效率不高的制约。

五、县域生态文明发展水平评价

（一）生态文明发展水平总体评价

“自然断裂点法”分类是基于数据中固有的自然分组，对相似值进行最恰当地分组，使各个类之间的差异最大化。对于这些类，会在数据值的差异相对较大的位置处设置其边界，使各类别间方差最大、各类别内方差最小。本报告采用自然断裂点法（通过 ArcGIS 软件实现）将四川省 183 个县（区、市）生态文明发展评估结果分为Ⅰ、Ⅱ、Ⅲ三个等级，Ⅰ等级表示评价县域处于较低水平，Ⅱ等级表示评价县域处于中等水平，Ⅲ等级表示评价县域处于较高水平。

1. 生态文明发展指数评价结果

如表 5-1 所示，处于第Ⅰ等级（生态文明发展指数得分≤56.16）的县级行政单元为 43 个，第Ⅱ等级（56.16<生态文明发展指数得分≤61.98）89 个，第Ⅲ等级（生态文明发展指数得分>61.98）51 个。等级从低到高，数量先增大后减少，呈“橄榄球”形分布。对 183 个行政单位生态文明发展水平进行了统计计算，其均值为 59.43，标准差为 4.61，变异系数为 0.078，标准差和变异系数较小，说明四川省各县（区、市）间生态文明发展水平差别较小，较为均衡。

表 5-1　县域生态文明发展指数排名

排名	县（区、市）	得分	等级	排名	县（区、市）	得分	等级
1	武侯区	74.80	Ⅲ	33	武胜县	63.81	Ⅲ
2	青羊区	69.73	Ⅲ	34	洪雅县	63.81	Ⅲ
3	锦江区	68.24	Ⅲ	35	乐山市中区	63.75	Ⅲ
4	峨眉山市	68.16	Ⅲ	36	温江区	63.67	Ⅲ
5	会理县	67.48	Ⅲ	37	西昌市	63.64	Ⅲ
6	广安区	67.11	Ⅲ	38	康定市	63.60	Ⅲ
7	石棉县	66.59	Ⅲ	39	双流区	63.48	Ⅲ
8	都江堰市	66.22	Ⅲ	40	简阳市	63.47	Ⅲ
9	利州区	65.99	Ⅲ	41	江油市	63.25	Ⅲ
10	新津县	65.93	Ⅲ	42	荥经县	63.08	Ⅲ
11	兴文县	65.89	Ⅲ	43	安州区	62.97	Ⅲ
12	江阳区	65.82	Ⅲ	44	宣汉县	62.95	Ⅲ
13	东区	65.66	Ⅲ	45	新都区	62.83	Ⅲ
14	西区	65.25	Ⅲ	46	北川县	62.64	Ⅲ
15	叙永县	65.05	Ⅲ	47	犍为县	62.59	Ⅲ
16	通川区	65.04	Ⅲ	48	乐至县	62.45	Ⅲ
17	马尔康市	65.01	Ⅲ	49	青川县	62.27	Ⅲ
18	金口河区	64.98	Ⅲ	50	南部县	62.24	Ⅲ
19	九寨沟县	64.93	Ⅲ	51	筠连县	62.07	Ⅲ
20	金牛区	64.90	Ⅲ	52	顺庆区	61.98	Ⅱ
21	纳溪区	64.88	Ⅲ	53	彭山区	61.96	Ⅱ
22	大邑县	64.85	Ⅲ	54	古蔺县	61.94	Ⅱ
23	青白江区	64.60	Ⅲ	55	游仙区	61.91	Ⅱ
24	朝天区	64.49	Ⅲ	56	船山区	61.90	Ⅱ
25	天全县	64.42	Ⅲ	57	珙县	61.83	Ⅱ
26	米易县	64.40	Ⅲ	58	德昌县	61.74	Ⅱ
27	合江县	64.27	Ⅲ	59	绵竹市	61.67	Ⅱ
28	翠屏区	64.10	Ⅲ	60	邛崃市	61.52	Ⅱ
29	西充县	64.06	Ⅲ	61	汶川县	61.37	Ⅱ
30	蒲江县	63.99	Ⅲ	62	屏山县	61.32	Ⅱ
31	雨城区	63.94	Ⅲ	63	沙湾区	61.32	Ⅱ
32	龙马潭区	63.93	Ⅲ	64	岳池县	61.23	Ⅱ

续表

排名	县（区、市）	得分	等级	排名	县（区、市）	得分	等级
65	黑水县	61.07	Ⅱ	97	射洪市	59.29	Ⅱ
66	成华区	61.05	Ⅱ	98	峨边县	59.18	Ⅱ
67	营山县	60.93	Ⅱ	99	仪陇县	59.18	Ⅱ
68	崇州市	60.88	Ⅱ	100	内江市中区	59.07	Ⅱ
69	巴州区	60.88	Ⅱ	101	稻城县	58.91	Ⅱ
70	梓潼县	60.84	Ⅱ	102	昭化区	58.85	Ⅱ
71	高坪区	60.83	Ⅱ	103	旺苍县	58.84	Ⅱ
72	隆昌市	60.83	Ⅱ	104	金堂县	58.83	Ⅱ
73	平武县	60.64	Ⅱ	105	丹棱县	58.68	Ⅱ
74	五通桥区	60.60	Ⅱ	106	盐亭县	58.59	Ⅱ
75	长宁县	60.48	Ⅱ	107	开江县	58.55	Ⅱ
76	旌阳区	60.46	Ⅱ	108	三台县	58.54	Ⅱ
77	南溪区	60.38	Ⅱ	109	理塘县	58.48	Ⅱ
78	阆中市	60.35	Ⅱ	110	马边县	58.36	Ⅱ
79	仁和区	60.35	Ⅱ	111	达川区	58.35	Ⅱ
80	高县	60.34	Ⅱ	112	嘉陵区	58.28	Ⅱ
81	青神县	60.30	Ⅱ	113	宝兴县	58.25	Ⅱ
82	泸定县	60.26	Ⅱ	114	宁南县	58.18	Ⅱ
83	汉源县	60.26	Ⅱ	115	威远县	58.15	Ⅱ
84	蓬安县	60.26	Ⅱ	116	盐源县	58.12	Ⅱ
85	叙州区	59.98	Ⅱ	117	南江县	58.11	Ⅱ
86	泸县	59.94	Ⅱ	118	什邡市	58.10	Ⅱ
87	邻水县	59.94	Ⅱ	119	冕宁县	58.06	Ⅱ
88	苍溪县	59.84	Ⅱ	120	涪城区	58.04	Ⅱ
89	会东县	59.83	Ⅱ	121	大英县	58.01	Ⅱ
90	沐川县	59.76	Ⅱ	122	剑阁县	57.95	Ⅱ
91	前锋区	59.44	Ⅱ	123	安岳县	57.89	Ⅱ
92	道孚县	59.43	Ⅱ	124	渠县	57.83	Ⅱ
93	龙泉驿区	59.40	Ⅱ	125	万源市	57.70	Ⅱ
94	江安县	59.33	Ⅱ	126	越西县	57.67	Ⅱ
95	大竹县	59.32	Ⅱ	127	蓬溪县	57.64	Ⅱ
96	安居区	59.32	Ⅱ	128	东兴区	57.51	Ⅱ

续表

排名	县（区、市）	得分	等级	排名	县（区、市）	得分	等级
129	松潘县	57.37	Ⅱ	157	名山区	55.00	Ⅰ
130	彭州市	57.34	Ⅱ	158	白玉县	54.84	Ⅰ
131	仁寿县	57.32	Ⅱ	159	东坡区	54.81	Ⅰ
132	昭觉县	57.18	Ⅱ	160	雅江县	54.69	Ⅰ
133	雁江区	57.13	Ⅱ	161	通江县	54.65	Ⅰ
134	华蓥市	57.10	Ⅱ	162	罗江区	54.57	Ⅰ
135	恩阳区	57.09	Ⅱ	163	小金县	54.44	Ⅰ
136	巴塘县	56.87	Ⅱ	164	新龙县	54.34	Ⅰ
137	自流井区	56.80	Ⅱ	165	荥县	54.34	Ⅰ
138	九龙县	56.75	Ⅱ	166	甘孜县	54.09	Ⅰ
139	茂县	56.56	Ⅱ	167	布拖县	54.02	Ⅰ
140	芦山县	56.47	Ⅱ	168	普格县	53.48	Ⅰ
141	郫都区	56.16	Ⅰ	169	红原县	52.82	Ⅰ
142	炉霍县	56.16	Ⅰ	170	金川县	52.63	Ⅰ
143	资中县	55.87	Ⅰ	171	壤塘县	52.46	Ⅰ
144	广汉市	55.74	Ⅰ	172	阿坝县	51.73	Ⅰ
145	丹巴县	55.69	Ⅰ	173	美姑县	51.57	Ⅰ
146	富顺县	55.67	Ⅰ	174	夹江县	51.49	Ⅰ
147	理县	55.65	Ⅰ	175	雷波县	50.98	Ⅰ
148	得荣县	55.63	Ⅰ	176	色达县	50.60	Ⅰ
149	若尔盖县	55.61	Ⅰ	177	中江县	50.54	Ⅰ
150	喜德县	55.58	Ⅰ	178	甘洛县	48.39	Ⅰ
151	德格县	55.57	Ⅰ	179	井研县	47.75	Ⅰ
152	平昌县	55.57	Ⅰ	180	大安区	47.50	Ⅰ
153	盐边县	55.56	Ⅰ	181	贡井区	47.23	Ⅰ
154	木里县	55.29	Ⅰ	182	石渠县	46.83	Ⅰ
155	乡城县	55.14	Ⅰ	183	沿滩区	45.64	Ⅰ
156	金阳县	55.10	Ⅰ				

从空间分布来看（见图 5-1），第Ⅲ等级，即生态文明发展水平较高等级县（区、市）成斑点状聚集分布在四川中部区域，出现成都、雅安-乐山、泸州-宜宾、绵阳-广元 4 个主要高值聚集中心；第Ⅱ等级主要分布在四川东部区域，尤其是川东北地区；第Ⅰ等级，即生态文明发展水平较低等级集聚性较为明显，主要分布在川西北地区，另外凉山、眉山、内江等也有零星分布。成都市作为四川省的省会、成渝地区双城经济圈的重要组成部分，GDP 占全省

三分之一以上，城市生态组织程度和绿色管理水平位于全省首位，社会经济质量和生态文明建设质量均处于压倒性优势，弥补了其在大气、生态等环境质量方面的不足，生态文明发展的总体水平仍位居全省前列，全市 70%的县（区、市）都在第Ⅲ等级。雅安生态优势明显，全市森林覆盖率超过 69%，居全省第一，空气质量、出境断面水质居全国、全省前列，动植物资源丰富，有“动植物基因库”“天府之肺”的美称，优渥的自然生态本底条件对该地区生态文明发展水平提升起到重要的促进作用，因此形成了雅安-乐山生态文明发展水平高值中心。

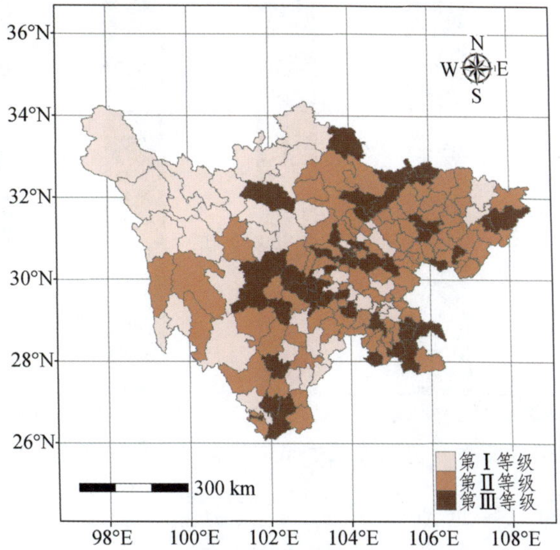

图 5-1　县域生态文明发展指数空间分布

从指数等级分布来看（见图 5-2），较高水平的县（区、市）中，成都平原经济区有 26 个，占比超过 50%；后按数量依次是川东北经济区、川南经济区、攀西经济区以及川西北生态示范区，数量分别为 9、8、5、3 个，分别占比 18%、16%、10%及 6%。较低水平的县（区、市）有超过 40%来自川西北生态示范区。

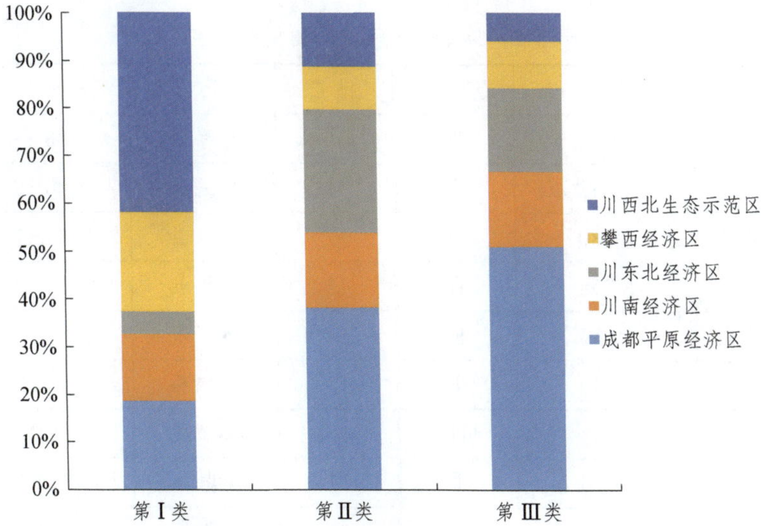

图 5-2　生态文明发展指数等级分布情况

从五大经济区自身分布来看，川东北经济区、成都平原经济区及川南经济区第Ⅱ等级县（区、市）最多，分别占其自身总个数的68%、50%和50%；攀西经济区和川西北生态示范区以第Ⅰ等级为主，分别占其县（区、市）个数的41%和58%，如图5-3所示。

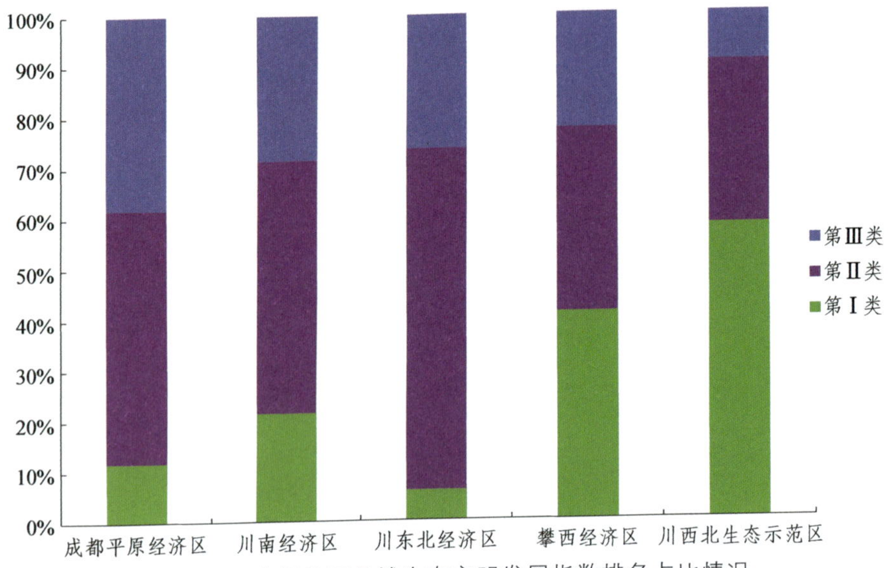

图5-3　五大经济区县域生态文明发展指数排名占比情况

2. 生态环境质量指数评价结果

如表5-2所示，处于第Ⅰ等级（生态环境质量指数得分≤63.48）的县（区、市）为43个，第Ⅱ等级（63.48<生态环境质量指数得分≤78.23）80个，第Ⅲ等级（生态环境质量指数得分>78.23）60个。对183个行政单位生态环境质量指数进行了统计计算，其均值为72.09，生态环境指数得分总体较高，反映了四川省生态环境质量较好，这与四川省整体开发程度小、自然生态本底条件优渥的事实是相符的。其标准差为12.42，变异系数为0.172，标准差和变异系数较大，表明四川省各县（区、市）间生态环境质量差距较大。

表5-2　县域生态环境质量指数排名

排名	县（区、市）	得分	等级	排名	县（区、市）	得分	等级
1	木里县	91.18	Ⅲ	10	道孚县	88.38	Ⅲ
2	丹巴县	90.13	Ⅲ	11	新龙县	88.38	Ⅲ
3	马尔康市	89.80	Ⅲ	12	稻城县	88.37	Ⅲ
4	炉霍县	89.58	Ⅲ	13	德格县	88.22	Ⅲ
5	若尔盖县	89.53	Ⅲ	14	康定市	88.15	Ⅲ
6	青川县	89.40	Ⅲ	15	乡城县	88.11	Ⅲ
7	阿坝县	89.38	Ⅲ	16	雅江县	88.05	Ⅲ
8	白玉县	89.26	Ⅲ	17	理塘县	87.92	Ⅲ
9	得荣县	88.90	Ⅲ	18	甘孜县	87.57	Ⅲ

续表

排名	县（区、市）	得分	等级	排名	县（区、市）	得分	等级
19	色达县	87.56	Ⅲ	51	西昌市	80.26	Ⅲ
20	盐源县	87.33	Ⅲ	52	米易县	80.26	Ⅲ
21	壤塘县	87.15	Ⅲ	53	茂县	80.25	Ⅲ
22	喜德县	87.11	Ⅲ	54	汶川县	79.66	Ⅲ
23	松潘县	86.94	Ⅲ	55	马边县	79.55	Ⅲ
24	布拖县	86.76	Ⅲ	56	南江县	79.36	Ⅲ
25	九龙县	86.68	Ⅲ	57	雨城区	79.33	Ⅲ
26	黑水县	86.65	Ⅲ	58	旺苍县	78.46	Ⅲ
27	巴塘县	86.52	Ⅲ	59	筠连县	78.42	Ⅲ
28	石渠县	86.32	Ⅲ	60	利州区	78.23	Ⅲ
29	九寨沟县	86.22	Ⅲ	61	叙永县	78.16	Ⅱ
30	泸定县	86.21	Ⅲ	62	宝兴县	77.92	Ⅱ
31	雷波县	86.15	Ⅲ	63	会理县	77.82	Ⅱ
32	昭觉县	85.99	Ⅲ	64	大邑县	77.72	Ⅱ
33	美姑县	85.62	Ⅲ	65	昭化区	77.55	Ⅱ
34	金口河区	85.46	Ⅲ	66	汉源县	77.44	Ⅱ
35	小金县	84.96	Ⅲ	67	宁南县	77.43	Ⅱ
36	荥经县	84.67	Ⅲ	68	剑阁县	77.40	Ⅱ
37	普格县	84.66	Ⅲ	69	会东县	76.99	Ⅱ
38	石棉县	84.65	Ⅲ	70	万源市	76.80	Ⅱ
39	冕宁县	84.30	Ⅲ	71	洪雅县	76.75	Ⅱ
40	平武县	83.37	Ⅲ	72	峨眉山市	76.72	Ⅱ
41	朝天区	83.22	Ⅲ	73	德昌县	76.57	Ⅱ
42	金川县	83.14	Ⅲ	74	宣汉县	76.28	Ⅱ
43	越西县	82.49	Ⅲ	75	盐边县	76.23	Ⅱ
44	天全县	81.78	Ⅲ	76	南部县	76.11	Ⅱ
45	兴文县	81.69	Ⅲ	77	珙县	75.35	Ⅱ
46	古蔺县	81.16	Ⅲ	78	芦山县	75.25	Ⅱ
47	理县	81.13	Ⅲ	79	甘洛县	75.21	Ⅱ
48	金阳县	80.78	Ⅲ	80	犍为县	74.88	Ⅱ
49	峨边县	80.68	Ⅲ	81	北川县	74.66	Ⅱ
50	沐川县	80.68	Ⅲ	82	乐至县	74.34	Ⅱ

续表

排名	县（区、市）	得分	等级	排名	县（区、市）	得分	等级
83	青神县	74.31	Ⅱ	115	仁和区	68.71	Ⅱ
84	高县	74.22	Ⅱ	116	蒲江县	68.52	Ⅱ
85	通江县	74.18	Ⅱ	117	安岳县	68.46	Ⅱ
86	长宁县	74.17	Ⅱ	118	岳池县	68.44	Ⅱ
87	平昌县	74.05	Ⅱ	119	乐山市中区	68.04	Ⅱ
88	叙州区	73.98	Ⅱ	120	崇州市	67.92	Ⅱ
89	梓潼县	73.97	Ⅱ	121	安居区	67.91	Ⅱ
90	合江县	73.60	Ⅱ	122	简阳市	67.74	Ⅱ
91	屏山县	73.08	Ⅱ	123	邛崃市	67.00	Ⅱ
92	恩阳区	73.03	Ⅱ	124	渠县	66.97	Ⅱ
93	武胜县	72.88	Ⅱ	125	广安区	66.42	Ⅱ
94	江油市	72.76	Ⅱ	126	丹棱县	66.39	Ⅱ
95	苍溪县	72.74	Ⅱ	127	达川区	65.95	Ⅱ
96	江安县	72.73	Ⅱ	128	隆昌市	65.86	Ⅱ
97	西充县	72.71	Ⅱ	129	大竹县	65.68	Ⅱ
98	阆中市	72.44	Ⅱ	130	彭州市	65.57	Ⅱ
99	纳溪区	71.89	Ⅱ	131	富顺县	65.35	Ⅱ
100	沙湾区	71.81	Ⅱ	132	资中县	65.28	Ⅱ
101	射洪市	70.98	Ⅱ	133	蓬安县	64.97	Ⅱ
102	仪陇县	70.70	Ⅱ	134	游仙区	64.93	Ⅱ
103	红原县	70.23	Ⅱ	135	船山区	64.93	Ⅱ
104	通川区	70.21	Ⅱ	136	营山县	64.86	Ⅱ
105	巴州区	70.19	Ⅱ	137	双流区	64.42	Ⅱ
106	邻水县	70.17	Ⅱ	138	高坪区	64.22	Ⅱ
107	安州区	70.01	Ⅱ	139	蓬溪县	63.82	Ⅱ
108	西区	69.82	Ⅱ	140	大英县	63.48	Ⅱ
109	都江堰市	69.71	Ⅱ	141	仁寿县	63.46	Ⅰ
110	开江县	69.54	Ⅱ	142	金堂县	63.19	Ⅰ
111	三台县	69.37	Ⅱ	143	翠屏区	62.97	Ⅰ
112	五通桥区	69.34	Ⅱ	144	嘉陵区	62.92	Ⅰ
113	南溪区	68.92	Ⅱ	145	荣县	62.77	Ⅰ
114	盐亭县	68.80	Ⅱ	146	内江市中区	62.49	Ⅰ

续表

排名	县（区、市）	得分	等级	排名	县（区、市）	得分	等级
147	前锋区	62.35	Ⅰ	166	武侯区	58.56	Ⅰ
148	名山区	62.04	Ⅰ	167	青羊区	58.40	Ⅰ
149	东区	61.43	Ⅰ	168	龙马潭区	58.31	Ⅰ
150	威远县	61.42	Ⅰ	169	罗江区	57.95	Ⅰ
151	锦江区	61.31	Ⅰ	170	夹江县	56.76	Ⅰ
152	华蓥市	61.17	Ⅰ	171	成华区	56.27	Ⅰ
153	彭山区	61.04	Ⅰ	172	新都区	53.52	Ⅰ
154	青白江区	60.67	Ⅰ	173	广汉市	53.51	Ⅰ
155	绵竹市	60.54	Ⅰ	174	金牛区	53.18	Ⅰ
156	中江县	60.35	Ⅰ	175	什邡市	51.01	Ⅰ
157	江阳区	60.17	Ⅰ	176	涪城区	50.62	Ⅰ
158	泸县	60.08	Ⅰ	177	东坡区	50.39	Ⅰ
159	雁江区	60.02	Ⅰ	178	郫都区	47.68	Ⅰ
160	温江区	59.81	Ⅰ	179	井研县	43.18	Ⅰ
161	新津县	59.68	Ⅰ	180	大安区	30.47	Ⅰ
162	顺庆区	59.25	Ⅰ	181	自流井区	30.38	Ⅰ
163	龙泉驿区	59.00	Ⅰ	182	贡井区	29.28	Ⅰ
164	东兴区	58.98	Ⅰ	183	沿滩区	23.66	Ⅰ
165	旌阳区	58.86	Ⅰ				

从空间分布来看（见图 5-4），生态环境质量指数的空间分布具有十分显著的集聚特征，第Ⅲ等级主要分布在川西北和攀西地区，第Ⅱ等级主要分布在川东北地区，第Ⅰ等级主要分布在四川盆周地区。

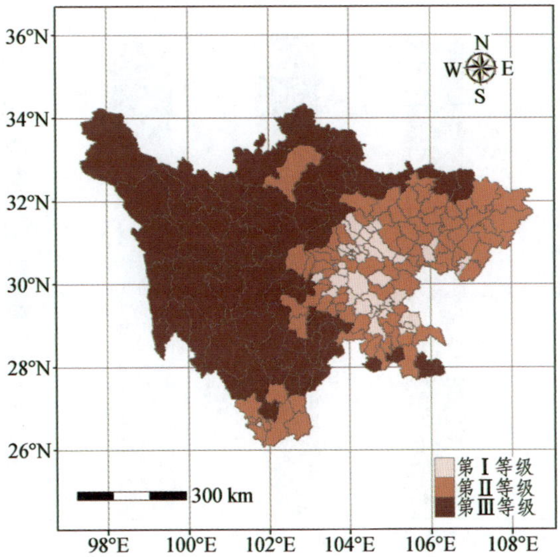

图 5-4　县域生态环境质量指数空间分布

从指数等级分布来看（见图 5-5），生态环境质量较高的县（区、市）主要分布在川西北生态示范区和攀西经济区，数量分别为 30、13 个，总占比超过 70%；成都平原经济区、川东北经济区、川南经济区分布较少，数量分别为 9、5、3 个，分别占比 15%、8%、5%。生态环境质量较差的县（区、市）绝大多数来自成都平原经济区，占比达 60%；其次为川南经济区和川东北经济区，数量分别为 12、4 个，占比分别为 28%、9%；攀西经济区仅攀枝花市的东区生态环境质量处于较低水平。

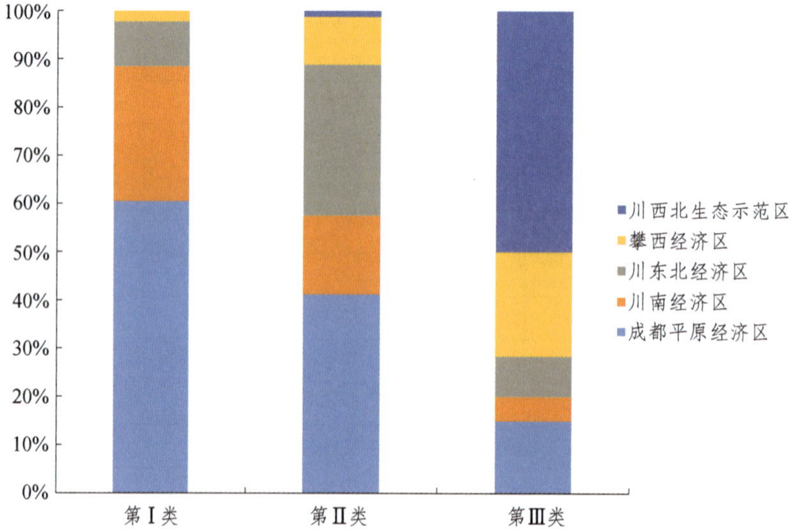

图 5-5　生态环境质量指数等级分布情况

从五大经济区自身分布来看（见图 5-6），成都平原经济区、川南经济区处于第Ⅰ等级的县（区、市）比例分别为 38%和 43%，生态环境质量普遍较差。川东北经济区的县（区、市）主要集中于第Ⅱ等级，占自身县（区、市）总数目的 74%。攀西经济区有近 60%的县（区、市）生态环境质量处于第Ⅲ等级，川西北生态示范区仅红原县处于第Ⅱ等级，其余县（区、市）均处于第Ⅲ等级，两区的生态环境质量明显优于其他区域。

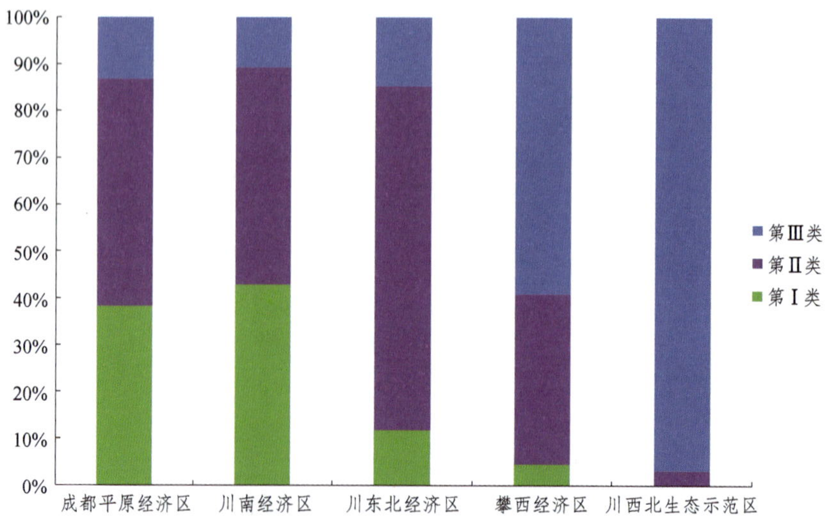

图 5-6　五大经济区县域生态环境质量指数排名占比情况

3. 社会经济质量指数评价结果

如表 5-3 所示，处于第Ⅰ等级（社会经济质量指数得分≤40.05）的县级行政单元为 80 个，第Ⅱ等级（40.05<社会经济质量指数得分≤58.31）90 个，第Ⅲ等级（社会经济质量指数得分>58.31）13 个，处于高水平的县域数目较少。对 183 个行政单位生态文明发展水平进行了统计计算，其均值为 42.80。绝大多数县域社会经济质量指数得分均较低，表明社会经济发展水平不高、发展质量不优对四川省各县（区、市）生态文明发展水平的制约作用十分明显。其标准差为 12.01，变异系数为 0.281，标准差和变异系数极大，表明四川省各县（区、市）间社会经济质量发展极不平衡。

表 5-3 县域社会经济质量指数排名

排名	县（区、市）	得分	等级	排名	县（区、市）	得分	等级
1	武侯区	93.76	Ⅲ	26	马尔康市	52.34	Ⅱ
2	青羊区	91.20	Ⅲ	27	通川区	52.22	Ⅱ
3	锦江区	89.11	Ⅲ	28	康定市	52.13	Ⅱ
4	金牛区	83.97	Ⅲ	29	翠屏区	51.86	Ⅱ
5	成华区	75.74	Ⅲ	30	游仙区	51.82	Ⅱ
6	东区	72.65	Ⅲ	31	石棉县	51.11	Ⅱ
7	双流区	68.14	Ⅲ	32	顺庆区	51.02	Ⅱ
8	温江区	65.90	Ⅲ	33	大邑县	50.47	Ⅱ
9	自流井区	65.89	Ⅲ	34	九寨沟县	50.46	Ⅱ
10	青白江区	64.40	Ⅲ	35	彭州市	49.98	Ⅱ
11	龙泉驿区	64.28	Ⅲ	36	彭山区	49.92	Ⅱ
12	新都区	60.74	Ⅲ	37	崇州市	49.86	Ⅱ
13	新津县	60.52	Ⅲ	38	广汉市	49.75	Ⅱ
14	都江堰市	58.31	Ⅱ	39	船山区	49.72	Ⅱ
15	郫都区	58.25	Ⅱ	40	绵竹市	49.29	Ⅱ
16	西区	57.99	Ⅱ	41	宝兴县	48.57	Ⅱ
17	广安区	57.88	Ⅱ	42	西昌市	48.54	Ⅱ
18	峨眉山市	56.62	Ⅱ	43	雨城区	48.43	Ⅱ
19	旌阳区	55.57	Ⅱ	44	米易县	48.29	Ⅱ
20	乐山市中区	55.34	Ⅱ	45	仁和区	48.19	Ⅱ
21	涪城区	55.12	Ⅱ	46	简阳市	48.04	Ⅱ
22	龙马潭区	53.92	Ⅱ	47	安州区	47.87	Ⅱ
23	江阳区	53.05	Ⅱ	48	邛崃市	47.48	Ⅱ
24	什邡市	52.67	Ⅱ	49	威远县	47.34	Ⅱ
25	蒲江县	52.55	Ⅱ	50	内江市中区	47.22	Ⅱ

续表

排名	县（区、市）	得分	等级	排名	县（区、市）	得分	等级
51	泸定县	47.16	Ⅱ	84	犍为县	42.12	Ⅱ
52	江油市	47.01	Ⅱ	85	丹棱县	42.11	Ⅱ
53	东坡区	46.90	Ⅱ	86	松潘县	42.11	Ⅱ
54	利州区	46.73	Ⅱ	87	高坪区	42.06	Ⅱ
55	会理县	46.72	Ⅱ	88	华蓥市	42.05	Ⅱ
56	五通桥区	46.19	Ⅱ	89	贡井区	42.04	Ⅱ
57	隆昌市	46.15	Ⅱ	90	黑水县	41.97	Ⅱ
58	金川县	45.80	Ⅱ	91	蓬安县	41.83	Ⅱ
59	汶川县	45.79	Ⅱ	92	珙县	41.82	Ⅱ
60	会东县	45.68	Ⅱ	93	乐至县	41.67	Ⅱ
61	雁江区	45.38	Ⅱ	94	巴州区	41.39	Ⅱ
62	东兴区	45.17	Ⅱ	95	道孚县	41.34	Ⅱ
63	北川县	44.91	Ⅱ	96	名山区	41.22	Ⅱ
64	宁南县	44.76	Ⅱ	97	仁寿县	41.17	Ⅱ
65	沙湾区	44.64	Ⅱ	98	沿滩区	41.15	Ⅱ
66	理县	44.55	Ⅱ	99	安岳县	41.04	Ⅱ
67	金堂县	44.38	Ⅱ	100	德昌县	40.94	Ⅱ
68	天全县	44.16	Ⅱ	101	金口河区	40.89	Ⅱ
69	叙州区	44.09	Ⅱ	102	大安区	40.35	Ⅱ
70	兴文县	43.99	Ⅱ	103	叙永县	40.06	Ⅱ
71	合江县	43.95	Ⅱ	104	盐亭县	39.77	Ⅰ
72	荥经县	43.78	Ⅱ	105	屏山县	39.74	Ⅰ
73	西充县	43.33	Ⅱ	106	汉源县	39.65	Ⅰ
74	纳溪区	43.32	Ⅱ	107	射洪市	39.64	Ⅰ
75	冕宁县	43.31	Ⅱ	108	泸县	39.28	Ⅰ
76	前锋区	43.21	Ⅱ	109	小金县	38.96	Ⅰ
77	青神县	43.17	Ⅱ	110	南溪区	38.84	Ⅰ
78	营山县	43.00	Ⅱ	111	大竹县	38.78	Ⅰ
79	武胜县	42.88	Ⅱ	112	蓬溪县	38.75	Ⅰ
80	洪雅县	42.79	Ⅱ	113	平武县	38.61	Ⅰ
81	井研县	42.46	Ⅱ	114	资中县	38.31	Ⅰ
82	梓潼县	42.34	Ⅱ	115	江安县	38.31	Ⅰ
83	夹江县	42.19	Ⅱ	116	岳池县	38.15	Ⅰ

续表

排名	县（区、市）	得分	等级	排名	县（区、市）	得分	等级
117	大英县	38.14	I	151	新龙县	32.26	I
118	茂县	38.07	I	152	渠县	32.17	I
119	盐边县	37.94	I	153	峨边县	32.16	I
120	三台县	37.93	I	154	万源市	32.15	I
121	古蔺县	37.84	I	155	白玉县	31.40	I
122	中江县	37.77	I	156	旺苍县	31.19	I
123	罗江区	37.58	I	157	乡城县	31.15	I
124	达川区	37.23	I	158	壤塘县	31.05	I
125	富顺县	36.97	I	159	恩阳区	30.81	I
126	阆中市	36.96	I	160	青川县	30.76	I
127	邻水县	36.92	I	161	昭觉县	30.26	I
128	盐源县	36.92	I	162	稻城县	30.06	I
129	苍溪县	36.88	I	163	马边县	29.67	I
130	长宁县	36.54	I	164	木里县	29.64	I
131	越西县	36.53	I	165	剑阁县	29.51	I
132	荣县	36.52	I	166	金阳县	29.46	I
133	芦山县	36.30	I	167	平昌县	29.36	I
134	高县	36.12	I	168	通江县	29.11	I
135	沐川县	35.90	I	169	仪陇县	29.05	I
136	红原县	35.86	I	170	甘洛县	28.21	I
137	开江县	35.83	I	171	若尔盖县	28.13	I
138	嘉陵区	35.35	I	172	南江县	27.98	I
139	南部县	35.23	I	173	布拖县	27.91	I
140	筠连县	34.61	I	174	雷波县	27.37	I
141	宣汉县	34.35	I	175	昭化区	26.84	I
142	安居区	34.35	I	176	甘孜县	26.68	I
143	九龙县	34.34	I	177	得荣县	26.54	I
144	丹巴县	34.29	I	178	阿坝县	26.09	I
145	喜德县	34.28	I	179	雅江县	26.04	I
146	理塘县	32.97	I	180	德格县	25.50	I
147	普格县	32.58	I	181	美姑县	25.18	I
148	巴塘县	32.53	I	182	色达县	21.16	I
149	朝天区	32.33	I	183	石渠县	19.92	I
150	炉霍县	32.26	I				

从空间分布来看（见图 5-7），社会经济质量指数大多处于第Ⅰ和第Ⅱ的较低等级，第Ⅲ等级县（区、市）数量较少，除攀枝花东区、自贡市自流井区外均位于成都市内。

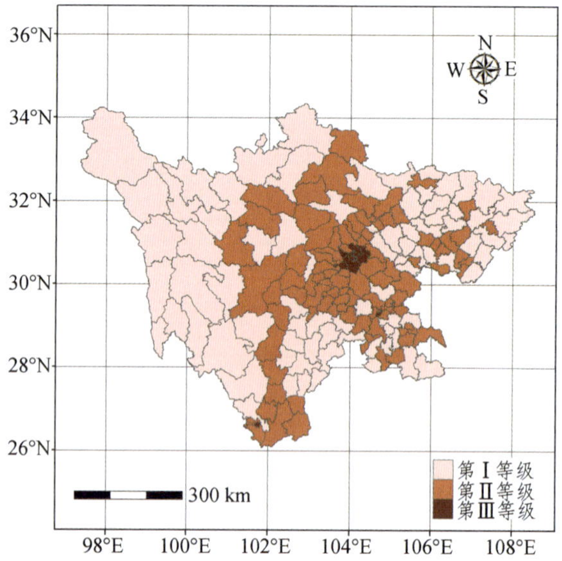

图 5-7　县域社会经济质量指数空间分布

从指数等级分布来看（见图 5-8），社会经济质量较好的县（区、市）中，有近 85%属于成都平原经济区，以 11 个县（区、市）的绝对优势领先其余四区；川南经济区以及攀西经济区分别只有自流井区、攀枝花东区上榜；川西北生态示范区和川东北经济区无县（区、市）上榜。县（区、市）社会经济质量相对较差的区域是川东北经济区和川西北生态示范区，分别有 22、21 个，总占比超过 50%；成都平原经济区仍有 14 个县（区、市）处于四川省社会经济质量的较低水平，表明该区社会经济发展极不平衡；攀西经济区和川南经济区分别有 12 个和 11 个县（区、市）的社会经济质量处于较低水平。

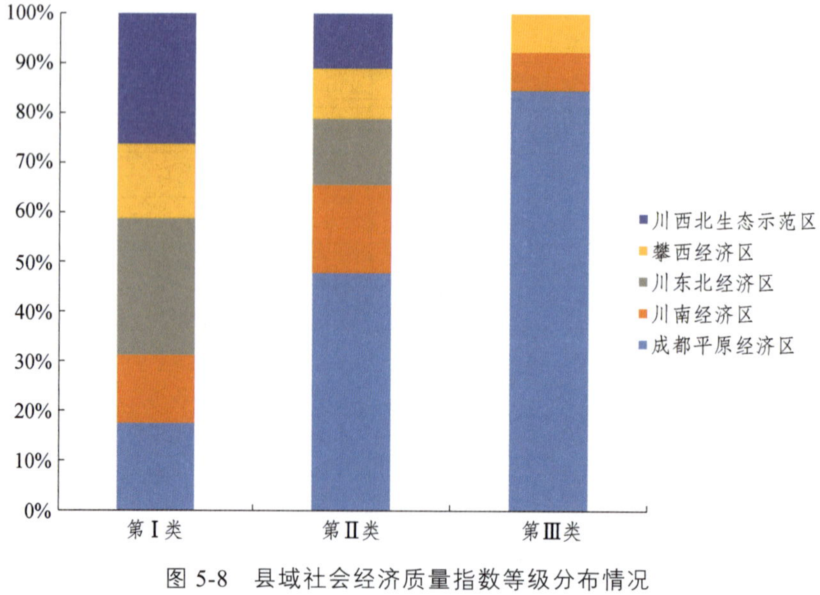

图 5-8　县域社会经济质量指数等级分布情况

从五大经济区自身分布来看（见图 5-9），各区县（区、市）社会经济质量总体不理想，处于第Ⅲ等级的占比均较低。成都平原经济区和川南经济区县（区、市）社会经济质量主要处于第Ⅱ等级，占自身总数目的 60%左右。其余三区社会经济质量情况较为落后，各区域县（区、市）均以第Ⅰ等级为主。

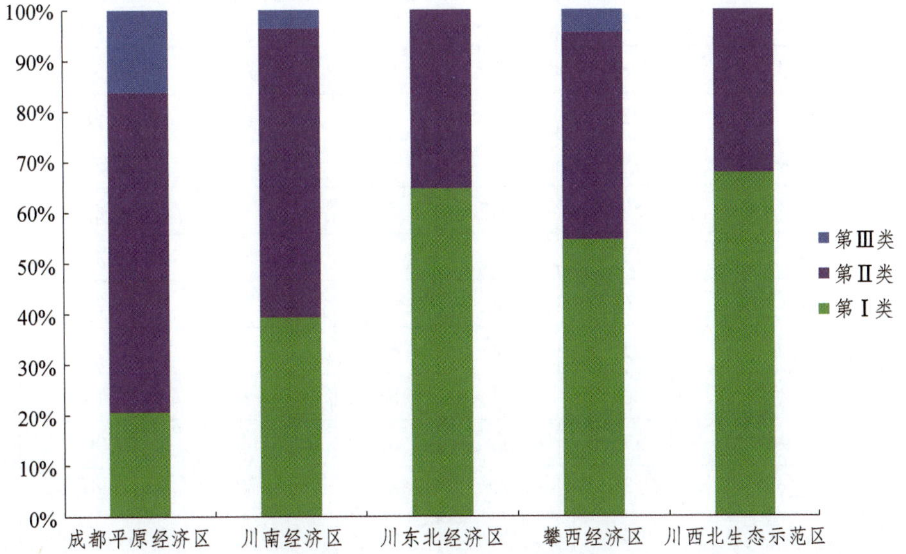

图 5-9　五大经济区县域社会经济质量指数排名占比情况

4. 生态文明建设质量指数评价结果

如表 5-4 所示，处于第Ⅰ等级（生态文明建设质量指数得分≤55.47）的县级行政单元为 47 个，第Ⅱ等级（55.47<生态文明建设质量指数得分≤68.92）71 个，第Ⅲ等级（生态文明建设质量指数得分>68.92）65 个。等级分布相对较为均衡。对 183 个行政单位生态文明发展水平进行了统计计算，其均值为 63.31。其标准差为 10.97，变异系数为 0.173，标准差和变异系数较大，说明四川省各县（区、市）之间生态文明建设质量不均衡。

表 5-4　县域生态文明建设质量指数排名

排名	县（区、市）	得分	等级	排名	县（区、市）	得分	等级
1	江阳区	84.09	Ⅲ	10	翠屏区	77.36	Ⅲ
2	泸县	80.27	Ⅲ	11	岳池县	76.95	Ⅲ
3	龙马潭区	79.45	Ⅲ	12	广安区	76.94	Ⅲ
4	纳溪区	79.29	Ⅲ	13	叙永县	76.80	Ⅲ
5	宣汉县	78.05	Ⅲ	14	嘉陵区	76.40	Ⅲ
6	会理县	77.77	Ⅲ	15	高坪区	76.07	Ⅲ
7	朝天区	77.73	Ⅲ	16	西充县	76.02	Ⅲ
8	仪陇县	77.59	Ⅲ	17	顺庆区	75.54	Ⅲ
9	新津县	77.52	Ⅲ	18	武胜县	75.54	Ⅲ

续表

排名	县（区、市）	得分	等级	排名	县（区、市）	得分	等级
19	安居区	75.52	Ⅲ	51	巴州区	70.93	Ⅲ
20	南部县	75.24	Ⅲ	52	蒲江县	70.81	Ⅲ
21	合江县	75.13	Ⅲ	53	犍为县	70.66	Ⅲ
22	绵竹市	75.08	Ⅲ	54	都江堰市	70.59	Ⅲ
23	彭山区	74.83	Ⅲ	55	长宁县	70.58	Ⅲ
24	营山县	74.79	Ⅲ	56	高县	70.53	Ⅲ
25	简阳市	74.52	Ⅲ	57	什邡市	70.52	Ⅲ
26	渠县	74.19	Ⅲ	58	隆昌市	70.38	Ⅲ
27	新都区	74.16	Ⅲ	59	蓬溪县	70.23	Ⅲ
28	自流井区	74.05	Ⅲ	60	贡井区	70.22	Ⅲ
29	蓬安县	73.83	Ⅲ	61	开江县	70.14	Ⅲ
30	大竹县	73.37	Ⅲ	62	邛崃市	69.99	Ⅲ
31	南溪区	73.24	Ⅲ	63	江油市	69.89	Ⅲ
32	筠连县	73.04	Ⅲ	64	苍溪县	69.76	Ⅲ
33	利州区	72.91	Ⅲ	65	游仙区	68.92	Ⅲ
34	前锋区	72.65	Ⅲ	66	金堂县	68.82	Ⅱ
35	通川区	72.59	Ⅲ	67	青白江区	68.71	Ⅱ
36	邻水县	72.57	Ⅲ	68	金口河区	68.50	Ⅱ
37	大英县	72.28	Ⅲ	69	涪城区	68.32	Ⅱ
38	武侯区	72.17	Ⅲ	70	东兴区	68.29	Ⅱ
39	昭化区	71.98	Ⅲ	71	北川县	68.26	Ⅱ
40	沿滩区	71.93	Ⅲ	72	珙县	68.24	Ⅱ
41	兴文县	71.88	Ⅲ	73	三台县	68.18	Ⅱ
42	洪雅县	71.78	Ⅲ	74	罗江区	68.05	Ⅱ
43	达川区	71.71	Ⅲ	75	华蓥市	67.97	Ⅱ
44	阆中市	71.51	Ⅲ	76	西区	67.90	Ⅱ
45	大安区	71.51	Ⅲ	77	乐山市中区	67.82	Ⅱ
46	乐至县	71.22	Ⅲ	78	德昌县	67.61	Ⅱ
47	峨眉山市	71.08	Ⅲ	79	丹棱县	67.45	Ⅱ
48	屏山县	71.03	Ⅲ	80	沙湾区	67.42	Ⅱ
49	船山区	70.98	Ⅲ	81	内江市中区	67.41	Ⅱ
50	安州区	70.94	Ⅲ	82	恩阳区	67.27	Ⅱ

续表

排名	县（区、市）	得分	等级	排名	县（区、市）	得分	等级
83	天全县	67.26	Ⅱ	115	青神县	63.35	Ⅱ
84	仁寿县	67.21	Ⅱ	116	平昌县	63.17	Ⅱ
85	射洪市	67.14	Ⅱ	117	东区	62.93	Ⅱ
86	盐亭县	67.09	Ⅱ	118	沐川县	62.60	Ⅱ
87	东坡区	67.06	Ⅱ	119	郫都区	62.50	Ⅱ
88	旌阳区	66.89	Ⅱ	120	西昌市	62.07	Ⅱ
89	南江县	66.85	Ⅱ	121	叙州区	61.82	Ⅱ
90	江安县	66.84	Ⅱ	122	名山区	61.67	Ⅱ
91	剑阁县	66.82	Ⅱ	123	荥经县	60.73	Ⅱ
92	旺苍县	66.75	Ⅱ	124	通江县	60.54	Ⅱ
93	古蔺县	66.72	Ⅱ	125	平武县	59.87	Ⅱ
94	青川县	66.52	Ⅱ	126	青羊区	59.70	Ⅱ
95	大邑县	66.32	Ⅱ	127	汶川县	58.63	Ⅱ
96	五通桥区	66.18	Ⅱ	128	稻城县	58.21	Ⅱ
97	梓潼县	66.14	Ⅱ	129	九寨沟县	58.10	Ⅱ
98	雁江区	65.91	Ⅱ	130	双流区	57.91	Ⅱ
99	马边县	65.73	Ⅱ	131	芦山县	57.77	Ⅱ
100	威远县	65.61	Ⅱ	132	金牛区	57.66	Ⅱ
101	温江区	65.30	Ⅱ	133	井研县	57.53	Ⅱ
102	崇州市	64.82	Ⅱ	134	会东县	56.79	Ⅱ
103	米易县	64.61	Ⅱ	135	彭州市	56.44	Ⅱ
104	峨边县	64.60	Ⅱ	136	夹江县	55.47	Ⅱ
105	富顺县	64.58	Ⅱ	137	昭觉县	55.22	Ⅰ
106	仁和区	64.09	Ⅱ	138	金阳县	54.98	Ⅰ
107	安岳县	64.08	Ⅱ	139	龙泉驿区	54.96	Ⅰ
108	万源市	64.04	Ⅱ	140	黑水县	54.57	Ⅰ
109	雨城区	64.01	Ⅱ	141	理塘县	54.49	Ⅰ
110	石棉县	63.97	Ⅱ	142	锦江区	54.43	Ⅰ
111	资中县	63.92	Ⅱ	143	越西县	53.94	Ⅰ
112	广汉市	63.88	Ⅱ	144	中江县	53.45	Ⅰ
113	荣县	63.62	Ⅱ	145	德格县	52.93	Ⅰ
114	汉源县	63.60	Ⅱ	146	马尔康市	52.91	Ⅰ

续表

排名	县（区、市）	得分	等级	排名	县（区、市）	得分	等级
147	盐边县	52.47	Ⅰ	166	乡城县	46.14	Ⅰ
148	宁南县	52.34	Ⅰ	167	喜德县	45.33	Ⅰ
149	红原县	52.33	Ⅰ	168	木里县	45.05	Ⅰ
150	巴塘县	51.53	Ⅰ	169	美姑县	43.87	Ⅰ
151	得荣县	51.40	Ⅰ	170	白玉县	43.85	Ⅰ
152	茂县	51.34	Ⅰ	171	普格县	43.19	Ⅰ
153	成华区	51.23	Ⅰ	172	松潘县	43.12	Ⅰ
154	康定市	50.58	Ⅰ	173	色达县	43.05	Ⅰ
155	盐源县	50.09	Ⅰ	174	丹巴县	42.66	Ⅰ
156	雅江县	49.92	Ⅰ	175	新龙县	42.40	Ⅰ
157	九龙县	49.20	Ⅰ	176	甘洛县	41.71	Ⅰ
158	若尔盖县	49.13	Ⅰ	177	理县	41.33	Ⅰ
159	道孚县	48.57	Ⅰ	178	阿坝县	39.71	Ⅰ
160	宝兴县	48.29	Ⅰ	179	小金县	39.45	Ⅰ
161	甘孜县	47.98	Ⅰ	180	雷波县	39.42	Ⅰ
162	泸定县	47.46	Ⅰ	181	壤塘县	39.21	Ⅰ
163	布拖县	47.37	Ⅰ	182	石渠县	34.26	Ⅰ
164	炉霍县	46.62	Ⅰ	183	金川县	29.07	Ⅰ
165	冕宁县	46.61	Ⅰ				

从空间分布来看（见图 5-10），生态文明建设指数的集聚性较差，分布较零散，第Ⅲ等级协调程度较高的县（区、市）大多为各市（州）城区。

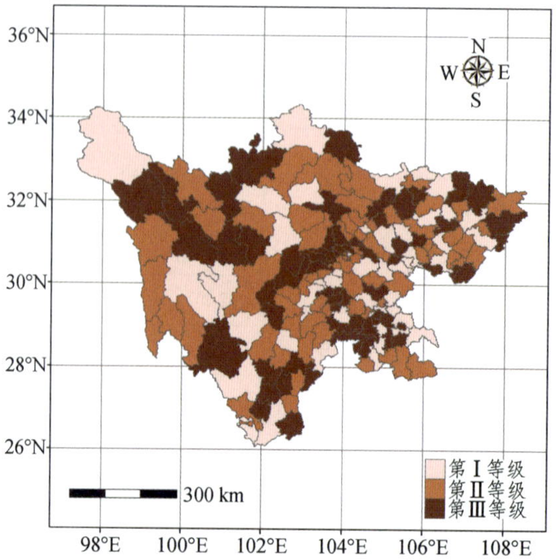

图 5-10　县域生态文明建设质量指数空间分布

从指数等级分布来看（见图 5-11），生态文明建设质量较好的县（区、市）主要分布在川东北经济区、成都平原经济区、川南经济区，占比分别为 38%、32%、28%。生态文明建设质量较低的区域主要分布在川西北生态示范区和攀西经济区，总占比近 90%。

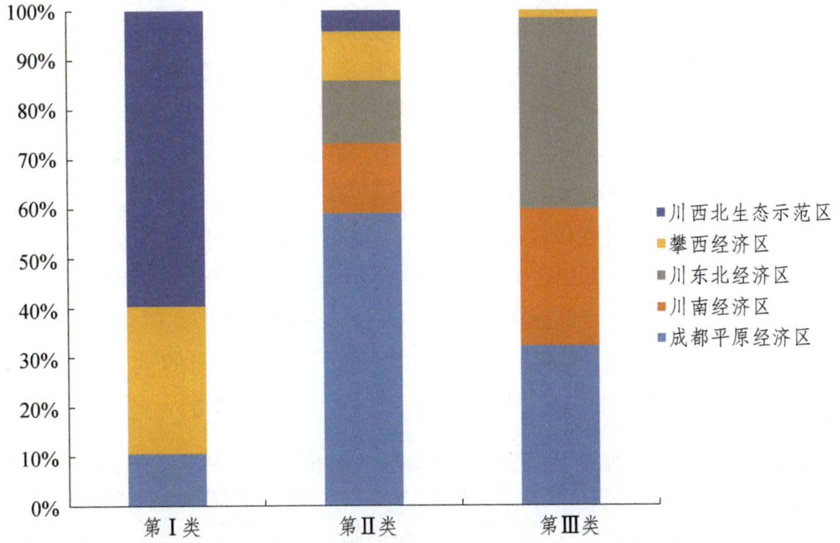

图 5-11　县域生态文明建设质量指数等级分布情况

从五大经济区自身分布来看（见图 5-12），攀西经济区和川西北生态示范区生态文明建设质量总体较差，各县（区、市）排名主要分布在第Ⅰ等级，攀西经济区仅会理县生态文明建设质量分布在第Ⅲ等级，川西北生态示范区无县（区、市）生态文明建设质量分布在第Ⅲ等级。成都平原经济区县（区、市）排名主要分布在第Ⅱ等级，占自身县（区、市）总数目的 62%。川东北经济区和川南经济区县（区、市）的生态文明建设质量普遍较好，主要分布在第Ⅲ等级，占比超过 60%。

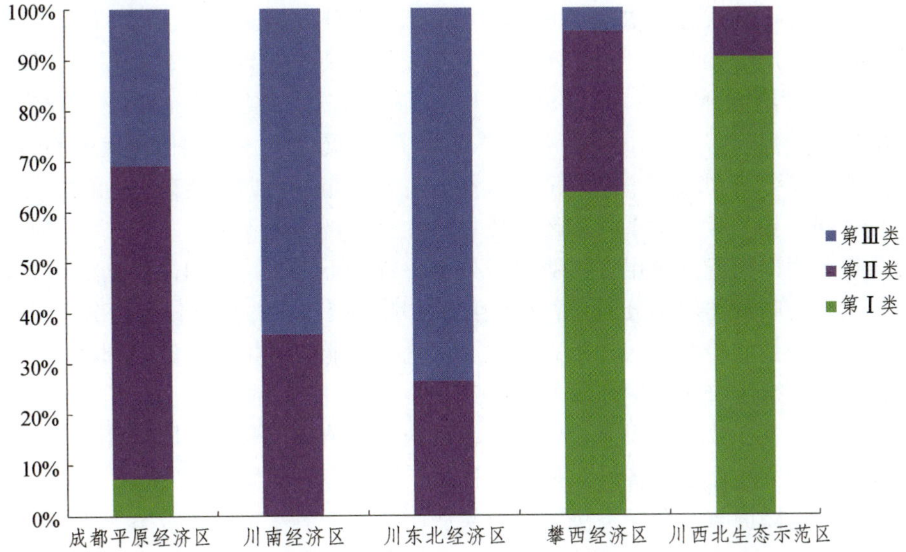

图 5-12　五大经济区县域生态文明建设质量指数排名占比情况

（二）生态文明发展水平耦合协调特征分析

运用耦合协调度模型，分别测算 2020 年四川县域生态文明发展水平中，生态环境质量指数-社会经济质量指数（E-S）、社会经济质量指数-生态文明建设质量指数（S-D）、生态环境质量指数-生态文明建设质量指数（E-D）的耦合度和协调度，如表 5-5 所示。

就协调度来说，四川省县（区、市）总体的 E-S、S-D、E-D 协调度平均值分别为 0.30、0.29、0.22，协调等级分别为轻度失调、中度失调、中度失调，协调程度都不高，均呈现相对明显的非同步发展特征。183 个县（区、市）中，E-S 协调等级以轻度失调为主，县（区、市）个数占比近 60%，其余为中度失调；S-D 协调等级为中度失调和轻度失调，县（区、市）个数占比接近 1:1；E-D 的协调度以中度失调为主，中度失调类型县（区、市）数量占到全部县（区、市）数量的 89.07%，其余 20 个县域单位均为严重失调。

四川省 183 个县（区、市）的生态文明发展水平中 3 个耦合类型的耦合程度均位于(0.3,0.5]，为拮抗耦合，这与其较低的综合协调系数 T 保持一致。指数之间的耦合度差异不大，E-S、S-D、E-D 的耦合度分平均值分别为 0.47、0.48、0.49，E-S 整体耦合度相对较差。

表 5-5　四川省县域生态文明发展的耦合度和协调度（183 个县域单元）

等级		E-S	S-D	E-D
耦合度	拮抗耦合	183	183	183
协调度	严重失调			20
	中度失调	75	89	163
	轻度失调	108	94	

（三）主要结论

2020 年四川省 183 个县（区、市）生态文明发展指数平均得分为 59.43，生态文明发展子系统得分呈生态环境质量指数（72.09 分）>生态文明建设质量指数（63.31 分）>社会经济质量指数（42.80 分）。各县（区、市）之间生态文明发展的差异较大，指数得分最高的武侯区（74.80 分）比得分最低的沿滩区（45.64 分）高 29.16 分。空间分布上显示较为明显的集聚特征，出现强成都、雅安-乐山、泸州-宜宾、绵阳-广元 4 个主要高值聚集中心。就重点区域来看，高值主要分布在成都平原经济区，低值主要分布在川西北生态示范区。分指数空间分布显示对于同一县（区、市）生态环境质量与社会经济质量不同步。

评价结果表明四川省县域生态文明发展处于中等偏下水平，且内部结构的差异显著，社会经济发展水平的制约作用十分明显，因此生态文明发展水平的提升任务十分艰巨。各地区，尤其是川西北地区县域要积极探索生态资源产业化、产业发展生态化路径和模式，挖掘和丰富特色生态产品，推进农文旅融合发展，提升社会和经济发展质量。

空间分布显示各指数在空间上错位发展，且均呈现拮抗耦合、不同程度失调状态，尤其是生态环境质量指数和社会经济质量指数，非同步发展特征显著，表明绝大多数县（区、市）均未实现生态环境保护与社会经济协同发展，从而产生抵消作用导致生态文明发展指数总体水平不高。各级政府要充分重视县域之间生态文明发展水平的空间非均衡特征，积极采取措施有效缩小各地区生态环境和社会经济之间的发展差距，促进经济增长与环境代价脱钩，因地制宜探索差异化、特色化的发展路径，加强资源互补与功能融合，实现生态效益、经济效益和社会效益的有机统一。

生态文明建设是一项复杂的系统工程，本文基于生态环境质量指数、社会经济质量指数和生态文明建设质量指数组成的县域生态文明发展评价指标体系，评价了四川省 183 个县（区、市）的生态文明发展水平和耦合协调度，对四川省县域推动生态环境保护和社会经济协调发展、建设生态文明具有一定的参考意义。但是受县域数据资料收集难度大等因素限制，指标体系还有待进一步完善。在后续的研究中，可进一步扩大研究范围，加入时间尺度的研究，实现多维度评估县域生态文明发展状况。同时细化各个发展导向下的指标体系，深入分析县域生态文明发展的区域差异性，探寻各县域的最优差异化发展路径。

分报告

21 市（州）生态文明发展水平评价

罗彬　何蓉　王恒　刘冬梅　邱利平　李甜甜
潘哲　唐书培　向蔓菁　张豇浜
四川省环境政策研究与规划院

黄鑫童
重庆大学

【摘　要】以 2019 年四川省 21 市（州）生态文明发展水平评价结果为基础，进一步分析各市（州）的生态文明发展水平及各维度指数对最终的生态文明发展水平的贡献率，识别生态文明发展的短板和不足，结合各市（州）实际情况提出生态文明发展的路径选择与建议，为地区制定生态文明发展战略提供决策依据，并分别提出下一步生态文明发展的意见建议。

【关键词】生态文明发展指数；贡献率；评价

一、成都市生态文明发展水平评价

（一）2019 年生态文明发展水平评价结果

2019 年，成都市的生态文明发展指数为 77.27 分，在 21 个市（州）中排名第 1 位，如表 1 所示。其中压力指数得分为 91.10，排名第 1 位；状态指数得分为 63.90，排名第 2 位；响应指数得分为 76.81，排名第 1 位。成都市压力指数、状态指数和响应指数均位于全省前列。

具体来看，成都市在污染排放方面总体得分为 98.06，排名第 1 位。其中大气污染源排放和水污染源排放得分分别为 99.74 和 96.37，分别位于第 1 位、第 2 位。

在资源消耗方面，成都市总体得分为 84.15，排名第 1 位。其中土地资源消耗得分为 68.27，排名第 6 位；能源消耗得分为 84.61，排名第 3 位；水资源消耗得分为 100.00，排名第 1 位。

生态环境状态方面，成都市总体得分为 33.68，排名第 19 位。其中生态状态得分为 22.03，排名第 16 位；水环境状态得分为 75.00，排名第 1 位；大气环境状态得分为 2.76，排名第 21 位。成都市的生态环境状态相对较差。

社会经济状态方面，成都市总体得分为 96.01，排名第 1 位。发展水平和发展质量分别得分为 100.00、92.02，均位于第 1 位。

改善人居环境方面，成都市的总体得分为 95.45，排名第 2 位。其中，环境整治得分为 94.11，排名第 3 位；饮水安全基本得到了保障；城市绿化得分为 92.09，排名第 2 位。

维护生态安全方面，成都市总体得分为 44.36，排名第 14 位。其中环境风险防范得分为 98.37，排名第 11 位；生态系统功能提升得分为 21.18，排名第 14 位；环境污染治理得分为 14.25，排名第 16 位。

表 1　成都市生态文明发展水平各级指标得分和排名表

指标	得分	排名
生态文明发展指数	77.27	1
一、压力指数	91.10	1
1. 污染排放	98.06	1
大气污染源排放	99.74	1
水污染源排放	96.37	2
2. 资源消耗	84.15	1
土地资源消耗	68.27	6
能源消耗	84.61	3
水资源消耗	100.00	1
二、状态指数	63.90	2
3. 生态环境状态	33.68	19
生态状态	22.03	16
水环境状态	75.00	1
大气环境状态	2.76	21
4.社会经济现状	96.01	1
发展水平	100.00	1
发展质量	92.02	1
三、响应指数	76.81	1
5. 改善人居环境	95.45	2
环境整治	94.11	3
饮水安全	100.00	1
城市绿化	92.09	2
6. 维护生态安全	44.36	14
环境风险防范	98.37	11
生态系统功能提升	21.18	14
环境污染治理	14.25	16
7. 发展生态经济	93.57	1
发展低碳经济	92.88	2
优化产业结构	100.00	1
推动产业循环	87.62	8

发展生态经济方面，成都市总体得分为 93.57，排名第 1 位。其中发展低碳经济得分为 92.88，排名第 2 位；优化产业结构得分为 100.00，排名第 1 位；推动产业循环得分为 87.62，排名第 8 位。

如图 1 所示为成都市生态文明发展水平评价准则层指数雷达图。

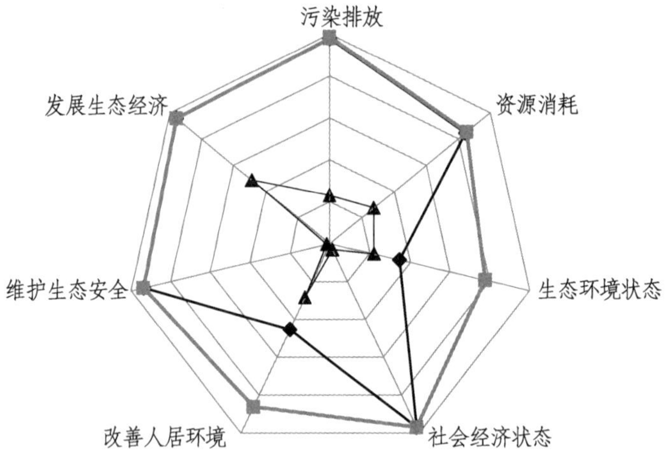

图 1　成都市生态文明发展水平评价准则层指数雷达图

（二）生态文明发展水平指标贡献率分析

由驱动因素贡献率可以发现（见图 2），2019 年成都市污染排放、社会经济状态对生态文明发展指数的贡献率最高，贡献率分别为 21%、20%，是生态文明发展的主要贡献因素；其次是资源消耗、改善人居环境和发展生态经济，对成都市生态文明发展水平的贡献率分别为 18%、14%和 13%；生态环境状态和维护生态安全的贡献率显著较低，均为 7%，表明环境质量不高和生态安全建设不足仍是成都市生态文明发展的短板。

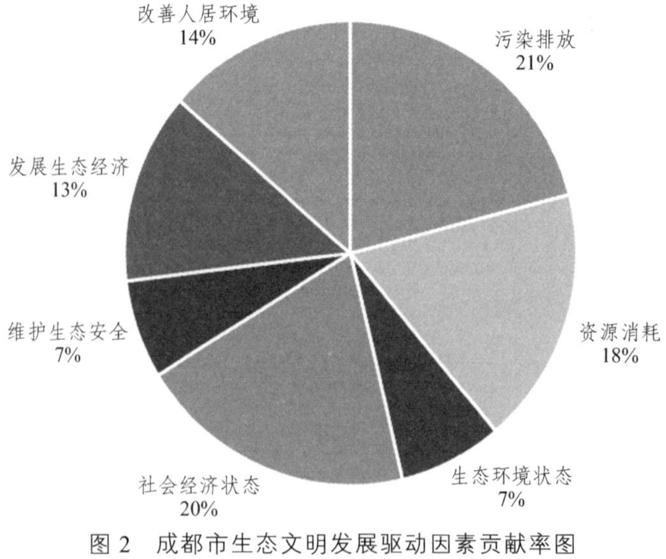

图 2　成都市生态文明发展驱动因素贡献率图

（三）主要结论

2019 年成都市生态文明发展的整体水平较好，位居全省首位。其发展的主要特点：污染排放、社会经济状态和发展生态经济三方面表现突出，均处于全省首位，且三者的贡献率之和超过 50%，是生态文明发展的关键因素；资源消耗和改善人居环境两方面表现虽位列全省前列，但仍落后于广安市；生态环境状态、维护生态安全两方面短板较突出，排名全省中下游，且贡献率低，是成都市生态文明发展的瓶颈所在。未来成都市应以生态环境高水平保护常态化、精准化为目标，以区域协同治理和多污染物协同治理抓好大气环境质量改善，以水资源、水环境、水生态统筹治理抓好水环境生态修复，加快推动产业、能源、空间（用地）结构调整，协同推进减污、降碳、增绿，不断提升生态环境质量，推动经济社会发展全面绿色转型。

二、自贡市生态文明发展水平评价

（一）2019 年生态文明发展水平评价结果

2019 年，自贡市的生态文明发展指数为 60.93 分，在 21 个市（州）中排名第 7 位，如表 2 所示。其中压力指数得分为 79.19，排名第 2 位；状态指数得分为 41.33，排名第 18 位；响应指数得分为 62.22，排名第 13 位。自贡市压力指数处于全省上游水平，状态指数较弱，处于全省下游水平。

具体来看，自贡市在污染排放方面总体得分为 97.86，排名第 2 位。其中大气污染源排放和水污染源排放得分分别为 97.01、98.70，分别位于第 5 位和第 1 位。

在资源消耗方面，自贡市总体得分为 60.52，排名第 7 位。其中土地资源消耗得分为 28.38，排名第 18 位；能源消耗得分为 79.08，排名第 5 位；水资源消耗得分为 74.99，排名第 4 位。

生态环境状态方面，自贡市总体得分为 21.05，排名第 21 位，生态环境状态较差。其中生态状态得分为 12.29，排名第 18 位；水环境状态得分为 37.46，排名第 20 位；大气环境状态得分为 12.89，排名第 18 位。

社会经济状态方面，自贡市总体得分为 62.88，排名第 3 位。发展水平得分为 41.36，排名第 7 位；发展质量得分为 84.41，排名第 2 位。

改善人居环境方面，自贡市的总体得分为 82.42，排名第 13 位。其中，环境整治得分为 56.53，排名第 19 位；饮水安全基本得到了保障；城市绿化得分为 90.21，排名第 3 位。

维护生态安全方面，自贡市总体得分为 38.00，排名第 19 位。其中环境风险防范得分为 99.87，排名第 2 位；生态系统功能提升得分为 2.65，排名第 20 位；环境污染治理得分为 12.56，排名第 17 位。

发展生态经济方面，自贡市总体得分为 68.43，排名第 7 位。其中发展低碳经济得分为 83.11，排名第 11 位；优化产业结构得分为 32.02，排名第 12 位；推动产业循环得分为 91.25，排名第 6 位。

如图 3 所示为自贡市生态文明发展水平评价准则层指数雷达图。

表 2　自贡市生态文明发展水平各级指标得分和排名表

指标	得分	排名
生态文明发展指数	60.93	7
一、压力指数	79.19	2
1. 污染排放	97.86	2
大气污染源排放	97.01	5
水污染源排放	98.70	1
2. 资源消耗	60.52	7
土地资源消耗	28.38	18
能源消耗	79.08	5
水资源消耗	74.99	4
二、状态指数	41.33	18
3. 生态环境状态	21.05	21
生态状态	12.29	18
水环境状态	37.46	20
大气环境状态	12.89	18
4. 社会经济状态	62.88	3
发展水平	41.36	7
发展质量	84.41	2
三、响应指数	62.22	13
5. 改善人居环境	82.42	13
环境整治	56.53	19
饮水安全	100.00	1
城市绿化	90.21	3
6. 维护生态安全	38.00	19
环境风险防范	99.87	2
生态系统功能提升	2.65	20
环境污染治理	12.56	17
7. 发展生态经济	68.43	7
发展低碳经济	83.11	11
优化产业结构	32.02	12
推动产业循环	91.25	6

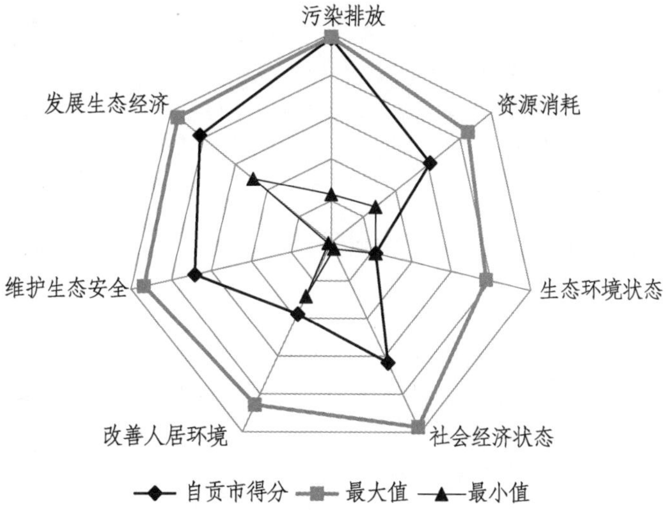

图 3　自贡市生态文明发展水平评价准则层指数雷达图

（二）生态文明发展水平指标贡献率分析

由驱动因素贡献率可以发现（见图 4），2019 年自贡市压力层指数对生态文明发展指数的贡献率最高，贡献率总计达 43%，是生态文明发展的主要贡献因素；其次是社会经济状态、改善人居环境和发展生态经济，对自贡市生态文明发展水平的贡献率分别为 17%、15%和 12%；维护生态安全和生态环境状态的贡献率相对较低，仅为 7%、6%，表明环境质量不高和生态安全建设不足是自贡市生态文明发展的短板。

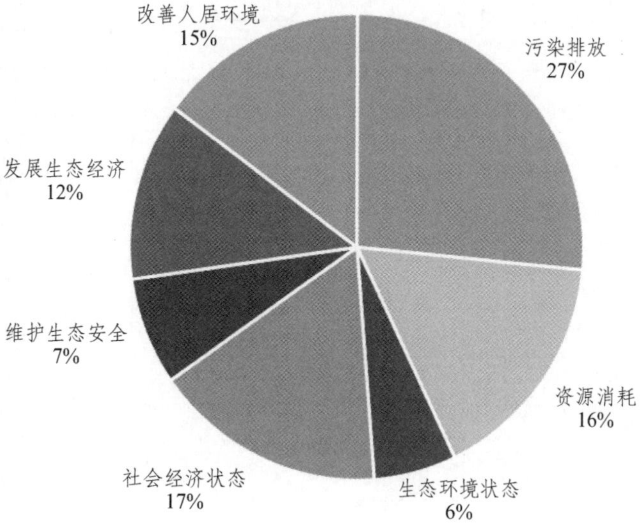

图 4　自贡市生态文明发展驱动因素贡献率图

（三）主要结论

自贡市生态文明发展处于全省中上水平，其特点是污染排放效率、社会经济状态表现突出，位居全省前列，也是生态文明发展的主要贡献因素；但生态环境状态、维护生态安全方面仍较弱，对生态文明发展的贡献率均不足 10%，尤其是生态环境状态，仍处于全省末位，严重遏制了自贡市的生态文明发展。未来自贡市在推进生态文明建设过程中还需进一步加大环保投资占 GDP 的比例，以秋冬季大气污染防治攻坚为重点，以巩固釜溪河水环境质量为突破口，提升生态环境保护和污染治理力度，调整和优化产业结构，兑现“五年彻底变貌”。

三、攀枝花市生态文明发展水平评价

（一）2019 年生态文明发展水平评价结果

2019 年，攀枝花市的生态文明发展指数为 47.59 分，在 21 个市（州）中排名第 21 位，如表 3 所示。其中压力指数得分为 25.10，排名第 21 位；状态指数得分为 66.97，排名第 1 位；响应指数得分为 50.60，排名第 19 位。攀枝花市状态指数表现较好，位居全省首位，但压力指数和响应指数较弱，均处于全省下游水平。

表 3　攀枝花市生态文明发展水平各级指标得分和排名表

指标	得分	排名
生态文明发展指数	47.59	21
一、压力指数	25.10	21
1.污染排放	22.58	21
大气污染源排放	0.00	21
水污染源排放	45.11	11
2. 资源消耗	27.62	21
土地资源消耗	44.75	16
能源消耗	0.00	21
水资源消耗	37.65	18
二、状态指数	66.97	1
3. 生态环境状态	58.25	8
生态状态	48.73	8
水环境状态	75.00	1
大气环境状态	50.50	8
4. 社会经济状态	76.24	2
发展水平	77.67	2
发展质量	74.81	5
三、响应指数	50.60	19
5. 改善人居环境	89.98	7
环境整治	93.06	7

续表

指标	得分	排名
饮水安全	100.00	1
城市绿化	76.58	9
6. 维护生态安全	60.58	4
环境风险防范	100.00	1
生态系统功能提升	56.52	4
环境污染治理	25.35	12
7.发展生态经济	0.33	21
发展低碳经济	0.00	21
优化产业结构	0.00	21
推动产业循环	1.00	20

具体来看，攀枝花市在污染排放方面总体得分为 22.58，排名第 21 位。其中大气污染源排放得分为 0.00，排名第 21 位；水污染源排放得分为 45.11，排名第 11 位。

在资源消耗方面,攀枝花市总体得分为 27.62,排名第 21 位。其中土地资源消耗得分为 44.75，排名第 16 位；能源消耗得分为 0.00，排名第 21 位；水资源消耗得分为 37.65，排名第 18 位。

生态环境状态方面，攀枝花市总体得分为 58.25，排名第 8 位。其中生态状态得分为 48.73，排名第 8 位；水环境状态得分为 75.00，排名第 1 位；大气环境状态得分为 50.50，排名第 8 位。

社会经济状态方面，攀枝花市总体得分为 76.24，排名第 2 位，社会经济发展较好。其中，社会经济发展水平得分为 77.67，排名第 2 位；社会经济发展质量得分为 74.81，排名第 5 位。

改善人居环境方面，攀枝花市的总体得分为 89.98，排名第 7 位。其中，环境整治得分为 93.06，排名第 7 位；饮水安全基本得到了保障；城市绿化得分为 76.58，排名第 9 位。

维护生态安全方面，攀枝花市总体得分为 60.58，排名第 4 位。其中环境风险防范得分为 100.00，排名第 1 位；生态系统功能提升得分为 56.52，排名第 4 位；环境污染治理得分为 25.35，排名第 12 位。

发展生态经济方面，攀枝花市总体得分为 0.33，排名第 21 位。发展低碳经济、优化产业结构、推动产业循环得分分别为 0.00、0.00 和 1.00，三项指标均位于全省末位。

如图 5 所示为攀枝花市生态文明发展水平评价准则层指数雷达图。

（二）生态文明发展水平指标贡献率分析

由驱动因素贡献率可以发现（见图 6），2019 年攀枝花市社会经济状态、生态环境状态、改善人居环境对生态文明发展指数的贡献率最大，贡献率分别为 26%、21%、21%，三者之和超过 60%，是生态文明发展的主要贡献因素；其次是维护生态安全，对攀枝花市生态文明发展水平的贡献率为 15%；压力层指数对攀枝花市生态文明发展的贡献率相对较低，污染排放和资源消耗的贡献率之和仅 17%；相比而言，发展生态经济未对攀枝花市的生态文明发展贡献力量，是攀枝花市生态文明发展的薄弱环节。

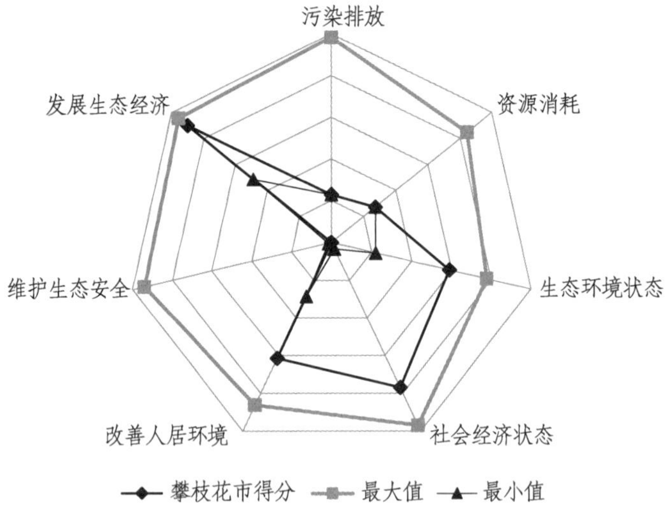

图 5　攀枝花市生态文明发展水平评价准则层指数雷达图

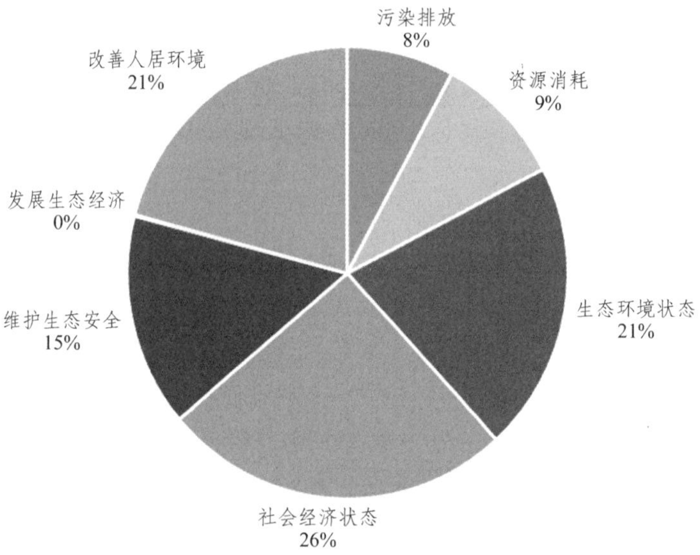

图 6　攀枝花市生态文明发展驱动因素贡献率图

（三）主要结论

2019 年攀枝花市生态文明发展较差，位居全省末位，虽具有较好的生态文明建设经济和环境基础，但响应力度不够，面临的生态文明发展压力较大。各方面发展极不平衡，生态环境状态、社会经济状态、改善人居环境、维护生态安全等四方面表现较好，均处于全省中上游，对生态文明发展的贡献率超过 80%，但污染排放和资源消耗压力巨大，生态经济发展严重不足。未来攀枝花市要在深入打好污染防治攻坚战、保持环境质量不降低的基础上，围绕建设“中国钒钛之都”、打造世界级钒钛产业基地和氢能产业示范城市，加大产业转型升级力度，优化产业结构、推动产业循环；突出减污降碳协同增效，加快推进城乡环保基础设施建设，强化尾矿库管理，倡导生活垃圾减量化、资源化、无害化，努力补齐生态文明发展的短板。

四、泸州市生态文明发展水平评价

（一）2019 年生态文明发展水平评价结果

2019 年，泸州市的生态文明发展指数为 56.96 分，在 21 个市（州）中排名第 10 位，如表 4 所示。其中压力指数得分为 55.73，排名第 14 位；状态指数得分为 47.00，排名第 13 位；响应指数得分为 67.83，排名第 9 位。

表 4　泸州市生态文明发展水平各级指标得分和排名表

指标	得分	排名
生态文明发展指数	56.96	10
一、压力指数	55.73	14
1. 污染排放	61.00	15
大气污染源排放	87.61	12
水污染源排放	34.46	15
2. 资源消耗	50.46	13
土地资源消耗	21.98	20
能源消耗	60.11	13
水资源消耗	70.06	5
二、状态指数	47.00	13
3. 生态环境状态	41.60	15
生态状态	49.15	7
水环境状态	49.92	19
大气环境状态	25.46	16
4. 社会经济状态	52.75	7
发展水平	38.43	8
发展质量	67.07	9
三、响应指数	67.83	9
5. 改善人居环境	91.84	4
环境整治	93.11	6
饮水安全	100.00	1
城市绿化	82.17	6
6. 维护生态安全	57.21	7
环境风险防范	96.24	13
生态系统功能提升	28.77	10
环境污染治理	47.50	7
7. 发展生态经济	55.39	14
发展低碳经济	59.97	16
优化产业结构	13.97	18
推动产业循环	93.48	4

具体来看，泸州市在污染排放方面总体得分为 61.00，排名第 15 位。其中大气污染源排放得分为 87.61，排名第 12 位；水污染源排放得分为 34.46，排名第 15 位。

在资源消耗方面，泸州市总体得分为 50.46，排名第 13 位。其中土地资源消耗得分为 21.98，排名第 20 位；能源消耗得分为 60.11，排名第 13 位；水资源消耗得分为 70.06，排名第 5 位。

生态环境状态方面，泸州市总体得分为 41.60，排名第 15 位。其中生态状态得分为 49.15，排名第 7 位；水环境状态得分为 49.92，排名第 19 位；大气环境状态得分为 25.46，排名第 16 位。

社会经济状态方面，泸州市总体得分为 52.75，排名第 7 位。发展水平得分为 38.43，排名第 8 位；发展质量得分为 67.07，排名第 9 位。

改善人居环境方面，泸州市的总体得分为 91.84，排名第 4 位。其中，环境整治得分为 93.11，排名第 6 位；饮水安全得分为 100.00；城市绿化得分为 82.17，排名第 6 位。

维护生态安全方面，泸州市总体得分为 57.21，排名第 7 位。其中环境风险防范得分为 96.24，排名第 13 位；生态系统功能提升得分为 28.77，排名第 10 位；环境污染治理得分为 47.50，排名第 7 位。

发展生态经济方面，泸州市总体得分为 55.39，排名第 14 位。其中发展低碳经济得分为 59.97，排名第 16 位；优化产业结构得分为 13.97，排名第 18 位；推动产业循环得分为 93.48，排名第 4 位。

如图 7 所示为泸州市生态文明发展水平评价准则层指数雷达图。

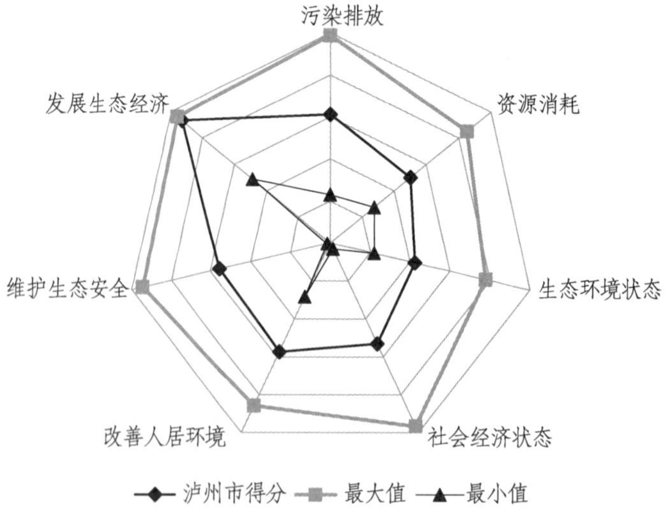

图 7　泸州市生态文明发展水平评价准则层指数雷达图

（二）生态文明发展水平指标贡献率分析

由驱动因素贡献率可以发现（见图 8），2019 年泸州市准则层各方面指标对生态文明发展指数的贡献率差异性不大，生态文明建设发展较为均衡。其中，改善人居环境和污染排放对生态文明发展指数的贡献率最高，均为 18%；其次是社会经济状态和资源消耗，对泸州市生态文明发展水平的贡献率分别为 15%、14%；生态环境状态、维护生态安全和发展生态经济的贡献率相对较低，分别为 12%、12%和 11%。

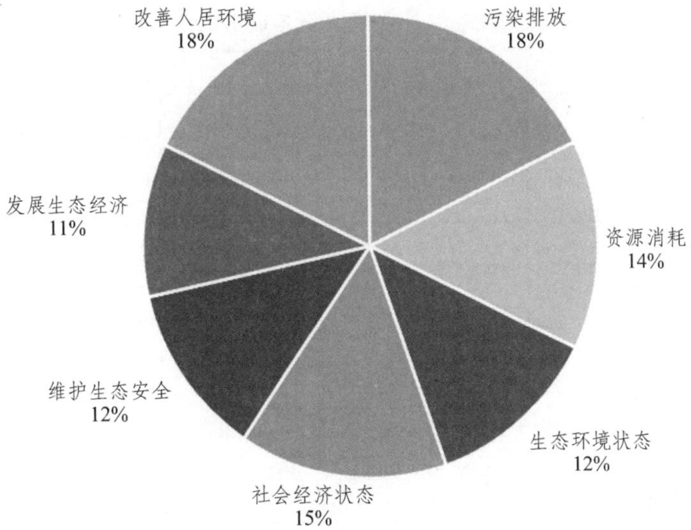

图 8　泸州市生态文明发展驱动因素贡献率图

（三）主要结论

泸州市生态文明发展水平位居全省中游，与其他市（州）相比各方面发展相对均衡，没有明显的优势，也没有突出的弱点。下一步，泸州市一是综合施策提升生态环境质量，优化完善“三线一单”，合理调整建设用地布局，促进土地资源节约。二是以“散乱污”企业整治、扬尘污染治理、重污染天气应对等措施为主要引擎，统筹推进大气污染防治；严格落实“水十条”工作任务，以重点流域、生活污水、黑臭水体、饮用水源地为中心积极开展水污染防治，同时深入推动化工企业专项整治，提升污水处理设施建设和运行管理水平。三是培育现代产业体系，提高绿色发展水平，加快推动产业结构战略性调整，积极发展现代物流、电子商务、健康养老产业等特色产业，着力推动服务业提质增效。

五、德阳市生态文明发展水平评价

（一）2019 年生态文明发展水平评价结果

2019 年，德阳市的生态文明发展指数为 55.66 分，在 21 个市（州）中排名第 14 位，如表 5 所示。其中压力指数得分为 65.28，排名第 7 位；状态指数得分为 48.54，排名第 10 位；响应指数得分为 53.24，排名第 18 位。

具体来看，德阳市在污染排放方面总体得分为 68.29，排名第 9 位。其中大气污染源排放得分为 90.83，排名第 9 位；水污染源排放得分为 45.81，排名第 10 位。

在资源消耗方面，德阳市总体得分为 62.26，排名第 6 位。其中土地资源消耗得分为 72.15，排名第 3 位；能源消耗得分为 71.82，排名第 11 位；水资源消耗得分为 42.54，排名第 17 位。

生态环境状态方面，德阳市总体得分为 40.61，排名第 16 位。其中生态状态得分为 22.88，排名第 15 位；水环境状态得分为 75.00，排名第 1 位；大气环境状态得分为 22.91，排名第 17 位。

表 5　德阳市生态文明发展水平各级指标得分和排名表

指标	得分	排名
生态文明发展指数	55.66	14
一、压力指数	65.28	7
1. 污染排放	68.29	9
大气污染源排放	90.83	9
水污染源排放	45.81	10
2. 资源消耗	62.26	6
土地资源消耗	72.15	3
能源消耗	71.82	11
水资源消耗	42.54	17
二、状态指数	48.54	10
3. 生态环境状态	40.61	16
生态状态	22.88	15
水环境状态	75.00	1
大气环境状态	22.91	17
4. 社会经济现状	56.97	6
发展水平	51.99	3
发展质量	61.96	12
三、响应指数	53.24	18
5. 改善人居环境	58.19	19
环境整治	94.66	2
饮水安全	0.00	21
城市绿化	81.67	7
6. 维护生态安全	46.62	12
环境风险防范	80.02	16
生态系统功能提升	9.24	16
环境污染治理	51.74	6
7. 发展生态经济	55.51	13
发展低碳经济	83.95	10
优化产业结构	9.77	19
推动产业循环	74.19	13

社会经济状态方面，德阳市总体得分为 56.97，排名第 6 位。发展水平得分为 51.99，排名第 3 位；发展质量得分为 61.96，排名第 12 位。

改善人居环境方面，德阳市的总体得分为 58.19，排名第 19 位。其中，环境整治得分为 94.66，排名第 2 位；饮水安全得分为 0.00，排名第 21 位；城市绿化得分为 81.67，排名第 7 位。

维护生态安全方面，德阳市总体得分为 46.62，排名第 12 位。其中环境风险防范得分为

80.02，排名第 16 位；生态系统功能提升得分为 9.24，排名第 16 位；环境污染治理得分为 51.74，排名第 6 位。

发展生态经济方面，德阳市总体得分为 55.51，排名第 13 位。其中发展低碳经济得分为 83.95，排名第 10 位；优化产业结构得分为 9.77，排名第 19 位；推动产业循环得分为 74.19，排名第 13 位。

如图 9 所示为德阳市生态文明发展水平评价准则层指数雷达图。

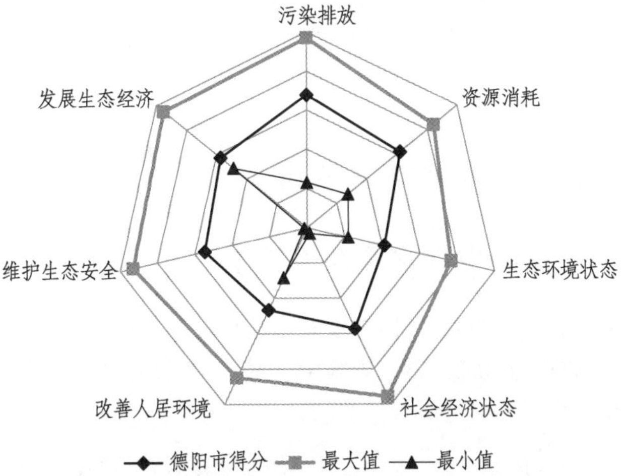

图 9　德阳市生态文明发展水平评价准则层指数雷达图

（二）生态文明发展水平指标贡献率分析

由驱动因素贡献率可以发现（见图 10），2019 年德阳市污染排放、资源消耗对生态文明发展指数的贡献率最高，贡献率分别为 20%、19%，是生态文明发展的主要贡献因素；其次是社会经济状态、生态环境状态和改善人居环境，对德阳市生态文明发展水平的贡献率分别为 16%、12%和 12%；发展生态经济和维护生态安全的贡献率显著较低，仅为 11%、10%，表明产业结构、发展绿色循环产业和生态安全建设不足仍是德阳市生态文明发展的短板。

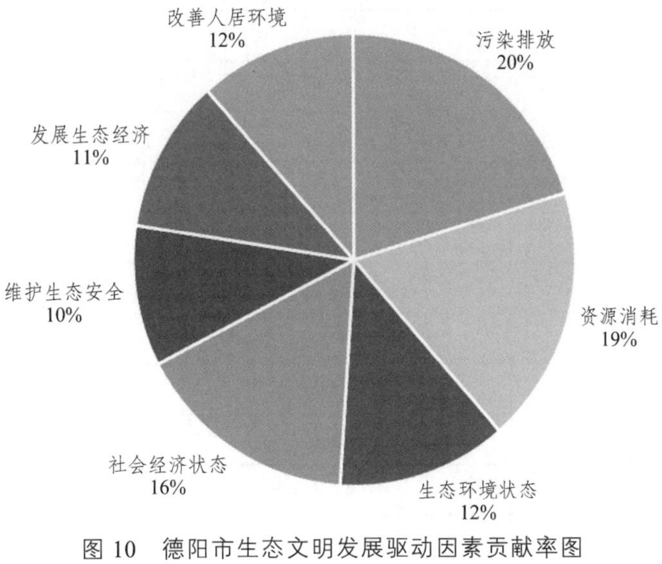

图 10　德阳市生态文明发展驱动因素贡献率图

（三）主要结论

2019 年德阳市生态文明发展水平位居全省中下游，其发展的主要特点：污染排放、资源消耗及社会经济状态表现较为突出，是生态文明发展的关键因素；改善人居环境、生态环境状态两方面短板较突出，排名全省中下游，且贡献率低，是德阳市生态文明发展的瓶颈所在。需要注意的是，德阳市是全省唯一饮用水安全不达标的城市，严重影响了德阳市的生态文明发展水平。未来德阳市应重点关注水环境安全问题，扎实解决饮水安全问题，持续改善水生态环境质量，进一步提高水资源利用效率。

六、绵阳市生态文明发展水平评价

（一）2019 年生态文明发展水平评价结果

2019 年，绵阳市的生态文明发展指数为 67.78 分，在 21 个市（州）中排名第 2 位，如表 6 所示。其中压力指数得分为 75.86，排名第 3 位；状态指数得分为 57.55，排名第 4 位；响应指数得分为 69.86，排名第 4 位。

表 6　绵阳市生态文明发展水平各级指标得分和排名表

指标	得分	排名
生态文明发展指数	67.78	2
一、压力指数	75.86	3
1. 污染排放	88.79	3
大气污染源排放	95.27	8
水污染源排放	82.32	3
2. 资源消耗	62.92	5
土地资源消耗	49.75	12
能源消耗	82.63	4
水资源消耗	56.75	11
二、状态指数	57.55	4
3. 生态环境状态	56.90	9
生态状态	54.24	5
水环境状态	75.00	1
大气环境状态	40.91	10
4. 社会经济状态	58.25	5
发展水平	47.71	4
发展质量	68.78	7

续表

指标	得分	排名
三、响应指数	69.86	4
5. 改善人居环境	88.69	9
环境整治	93.47	5
饮水安全	100.00	1
城市绿化	72.26	12
6. 维护生态安全	46.77	11
环境风险防范	78.07	17
生态系统功能提升	49.94	9
环境污染治理	12.22	18
7. 发展生态经济	76.21	4
发展低碳经济	86.09	6
优化产业结构	43.53	8
推动产业循环	100.00	1

具体来看，绵阳市在污染排放方面总体得分为 88.79，排名第 3 位。其中大气污染源排放得分为 95.27，排名第 8 位；水污染源排放得分为 82.32，排名第 3 位。

在资源消耗方面，绵阳市总体得分为 62.92，排名第 5 位。其中土地资源消耗得分为 49.75，排名第 12 位；能源消耗得分为 82.63，排名第 4 位；水资源消耗得分为 56.75，排名第 11 位。

生态环境状态方面，绵阳市总体得分为 56.90，排名第 9 位。其中生态状态得分为 54.24，排名第 5 位；水环境状态得分为 75.00，排名第 1 位；大气环境状态得分为 40.91，排名第 10 位。

社会经济状态方面，绵阳市总体得分为 58.25，排名第 5 位。发展水平得分为 47.71，排名第 4 位；发展质量得分为 68.78，排名第 7 位。

改善人居环境方面，绵阳市的总体得分为 88.69，排名第 9 位。其中，环境整治得分为 93.47，排名第 5 位；饮水安全得分为 100.00，排名第 1 位；城市绿化得分为 72.26，排名第 12 位。

维护生态安全方面，绵阳市总体得分为 46.77，排名第 11 位。其中环境风险防范得分为 78.07，排名第 17 位；生态系统功能提升得分为 49.94，排名第 9 位；环境污染治理得分为 12.22，排名第 18 位。

发展生态经济方面，绵阳市总体得分为 76.21，排名第 4 位。其中发展低碳经济得分为 86.09，排名第 6 位；优化产业结构得分为 43.53，排名第 8 位；推动产业循环得分为 100.00，排名第 1 位。

如图 11 所示为绵阳市生态文明发展水平评价准则层指数雷达图。

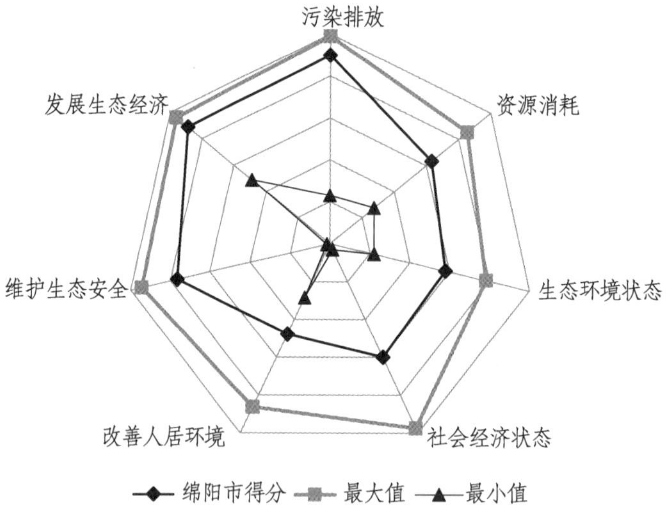

图 11　绵阳市生态文明发展水平评价准则层指数雷达图

（二）生态文明发展水平指标贡献率分析

由驱动因素贡献率可以发现（见图 12），2019 年绵阳市污染排放对生态文明发展指数的贡献率最高，贡献率达到了 22%；其次是资源消耗、改善人居环境、生态环境状态、社会经济状态和发展生态经济，对绵阳市生态文明发展水平的贡献率分别为 15%、15%、14%、14% 和 12%；维护生态安全的贡献率最低，仅为 8%，表明生态安全建设不足是绵阳市生态文明发展的短板。

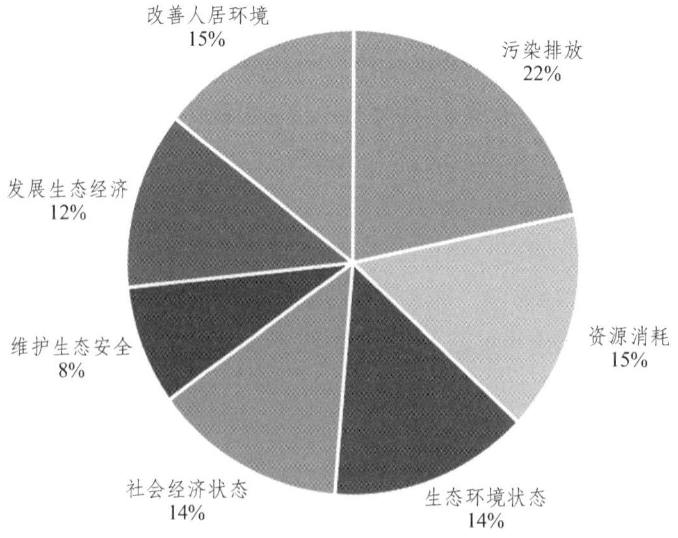

图 12　绵阳市生态文明发展驱动因素贡献率图

（三）主要结论

总体来讲，2019 年绵阳市生态文明发展实现了压力、状态和响应的良性循环和协调发展，生态文明发展水平总体较好，位居全省第二，但在维护生态安全等方面仍存在较大问题，环境风险防范能力较差，环境污染治理力度不够，总体贡献率不高。下一步，绵阳市应在保证生态环境质量不降低的基础上，加强城乡绿色廊道建设，打造口袋公园、郊野公园等开放无界公共绿色空间，不断提升城市生态系统功能和状态。同时充分利用好“环保 110”平台，加大环境污染治理投入，建设“一起一单一案”环境风险防控网，着力提升环境风险防范能力，确保公众生命健康和生态环境安全。

七、广元市生态文明发展水平评价

（一）2019 年生态文明发展水平评价结果

2019 年，广元市的生态文明发展指数为 60.73 分，在 21 个市（州）中排名第 8 位，如表 7 所示。其中压力指数得分为 61.14，排名第 11 位；状态指数得分为 51.08，排名第 8 位；响应指数得分为 69.69，排名第 5 位。

表 7　广元市生态文明发展水平各级指标得分和排名表

指标	得分	排名
生态文明发展指数	60.73	8
一、压力指数	61.14	11
1. 污染排放	72.65	7
大气污染源排放	90.71	10
水污染源排放	54.63	8
2. 资源消耗	49.64	16
土地资源消耗	21.52	21
能源消耗	74.69	9
水资源消耗	53.49	12
二、状态指数	51.08	8
3. 生态环境状态	70.92	4
生态状态	70.76	3
水环境状态	75.00	1
大气环境状态	66.86	4
4. 社会经济状态	30.00	18
发展水平	24.59	15
发展质量	35.40	19
三、响应指数	69.69	5
5. 改善人居环境	87.48	10
环境整治	93.05	8
饮水安全	100.00	1
城市绿化	69.01	13

续表

指标	得分	排名
6. 维护生态安全	59.57	6
环境风险防范	100.00	1
生态系统功能提升	55.14	5
环境污染治理	23.70	14
7. 发展生态经济	62.94	9
发展低碳经济	86.19	5
优化产业结构	20.49	15
推动产业循环	83.43	10

具体来看，广元市在污染排放方面总体得分为 72.65，排名第 7 位。其中大气污染源排放得分为 90.71，排名第 10 位；水污染源排放得分为 54.63，排名第 8 位。

在资源消耗方面，广元市总体得分为 49.64，排名第 16 位。其中土地资源消耗得分为 21.52，排名第 21 位；能源消耗得分为 74.69，排名第 9 位；水资源消耗得分为 53.49，排名第 12 位。

生态环境状态方面，广元市总体得分为 70.92，排名第 4 位。其中生态状态得分为 70.76，排名第 3 位；水环境状态得分为 75.00，排名第 1 位；大气环境状态得分为 66.86，排名第 4 位。

社会经济状态方面，广元市总体得分为 30.00，排名第 18 位。发展水平得分为 24.59，排名第 15 位；发展质量得分为 35.40，排名第 19 位。

改善人居环境方面，广元市的总体得分为 87.48，排名第 10 位。其中，环境整治得分为 93.05，排名第 8 位；饮水安全得分为 100.00，排名第 1 位；城市绿化得分为 69.01，排名第 13 位。

维护生态安全方面，广元市总体得分为 59.57，排名第 6 位。其中环境风险防范得分为 100.00，排名第 1 位；生态系统功能提升得分为 55.14，排名第 5 位；环境污染治理得分为 23.70，排名第 14 位。

发展生态经济方面，广元市总体得分为 62.94，排名第 9 位。其中发展低碳经济得分为 86.19，排名第 5 位；优化产业结构得分为 20.49，排名第 15 位；推动产业循环得分为 83.43，排名第 10 位。

如图 13 所示为广元市生态文明发展水平评价准则层指数雷达图。

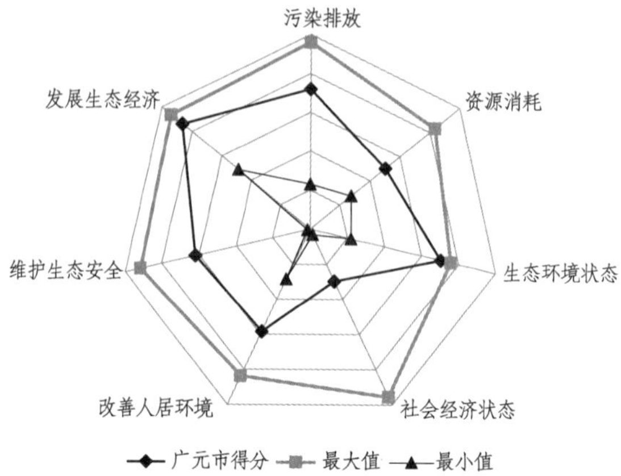

图 13　广元市生态文明发展水平评价准则层指数雷达图

（二）生态文明发展水平指标贡献率分析

由驱动因素贡献率可以发现（见图 14），2019 年广元市污染排放和生态环境状态是生态文明发展指数的主要贡献因素，贡献率均为 20%；其次为改善人居环境、资源消耗、维护生态安全和发展生态经济，对广元市生态文明发展水平的贡献率在 11%～16%；社会经济状态的贡献率最低，仅为 8%，经济发展不优对广元市生态文明发展水平的制约作用十分明显。

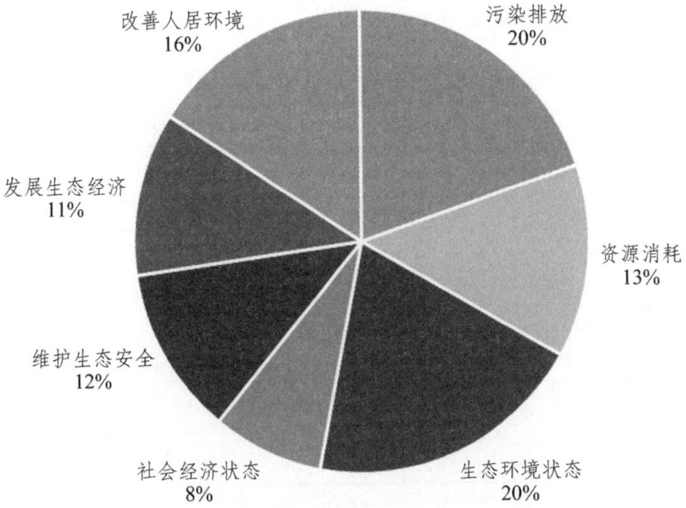

图 14　广元市生态文明发展驱动因素贡献率图

（三）主要结论

2019 年广元市生态环境状态位居全省前列，但面临的资源消耗强度较大，且社会经济发展滞后，发展与保护的矛盾突出。未来广元市一方面应坚持生态优先，立足生态资源优势，以建设践行绿水青山就是金山银山理念典范城市为目标，完善生态环境保护与产业发展协同机制，探索建立绿水青山向金山银山转化新机制，促进区域经济社会与资源环境的协调发展。另一方面要加强科技投入和环保基础设施建设，提高环境治理效率和资源利用效率，全面提升生态文明建设力度和质量。

八、遂宁市生态文明发展水平评价

（一）2019 年生态文明发展水平评价结果

2019 年，遂宁市的生态文明发展指数为 61.41 分，在 21 个市（州）中排名第 5 位，如表 8 所示。其中压力指数得分为 66.60，排名第 6 位；状态指数得分为 48.27，排名第 11 位；响应指数得分为 69.13，排名第 7 位。

具体来看，遂宁市在污染排放方面总体得分为 72.98，排名第 6 位。其中大气污染源排放得分为 96.89，排名第 6 位；水污染源排放得分为 49.12，排名第 9 位。

表 8　遂宁市生态文明发展水平各级指标得分和排名表

指标	得分	排名
生态文明发展指数	61.41	5
一、压力指数	66.60	6
1. 污染排放	72.98	6
大气污染源排放	96.89	6
水污染源排放	49.12	9
2. 资源消耗	60.23	8
土地资源消耗	46.83	13
能源消耗	77.41	7
水资源消耗	56.81	10
二、状态指数	48.27	11
3. 生态环境状态	48.64	10
生态状态	10.17	19
水环境状态	75.00	1
大气环境状态	59.96	6
4. 社会经济状态	47.87	12
发展水平	34.01	9
发展质量	61.73	13
三、响应指数	69.13	7
5. 改善人居环境	89.29	8
环境整治	91.33	10
饮水安全	100.00	1
城市绿化	76.22	10
6. 维护生态安全	59.81	5
环境风险防范	97.73	12
生态系统功能提升	3.12	19
环境污染治理	80.29	2
7. 发展生态经济	59.13	11
发展低碳经济	86.03	7
优化产业结构	14.10	17
推动产业循环	78.61	12

在资源消耗方面，遂宁市总体得分为60.23，排名第8位。其中土地资源消耗得分为46.83，排名第13位；能源消耗得分为77.41，排名第7位；水资源消耗得分为56.81，排名第10位。

生态环境状态方面，遂宁市总体得分为48.64，排名第10位。其中生态状态得分为10.17，排名第19位；水环境状态得分为75.00，排名第1位；大气环境状态得分为59.96，排名第6位。

社会经济状态方面，遂宁市总体得分为 47.87，排名第 12 位。发展水平得分为 34.01，排名第9位；发展质量得分为61.73，排名第13位。

改善人居环境方面，遂宁市的总体得分为 89.29，排名第 8 位。其中，环境整治得分为 91.33，排名第10位；饮水安全得分为100.00，排名第1位；城市绿化得分为76.22，排名第10位。

维护生态安全方面，遂宁市总体得分为 59.81，排名第 5 位。其中环境风险防范得分为 97.73，排名第 12 位；生态系统功能提升得分为 3.12，排名第 19 位；环境污染治理得分为 80.29，排名第2位。

发展生态经济方面，遂宁市总体得分为 59.13，排名第 11 位。其中发展低碳经济得分为86.03，排名第7位；优化产业结构得分为14.10，排名第17位；推动产业循环得分为78.61，排名第12位。

如图 15 所示为遂宁市生态文明发展水平评价准则层指数雷达图。

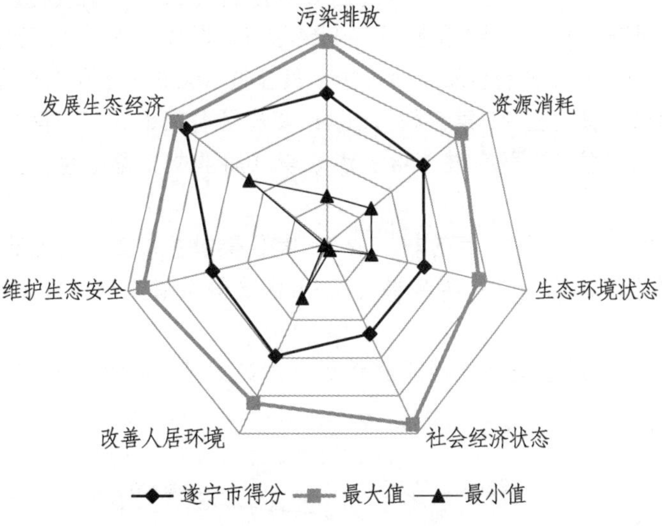

图 15　遂宁市生态文明发展水平评价准则层指数雷达图

（二）生态文明发展水平指标贡献率分析

由驱动因素贡献率可以发现（见图 16），2019 年遂宁市污染排放对生态文明发展指数的贡献率最高，贡献率为 20%，是生态文明发展的主要贡献因素；其次是改善人居环境和资源消耗，对遂宁市生态文明发展水平的贡献率均为 16%；生态环境状态、社会经济状态、维护生态安全和发展生态经济的贡献率在 11% ~ 13%。

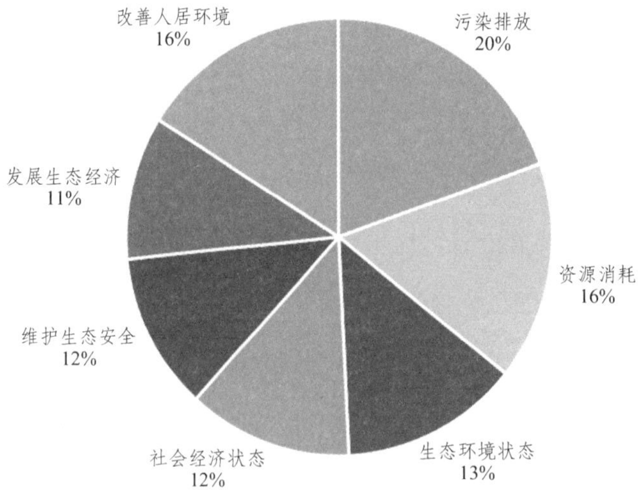

图 16 遂宁市生态文明发展驱动因素贡献率图

（三）主要结论

遂宁市生态文明发展处于全省中上水平，各方面发展相对均衡，但仍存在生态环境状态不佳、生态系统功能不强等短板。未来遂宁市应重点围绕提升生态系统质量和稳定性，加强自然生态空间保护，推进山水林田湖草沙冰系统治理，有序实施长江廊道绿化造林、森林质量提升等重大工程，加强城乡绿色廊道建设，打造口袋公园、郊野公园等开放无界公共绿色空间，不断提升城市生态系统功能和状态。

九、内江市生态文明发展水平评价

（一）2019 年生态文明发展水平评价结果

2019 年，内江市的生态文明发展指数为 54.30 分，在 21 个市（州）中排名第 18 位，如表 9 所示。其中压力指数得分为 58.96，排名第 13 位；状态指数得分为 44.24，排名第 17 位；响应指数得分为 59.54，排名第 16 位。

具体来看，内江市在污染排放方面总体得分为 61.52，排名第 13 位。其中大气污染源排放得分为 52.89，排名第 20 位；水污染源排放得分为 70.12，排名第 6 位。

在资源消耗方面，内江市总体得分为 56.40，排名第 11 位。其中土地资源消耗得分为 45.30，排名第 14 位；能源消耗得分为 48.83，排名第 14 位；水资源消耗得分为 75.38，排名第 3 位。

生态环境状态方面，内江市总体得分为 40.52，排名第 17 位。其中生态状态得分为 4.66，排名第 20 位；水环境状态得分为 75.00，排名第 1 位；大气环境状态得分为 40.85，排名第 11 位。

社会经济状态方面，内江市总体得分为 48.20，排名第 11 位。发展水平得分为 30.75，排名第 12 位；发展质量得分为 65.65，排名第 10 位。

改善人居环境方面，内江市的总体得分为 77.31，排名第 16 位。其中，环境整治得分为 79.34，排名第 15 位；饮水安全得分为 100.00，排名第 1 位；城市绿化得分为 51.91，排名第 17 位。

表 9　内江市生态文明发展水平各级指标得分和排名表

指标	得分	排名
生态文明发展指数	54.30	18
一、压力指数	58.96	13
1. 污染排放	61.52	13
大气污染源排放	52.89	20
水污染源排放	70.12	6
2. 资源消耗	56.40	11
土地资源消耗	45.30	14
能源消耗	48.83	14
水资源消耗	75.38	3
二、状态指数	44.24	17
3. 生态环境状态	40.52	17
生态状态	4.66	20
水环境状态	75.00	1
大气环境状态	40.85	11
4. 社会经济状态	48.20	11
发展水平	30.75	12
发展质量	65.65	10
三、响应指数	59.54	16
5. 改善人居环境	77.31	16
环境整治	79.34	15
饮水安全	100.00	1
城市绿化	51.91	17
6. 维护生态安全	47.99	10
环境风险防范	100.00	1
生态系统功能提升	-1.21	21
环境污染治理	46.67	8
7. 发展生态经济	54.37	16
发展低碳经济	34.48	20
优化产业结构	43.33	9
推动产业循环	85.63	9

维护生态安全方面，内江市总体得分为 47.99，排名第 10 位。其中环境风险防范得分为 100.00，排名第 1 位；生态系统功能提升得分为 -1.21，排名第 21 位；环境污染治理得分为 46.67，排名第 8 位。

发展生态经济方面，内江市总体得分为 54.37，排名第 16 位。其中发展低碳经济得分为 34.48，排名第 20 位；优化产业结构得分为 43.33，排名第 9 位；推动产业循环得分为 85.63，排名第 9 位。

如图 17 所示为内江市生态文明发展水平评价准则层指数雷达图。

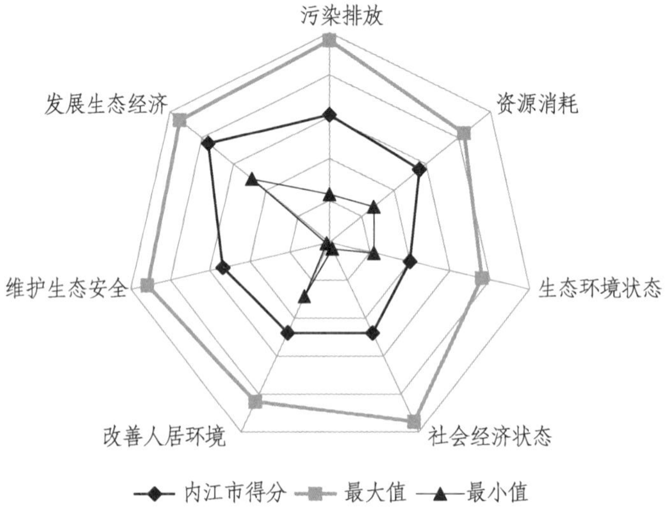

图 17　内江市生态文明发展水平评价准则层指数雷达图

（二）生态文明发展水平指标贡献率分析

由驱动因素贡献率可以发现（见图 18），2019 年内江市污染排放、资源消耗和改善人居环境对生态文明发展指数的贡献率最高，贡献率分别为 19%、17%和 16%，是生态文明发展的主要贡献因素；其次是社会经济状态和生态环境状态，对内江市生态文明发展水平的贡献率分别为 14%和 13%；发展生态经济和维护生态安全的贡献率较低，仅为 11%、10%，发展低碳经济和生态系统功能提升不足仍是内江市生态文明发展的短板。

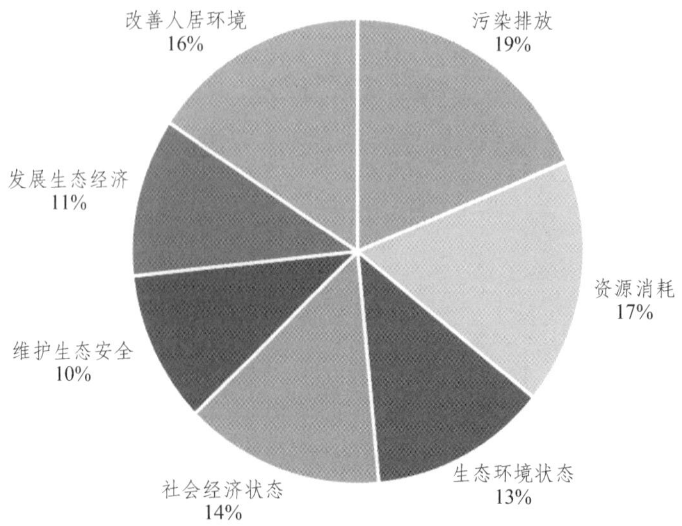

图 18　内江市生态文明发展驱动因素贡献率图

（三）主要结论

内江市生态文明发展指数位于全省中后水平，各方面表现均不尽如人意，均处于全省中后水平，生态文明发展的短板明显，生态文明建设任重而道远。未来内江市应全方位落实生态文明建设方针，坚决遏制高耗能、高排放、低水平项目盲目发展，加快现有水泥、化工、钢铁等行业推行超低排放和深度治理，提升污染排放和资源利用效率；开展“百里碧道”建设三年推进行动、“城乡增绿”行动，不断提升生态系统质量和稳定性；大力发展节能环保、清洁生产和清洁能源产业，全力推动绿色低碳发展，全面提升生态文明发展水平。

十、乐山市生态文明发展水平评价

（一）2019年生态文明发展水平评价结果

2019年，乐山市的生态文明发展指数为63.76分，在21个市（州）中排名第3位，如表10所示。其中压力指数得分为62.63，排名第8位；状态指数得分为53.18，排名第6位；响应指数得分为75.11，排名第3位。

具体来看，乐山市在污染排放方面总体得分为 72.33，排名第 8 位。其中大气污染源排放得分为63.64，排名第19位；水污染源排放得分为81.00，排名第4位。

在资源消耗方面，乐山市总体得分为 52.93，排名第 12 位。其中土地资源消耗得分为69.10，排名第5位；能源消耗得分为36.16，排名第17位；水资源消耗得分为53.09，排名第15位。

生态环境状态方面，乐山市总体得分为60.05，排名第7位。其中生态状态得分为78.39，排名第2位；水环境状态得分为75.00，排名第1位；大气环境状态得分为26.32，排名第15位。

社会经济状态方面，乐山市总体得分为 45.88，排名第 13 位。发展水平得分为 45.73，排名第5位；发展质量得分为46.02，排名第17位。

改善人居环境方面，乐山市的总体得分为 90.95，排名第 6 位。其中，环境整治得分为91.69，排名第9位；饮水安全得分为100.00，排名第1位；城市绿化得分为80.88，排名第8位。

维护生态安全方面，乐山市总体得分为 85.59，排名第 1 位。其中环境风险防范得分为99.43，排名第9位；生态系统功能提升得分为58.17，排名第3位；环境污染治理得分为100.00，排名第1位。

发展生态经济方面，乐山市总体得分为47.84，排名第18位。其中发展低碳经济得分为48.58，排名第19位；优化产业结构得分为25.84，排名第14位；推动产业循环得分为69.76，排名第15位。

如图19所示为乐山市生态文明发展水平评价准则层指数雷达图。

表 10 乐山市生态文明发展水平各级指标得分和排名表

指标	得分	排名
生态文明发展指数	63.76	3
一、压力指数	62.63	8
1. 污染排放	72.33	8
大气污染源排放	63.64	19
水污染源排放	81	4
2. 资源消耗	52.93	12
土地资源消耗	69.10	5
能源消耗	36.16	17
水资源消耗	53.09	15
二、状态指数	53.18	6
3. 生态环境状态	60.05	7
生态状态	78.39	2
水环境状态	75.00	1
大气环境状态	26.32	15
4. 社会经济状态	45.88	13
发展水平	45.73	5
发展质量	46.02	17
三、响应指数	75.11	3
5. 改善人居环境	90.95	6
环境整治	91.69	9
饮水安全	100	1
城市绿化	80.88	8
6. 维护生态安全	85.59	1
环境风险防范	99.43	9
生态系统功能提升	58.17	3
环境污染治理	100	1
7. 发展生态经济	47.84	18
发展低碳经济	48.58	19
优化产业结构	25.84	14
推动产业循环	69.76	15

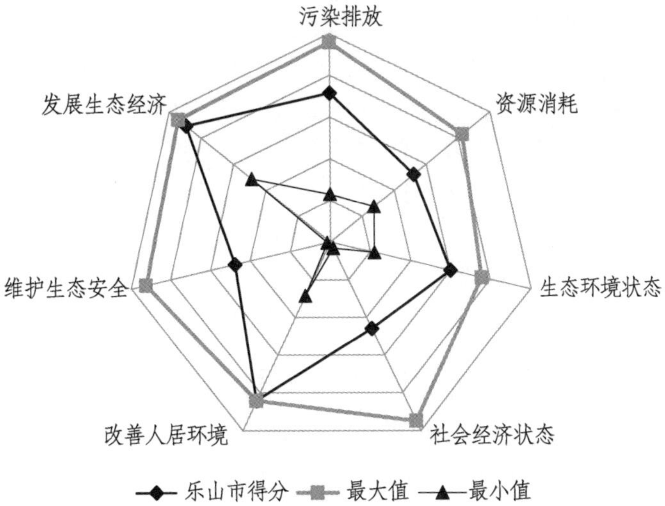

图 19　乐山市生态文明发展水平评价准则层指数雷达图

（二）生态文明发展水平指标贡献率分析

由驱动因素贡献率可以发现（见图 20），2019 年乐山市污染排放对生态文明发展指数的贡献率最高，贡献率达 19%，是生态文明发展的主要贡献因素；其次是生态环境状态、维护生态安全和改善人居环境，对乐山市生态文明发展水平的贡献率均为 16%；资源消耗的贡献率为 14%；社会经济状态和发展生态经济的贡献率显著较低，仅为 11%和 8%，表明社会经济发展程度和发展绿色低碳经济仍是乐山市生态文明发展的短板。

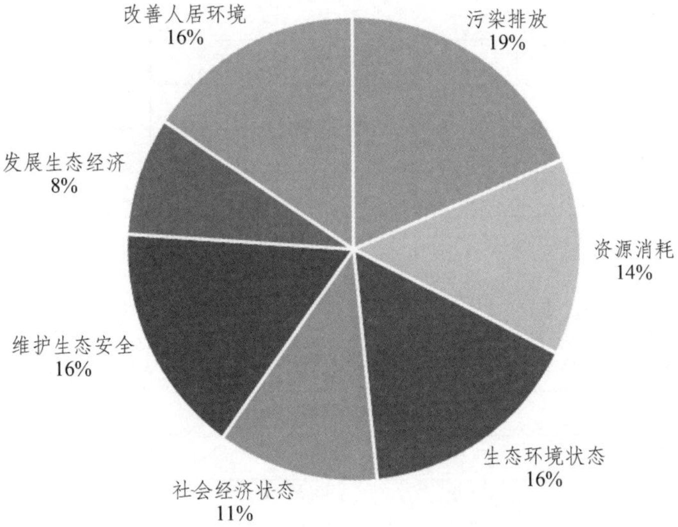

图 20　乐山市生态文明发展驱动因素贡献率图

（三）主要结论

2019 年，乐山市整体生态文明水平相对较高，其发展的主要特点：维护生态安全、改善人居环境、生态环境状态等三方面表现较为突出，尤其是维护生态安全，位居全省第一，也是生态文明发展主要的贡献因素；发展生态经济短板较突出且贡献率低，加之2021年中央第五生态环境保护督察组点名“乐山市‘两高’项目管控不力”，这都表明发展生态经济是乐山市生态文明发展的瓶颈所在。乐山市在下一阶段的生态文明建设中，需要加大产业结构优化调整力度，坚决遏制高耗能、高排放、低水平项目盲目发展，加快现有水泥、化工、钢铁等行业推行超低排放和深度治理，进一步控制能源资源消耗和大气污染源排放。

十一、南充市生态文明发展水平评价

（一）2019年生态文明发展水平评价结果

2019年，南充市的生态文明发展指数为55.79分，在21个市（州）中排名第11位，如表11所示。其中压力指数得分为62.15，排名第10位；状态指数得分为44.92，排名第15位；响应指数得分为60.16，排名第15位。

表11 南充市生态文明发展水平各级指标得分和排名表

指标	得分	排名
生态文明发展指数	55.79	11
一、压力指数	62.15	10
1. 污染排放	64.35	12
大气污染源排放	99.44	2
水污染源排放	29.35	17
2. 资源消耗	59.95	9
土地资源消耗	39.18	17
能源消耗	76.32	8
水资源消耗	64.93	8
二、状态指数	44.92	15
3. 生态环境状态	47.07	12
生态状态	25.85	14
水环境状态	75.00	1
大气环境状态	32.97	14
4. 社会经济状态	42.63	14
发展水平	28.03	13
发展质量	57.23	15
三、响应指数	60.16	15
5. 改善人居环境	95.10	3
环境整治	85.16	13
饮水安全	100.00	1
城市绿化	100.00	1

续表

指标	得分	排名
6. 维护生态安全	34.77	20
环境风险防范	88.37	15
生态系统功能提升	10.02	15
环境污染治理	6.67	20
7. 发展生态经济	52.91	17
发展低碳经济	89.66	3
优化产业结构	19.93	16
推动产业循环	50.15	16

具体来看，南充市在污染排放方面总体得分为 64.35，排名第 12 位。其中大气污染源排放得分为 99.44，排名第 2 位；水污染源排放得分为 29.35，排名第 17 位。

在资源消耗方面,南充市总体得分为 59.95,排名第 9 位。其中土地资源消耗得分为 39.18，排名第 17 位；能源消耗得分为 76.32，排名第 8 位；水资源消耗得分为 64.93，排名第 8 位。

生态环境状态方面，南充市总体得分为 47.07，排名第 12 位。其中生态状态得分为 25.85，排名第 14 位；水环境状态得分为 75.00，排名第 1 位；大气环境状态得分为 39.53，排名第 12 位。

社会经济状态方面，南充市总体得分为 42.63，排名第 14 位。发展水平得分为 28.03，排名第 13 位；发展质量得分为 57.23，排名第 15 位。

改善人居环境方面，南充市的总体得分为 95.10，排名第 3 位。其中，环境整治得分为 85.16，排名第 13 位；饮水安全得分为 100.00，排名第 1 位；城市绿化得分为 100.00，排名第 1 位。

维护生态安全方面，南充市总体得分为 34.77，排名第 20 位。其中环境风险防范得分为 88.37，排名第 15 位；生态系统功能提升得分为 10.02，排名第 15 位；环境污染治理得分为 6.67，排名第 20 位。

发展生态经济方面，南充市总体得分为 52.91，排名第 17 位。其中发展低碳经济得分为 89.66，排名第 3 位；优化产业结构得分为 19.93，排名第 16 位；推动产业循环得分为 50.15，排名第 16 位。

如图 21 所示为南充市生态文明发展水平评价准则层指数雷达图。

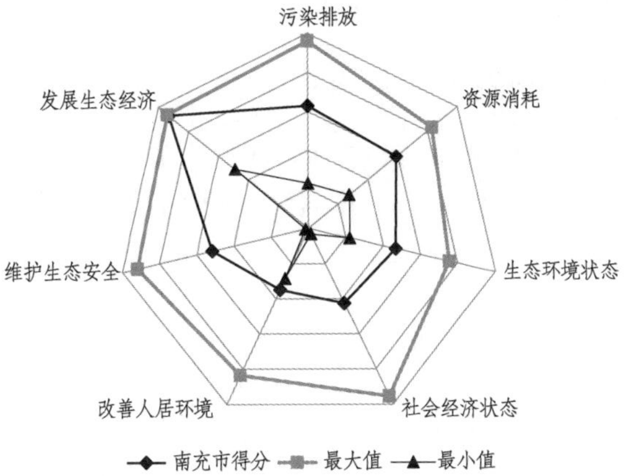

图 21　南充市生态文明发展水平评价准则层指数雷达图

（二）生态文明发展水平指标贡献率分析

由驱动因素贡献率可以发现（见图 22），2019 年南充市改善人居环境、污染排放、资源消耗对生态文明发展指数的贡献率最高，贡献率分别为 19%、19%、18%，是生态文明发展的主要贡献因素；其次是生态环境状态、社会经济状态、发展生态经济，对南充市生态文明发展水平的贡献率分别为 14%、12%和 10%；维护生态安全显著较低，仅为 8%，表明生态安全建设不足仍是南充市生态文明发展的短板。

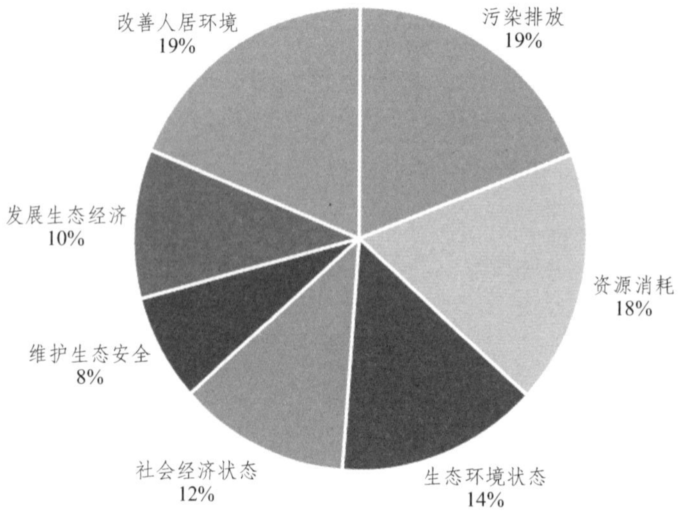

图 22　南充市生态文明发展驱动因素贡献率图

（三）主要结论

2019 年，南充市生态文明发展的整体水平不高，其主要特点：改善人居环境表现较好且对生态文明发展的贡献率较高，但维护生态安全、发展生态经济等方面短板突出，是南充市生态文明发展的制约因素。未来南充市应加大环境污染治理投入，持续降低水污染排放总量和排放强度，优化产业结构，进一步提高土地资源利用效率。

十二、眉山市生态文明发展水平评价

（一）2019 年生态文明发展水平评价结果

2019 年，眉山市的生态文明发展指数为 54.69 分，在 21 个市（州）中排名第 16 位，如表 12 所示。其中压力指数得分为 53.78，排名第 16 位；状态指数得分为 41.20，排名第 19 位；响应指数得分为 68.65，排名第 8 位。

具体来看，眉山市在污染排放方面总体得分为 64.61，排名第 11 位。其中大气污染源排放得分为 85.62，排名第 13 位；水污染源排放得分为 43.66，排名第 12 位。

在资源消耗方面，眉山市总体得分为 42.95，排名第 19 位。其中土地资源消耗得分为 61.82，排名第 7 位；能源消耗得分为 42.17，排名第 16 位；水资源消耗得分为 24.35，排名第 20 位。

表 12　眉山市生态文明发展水平各级指标得分和排名表

指标	得分	排名
生态文明发展指数	54.69	16
一、压力指数	53.78	16
1. 污染排放	64.61	11
大气污染源排放	85.62	13
水污染源排放	43.66	12
2. 资源消耗	42.95	19
土地资源消耗	61.82	7
能源消耗	42.17	16
水资源消耗	24.35	20
二、状态指数	41.20	19
3. 生态环境状态	32.99	20
生态状态	47.03	9
水环境状态	25.00	21
大气环境状态	39.53	12
4. 社会经济状态	49.93	9
发展水平	32.35	11
发展质量	67.52	8
三、响应指数	68.65	8
5. 改善人居环境	91.02	5
环境整治	88.42	11
饮水安全	100.00	1
城市绿化	84.36	5
6. 维护生态安全	46.44	13
环境风险防范	67.04	18
生态系统功能提升	28.71	11
环境污染治理	44.10	9
7. 发展生态经济	70.51	5
发展低碳经济	84.58	8
优化产业结构	37.62	11
推动产业循环	90.34	7

生态环境状态方面，眉山市总体得分为 32.99，排名第 20 位。其中生态状态得分为 47.03，排名第 9 位；水环境状态得分为 25.00，排名第 21 位；大气环境状态得分为 27.17，排名第 14 位。

社会经济状态方面，眉山市总体得分为 49.93，排名第 9 位。发展水平得分为 32.35，排名第 11 位；发展质量得分为 67.52，排名第 8 位。

改善人居环境方面，眉山市的总体得分为 91.02，排名第 5 位。其中，环境整治得分为 88.42，排名第 11 位；饮水安全得分为 100.00，排名第 1 位；城市绿化得分为 84.36，排名第 5 位。

维护生态安全方面，眉山市总体得分为 46.44，排名第 13 位。其中环境风险防范得分为 67.04，排名第 18 位；生态系统功能提升得分为 28.71，排名第 11 位；环境污染治理得分为 44.10，排名第 9 位。

发展生态经济方面，眉山市总体得分为 70.51，排名第 5 位。其中发展低碳经济得分为 84.58，排名第 8 位；优化产业结构得分为 37.62，排名第 11 位；推动产业循环得分为 90.34，排名第 7 位。

如图 23 所示为眉山市生态文明发展水平评价准则层指数雷达图。

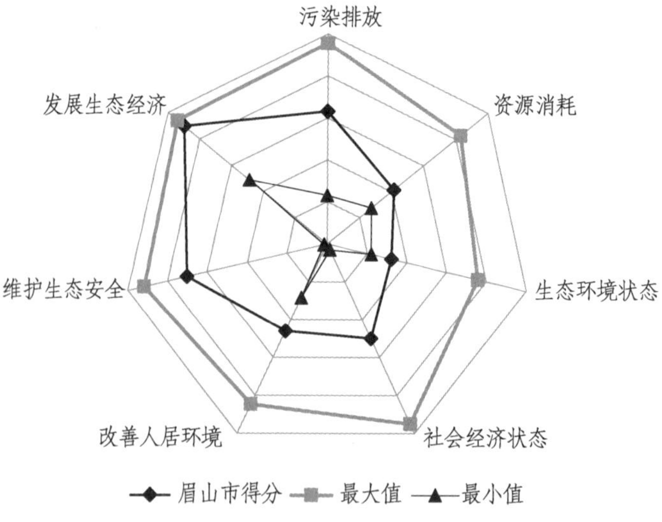

图 23　眉山市生态文明发展水平评价准则层指数雷达图

（二）生态文明发展水平指标贡献率分析

由驱动因素贡献率可以发现（见图 24），2019 年眉山市污染排放、改善人居环境对生态文明发展指数的贡献率最高，贡献率分别为 20%、18%，是生态文明发展的主要贡献因素；其次是社会经济状态、发展生态经济和资源消耗，对眉山市生态文明发展水平的贡献率分别为 15%、14%和 13%；生态环境状态和维护生态安全显著较低，均为 10%，表明环境质量不高、生态安全建设不足仍是眉山市生态文明发展的短板。

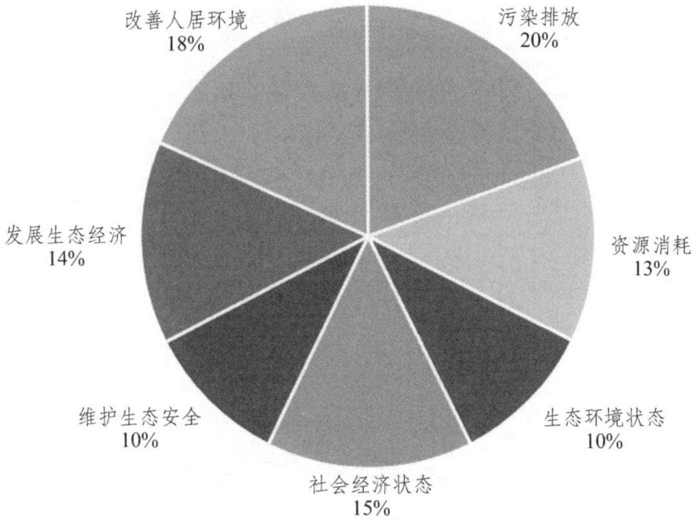

图 24　眉山市生态文明发展驱动因素贡献率图

（三）主要结论

2019 年，眉山市生态文明发展的整体水平不高，处于全省中下游水平。改善人居环境、发展生态经济方面表现较好，对生态文明发展的贡献较大，但生态环境状态、资源消耗等方面表现较差，是眉山市生态文明发展的主要制约因素。未来眉山市应全面提高资源能源集约利用效率，深入推进污染防治攻坚战，加大小流域治理力度，充分发挥大气污染治理和应对气候变化治理的协同效应，推进岷江、青衣江、沱江流域跨行政区域、跨流域上下游环境应急联动机制建设，筑牢眉山生态安全底线。

十三、宜宾市生态文明发展水平评价

（一）2019 年生态文明发展水平评价结果

2019 年，宜宾市的生态文明发展指数为 61.36 分，在 21 个市（州）中排名第 6 位，如表 13 所示。其中压力指数得分为 71.53，排名第 4 位；状态指数得分为 51.32，排名第 7 位；响应指数得分为 61.25，排名第 14 位。

具体来看，宜宾市在污染排放方面总体得分为 73.50，排名第 5 位。其中大气污染源排放得分为 84.01，排名第 14 位；水污染源排放得分为 63.02，排名第 7 位。

在资源消耗方面，宜宾市总体得分为 69.55，排名第 3 位。其中土地资源消耗得分为 44.81，排名第 15 位；能源消耗得分为 86.74，排名第 2 位；水资源消耗得分为 77.79，排名第 2 位。

生态环境状态方面，宜宾市总体得分为 43.88，排名第 13 位。其中生态状态得分为 45.76，排名第 10 位；水环境状态得分为 75.00，排名第 1 位；大气环境状态得分为 9.93，排名第 19 位。

社会经济状态方面，宜宾市总体得分为 59.23，排名第 4 位。发展水平得分为 43.23，排名第 6 位；发展质量得分为 75.24，排名第 4 位。

表 13　宜宾市生态文明发展水平各级指标得分和排名表

指标	得分	排名
生态文明发展指数	61.36	6
一、压力指数	71.53	4
1. 污染排放	73.50	5
大气污染源排放	84.01	14
水污染源排放	63.02	7
2. 资源消耗	69.55	3
土地资源消耗	44.81	15
能源消耗	86.74	2
水资源消耗	77.79	2
二、状态指数	51.32	7
3. 生态环境状态	43.88	13
生态状态	45.76	10
水环境状态	75.00	1
大气环境状态	9.93	19
4. 社会经济状态	59.23	4
发展水平	43.23	6
发展质量	75.24	4
三、响应指数	61.25	14
5. 改善人居环境	87.11	11
环境整治	93.64	4
饮水安全	100.00	1
城市绿化	67.29	14
6. 维护生态安全	43.55	16
环境风险防范	47.35	20
生态系统功能提升	24.96	13
环境污染治理	58.91	4
7. 发展生态经济	54.69	15
发展低碳经济	63.75	15
优化产业结构	8.98	20
推动产业循环	92.74	5

改善人居环境方面，宜宾市的总体得分为 87.11，排名第 11 位。其中，环境整治得分为 93.64，排名第 4 位；饮水安全得分为 100.00，排名第 1 位；城市绿化得分为 67.29，排名第 14 位。

维护生态安全方面，宜宾市总体得分为 43.55，排名第 16 位。其中环境风险防范得分为 47.35，排名第 20 位；生态系统功能提升得分为 24.96，排名第 13 位；环境污染治理得分为 58.91，排名第 4 位。

发展生态经济方面，宜宾市总体得分为 54.69，排名第 15 位。其中发展低碳经济得分为 63.75，排名第 15 位；优化产业结构得分为 8.98，排名第 20 位；推动产业循环得分为 92.74，排名第 5 位。

如图 25 所示为宜宾市生态文明发展水平评价准则层指数雷达图。

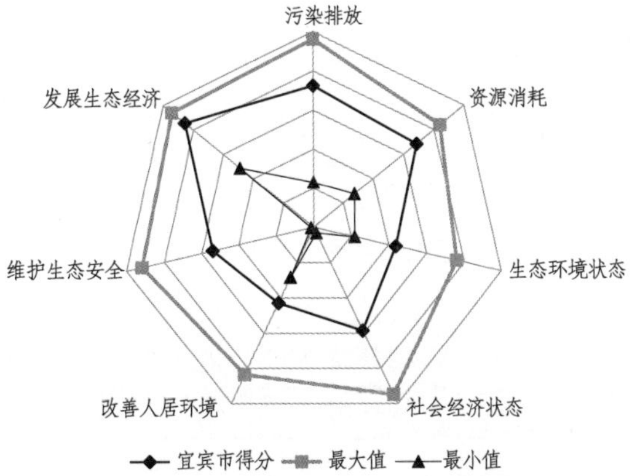

图 25　宜宾市生态文明发展水平评价准则层指数雷达图

（二）生态文明发展水平指标贡献率分析

由驱动因素贡献率可以发现（见图 26），2019 年宜宾市污染排放和资源消耗对生态文明发展指数的贡献率最高，贡献率分别为 20%和 19%，是生态文明发展的主要贡献因素；改善人居环境、社会经济状态对宜宾市生态文明发展水平的贡献相对较弱，贡献率分别为 16%和 15%；生态环境状态、发展生态经济和维护生态安全对宜宾市生态文明发展水平的提升作用不显著，贡献率分别为 12%、10%和 8%。宜宾市全面提升生态文明发展水平的关键瓶颈在于加强生态安全建设和推进生态经济绿色转型发展。

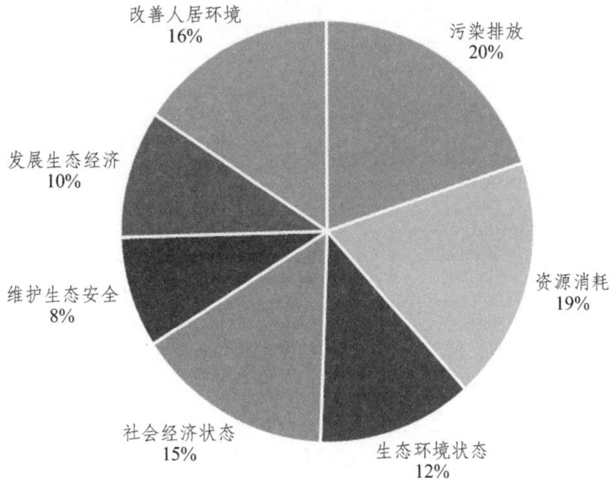

图 26　宜宾市生态文明发展驱动因素贡献率图

（三）主要结论

2019 年宜宾市生态文明发展位于全省中上游水平。总体来看，宜宾市污染排放和资源消耗压力得到了有效的纾解，社会经济保持平稳健康发展，但在维护生态安全和发展生态经济方面存在一定的短板，对生态文明发展水平的贡献率较低。未来宜宾市要加强环境风险防范能力建设，进一步提升全市生态系统功能，加强城市绿化建设，推进产业结构绿色转型，大力发展低碳经济。

十四、广安市生态文明发展水平评价

（一）2019 年生态文明发展水平评价结果

2019 年，广安市的生态文明发展指数为 55.67 分，在 21 个市（州）中排名第 13 位，如表 14 所示。其中压力指数得分为 51.65，排名第 19 位；状态指数得分为 50.02，排名第 9 位；响应指数得分为 65.06，排名第 12 位。

表 14　广安市生态文明发展水平各级指标得分和排名表

指标	得分	排名
生态文明发展指数	55.67	13
一、压力指数	51.65	19
1. 污染排放	53.15	17
大气污染源排放	88.38	11
水污染源排放	18.00	20
2. 资源消耗	50.14	14
土地资源消耗	51.71	10
能源消耗	33.69	18
水资源消耗	64.99	7
二、状态指数	50.02	9
3. 生态环境状态	48.12	11
生态状态	21.19	17
水环境状态	75.00	1
大气环境状态	47.35	9
4. 社会经济状态	52.03	8
发展水平	22.13	16
发展质量	81.93	3
三、响应指数	65.06	12
5. 改善人居环境	95.46	1
环境整治	100.00	1
饮水安全	100.00	1
城市绿化	86.26	4

续表

指标	得分	排名
6. 维护生态安全	44.12	15
环境风险防范	100.00	1
生态系统功能提升	6.84	17
环境污染治理	26.64	11
7. 发展生态经济	57.49	12
发展低碳经济	50.54	18
优化产业结构	49.33	7
推动产业循环	72.85	14

具体来看，广安市在污染排放方面总体得分为53.15，排名第17位。其中大气污染源排放得分为88.38，排名第11位；水污染源排放得分为18.00，排名第20位。

在资源消耗方面，广安市总体得分为50.14，排名第14位。其中土地资源消耗得分为51.71，排名第10位；能源消耗得分为33.69，排名第18位；水资源消耗得分为64.99，排名第7位。

生态环境状态方面，广安市总体得分为48.12，排名第11位。其中生态状态得分为21.19，排名第17位；水环境状态得分为75.00，排名第1位；大气环境状态得分为47.35，排名第9位。

社会经济状态方面，广安市总体得分为52.03，排名第8位。发展水平得分为22.13，排名第16位；发展质量得分为81.93，排名第3位。

改善人居环境方面，广安市的总体得分为95.46，排名第1位。其中，环境整治得分为100.00，排名第1位；饮水安全得分为100.00，排名第1位；城市绿化得分为86.26，排名第4位。

维护生态安全方面，广安市总体得分为44.12，排名第15位。其中环境风险防范得分为100.00，排名第1位；生态系统功能提升得分为6.84，排名第17位；环境污染治理得分为26.64，排名第11位。

发展生态经济方面，广安市总体得分为57.49，排名第12位。其中发展低碳经济得分为50.54，排名第18位；优化产业结构得分为49.33，排名第7位；推动产业循环得分为72.85，排名第14位。

如图27所示为广安市生态文明发展水平评价准则层指数雷达图。

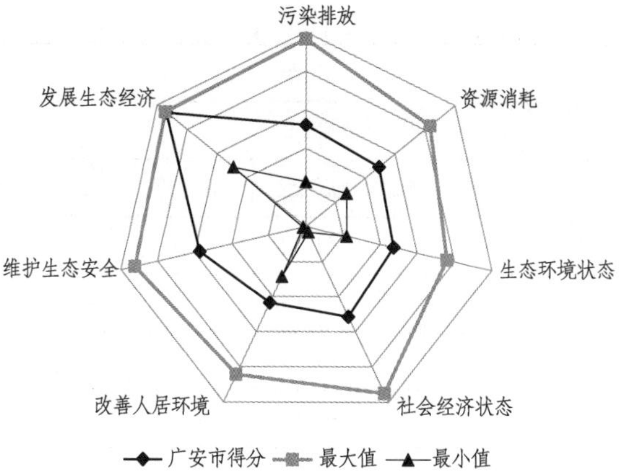

图27　广安市生态文明发展水平评价准则层指数雷达图

（二）生态文明发展水平指标贡献率分析

由驱动因素贡献率可以发现（见图 28），2019 年广安市改善人居环境和污染排放对广安市生态文明发展指数的贡献最大，贡献率分别为 19%和 16%，是生态文明发展的主要贡献因素；资源消耗、社会经济状态和生态环境状态对广安市生态文明发展水平的贡献均为 15%；维护生态安全和发展生态经济对广安市生态文明发展水平的贡献作用较弱，贡献率分别为 9%和 11%。

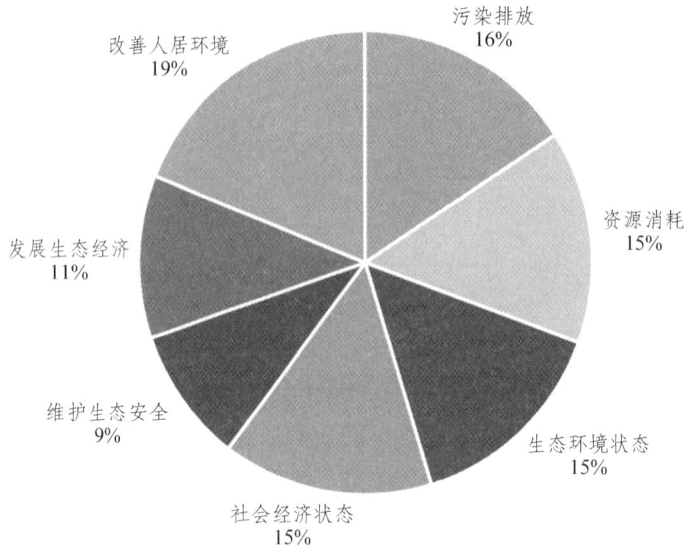

图 28　广安市生态文明发展驱动因素贡献率图

（三）主要结论

广安市生态文明发展水平位于全省中游，除改善人居环境方面表现较好之外，其他方面均存在短板。未来，广安市要强化细颗粒物和臭氧污染协同控制，深入实施小流域综合治理，持续改善环境质量；推动能耗“双控”向碳“双控”转变，大力发展低碳循环经济；补齐环保基础设施短板，完善城乡生活污水处理设施，全面提升环境治理能力现代化水平。

十五、达州市生态文明发展水平评价

（一）2019 年生态文明发展水平评价结果

2019 年，达州市的生态文明发展指数为 54.56 分，在 21 个市（州）中排名第 17 位，如表 15 所示。其中压力指数得分为 62.61，排名第 9 位；状态指数得分为 45.76，排名第 14 位；响应指数得分为 55.28，排名第 17 位。

具体来看，达州市在污染排放方面总体得分为 52.22，排名第 18 位。其中大气污染源排放得分为 79.68，排名第 17 位；水污染源排放得分为 24.83，排名第 19 位。

在资源消耗方面，达州市总体得分为 72.99，排名第 2 位。其中土地资源消耗得分为 57.41，排名第 9 位；能源消耗得分为 100.00，排名第 1 位；水资源消耗得分为 61.99，排名第 9 位。

表 15　达州市生态文明发展水平各级指标得分和排名表

指标	得分	排名
生态文明发展指数	54.56	17
一、压力指数	62.61	9
1. 污染排放	52.22	18
大气污染源排放	79.68	17
水污染源排放	24.83	19
2. 资源消耗	72.99	2
土地资源消耗	57.41	9
能源消耗	100.00	1
水资源消耗	61.99	9
二、状态指数	45.76	14
3. 生态环境状态	43.42	14
生态状态	44.92	12
水环境状态	75.00	1
大气环境状态	9.39	20
4. 社会经济状态	48.25	10
发展水平	24.76	14
发展质量	71.75	6
三、响应指数	55.28	17
5. 改善人居环境	77.00	17
环境整治	76.95	17
饮水安全	100.00	1
城市绿化	53.36	15
6. 维护生态安全	42.54	17
环境风险防范	100.00	1
生态系统功能提升	28.06	12
环境污染治理	0.00	21
7. 发展生态经济	47.44	19
发展低碳经济	52.87	17
优化产业结构	41.52	10
推动产业循环	48.12	18

生态环境状态方面，达州市总体得分为 43.42，排名第 14 位。其中生态状态得分为 44.92，排名第 12 位；水环境状态得分为 75.00，排名第 1 位；大气环境状态得分为 9.39，排名第 20 位。

社会经济状态方面，达州市总体得分为 48.25，排名第 10 位。发展水平得分为 24.76，排名第 14 位；发展质量得分为 71.75，排名第 6 位。

改善人居环境方面，达州市的总体得分为 77.00，排名第 17 位。其中，环境整治得分为 76.95，排名第 17 位；饮水安全得分为 100.00，排名第 1 位；城市绿化得分为 53.36，排名第 15 位。

维护生态安全方面，达州市总体得分为 42.54，排名第 17 位。其中环境风险防范得分为 100.00，排名第 1 位；生态系统功能提升得分为 28.06，排名第 12 位；环境污染治理得分为 0.00，排名第 21 位。

发展生态经济方面，达州市总体得分为 47.44，排名第 19 位。其中发展低碳经济得分为 52.87，排名第 17 位；优化产业结构得分为 41.52，排名第 10 位；推动产业循环得分为 48.12，排名第 18 位。

如图 29 所示为达州市生态文明发展水平评价准则层指数雷达图。

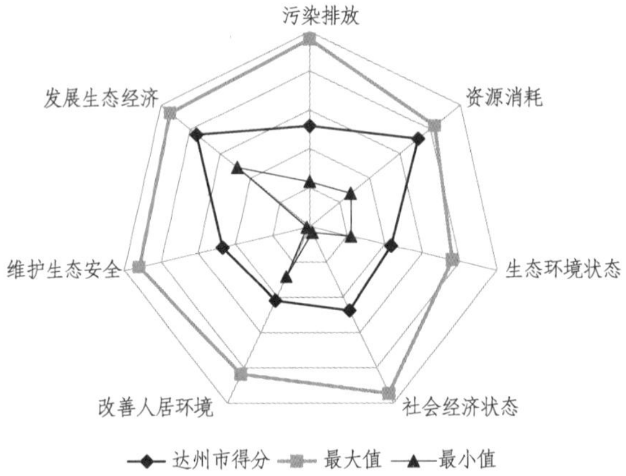

图 29　达州市生态文明发展水平评价准则层指数雷达图

（二）生态文明发展水平指标贡献率分析

由驱动因素贡献率可以发现（见图 30），2019 年达州市生态文明发展指数的主要贡献因素是资源消耗，贡献率为 22%；污染排放、改善人居环境、社会经济状态和生态环境状态对生态文明发展指数的贡献相近，贡献率分别为 16%、15%、14%和 14%；发展生态经济和维护生态安全方面对达州市生态文明发展水平的贡献较低，贡献率分别为 10%和 9%。

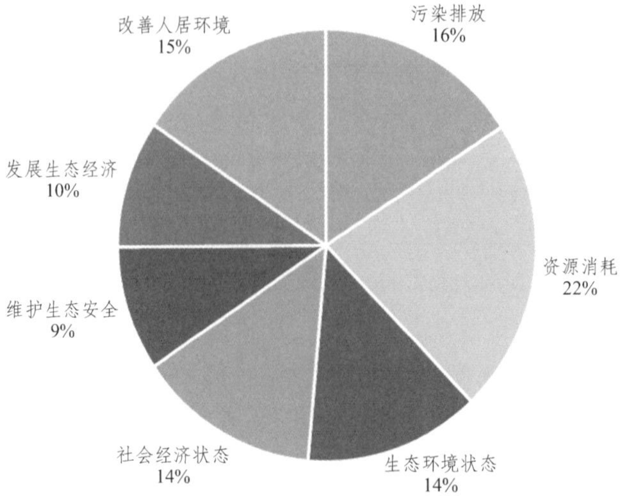

图 30　达州市生态文明发展驱动因素贡献率图

（三）主要结论

达州市生态文明发展指数位于全省下游水平，除资源消耗和社会经济状态两项指标外，其他各方面均落后于全省平均水平，特别是在大气污染治理方面短板突出，大气污染源排放、大气环境状态和环境污染治理等相关指标都在全省排名靠后，大大制约了全市生态文明建设。未来，达州市应紧紧抓住成渝地区双城经济圈建设等国家、省重大战略机遇，以毗邻地区合作为突破，加强跨界大气污染协同治理，健全大气联防联控机制，持续推进重点企业超低排放改造。同时加快构建绿色低碳产业体系，助推经济转型升级，努力实现经济发展与生态改善的“双赢”。

十六、雅安市生态文明发展水平评价

（一）2019 年生态文明发展水平评价结果

2019 年，雅安市的生态文明发展指数为 63.57 分，在 21 个市（州）中排名第 4 位，如表 16 所示。其中压力指数得分为 54.93，排名第 15 位；状态指数得分为 59.15，排名第 3 位；响应指数得分为 76.25，排名第 2 位。

具体来看，雅安市在污染排放方面总体得分为 61.46，排名第 14 位。其中大气污染源排放得分为 82.18，排名第 15 位；水污染源排放得分为 40.79，排名第 13 位。

在资源消耗方面，雅安市总体得分为 48.41，排名第 17 位。其中土地资源消耗得分为 61.57，排名第 8 位；能源消耗得分为 47.76，排名第 15 位；水资源消耗得分为 35.54，排名第 19 位。

生态环境状态方面，雅安市总体得分为 77.17，排名第 1 位。其中生态状态得分为 100.00，排名第 1 位；水环境状态得分为 75.00，排名第 1 位；大气环境状态得分为 56.56，排名第 7 位。

社会经济状态方面，雅安市总体得分为 40.01，排名第 16 位。发展水平得分为 33.50，排名第 10 位；发展质量得分为 46.52，排名第 16 位。

改善人居环境方面，雅安市的总体得分为 84.06，排名第 12 位。其中，环境整治得分为 79.28，排名第 16 位；饮水安全得分为 100.00，排名第 1 位；城市绿化得分为 72.43，排名第 11 位。

维护生态安全方面，雅安市总体得分为 82.25，排名第 2 位。其中环境风险防范得分为 88.40，排名第 14 位；生态系统功能提升得分为 84.36，排名第 1 位；环境污染治理得分为 73.93，排名第 3 位。

发展生态经济方面，雅安市总体得分为 61.89，排名第 10 位。其中发展低碳经济得分为 87.32，排名第 4 位；优化产业结构得分为 49.76，排名第 6 位；推动产业循环得分为 48.97，排名第 17 位。

如图 31 所示为雅安市生态文明发展水平评价准则层指数雷达图。

表 16　雅安市生态文明发展水平各级指标得分和排名表

指标	得分	排名
生态文明发展指数	63.57	4
一、压力指数	54.93	15
1. 污染排放	61.46	14
大气污染源排放	82.18	15
水污染源排放	40.79	13
2. 资源消耗	48.41	17
土地资源消耗	61.57	8
能源消耗	47.76	15
水资源消耗	35.54	19
二、状态指数	59.15	3
3. 生态环境状态	77.17	1
生态状态	100.00	1
水环境状态	75.00	1
大气环境状态	56.56	7
4. 社会经济状态	40.01	16
发展水平	33.50	10
发展质量	46.52	16
三、响应指数	76.25	2
5. 改善人居环境	84.06	12
环境整治	79.28	16
饮水安全	100.00	1
城市绿化	72.43	11
6. 维护生态安全	82.25	2
环境风险防范	88.40	14
生态系统功能提升	84.36	1
环境污染治理	73.93	3
7. 发展生态经济	61.89	10
发展低碳经济	87.32	4
优化产业结构	49.76	6
推动产业循环	48.97	17

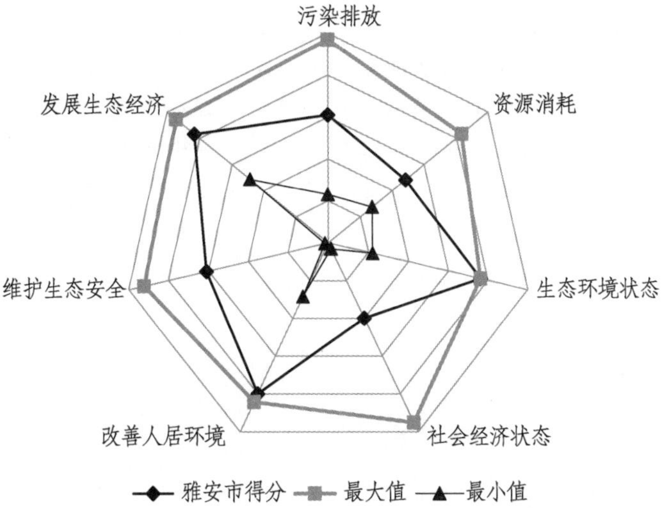

图 31　雅安市生态文明发展水平评价准则层指数雷达图

（二）生态文明发展水平指标贡献率分析

由驱动因素贡献率可以发现（见图 32），2019 年雅安市生态环境状态对生态文明发展指数的贡献率最高，贡献率达到 21%，是生态文明发展的重要支撑；其余污染排放、维护生态安全、改善人居环境和资源消耗 4 个方面对雅安市生态文明发展水平的贡献率为 13%～16%；发展生态经济和社会经济状态的贡献率相对较低，分别为 11%和 10%，表明生态优势的高效转化和社会经济的快速发展仍是制约雅安市生态文明发展的关键因素。

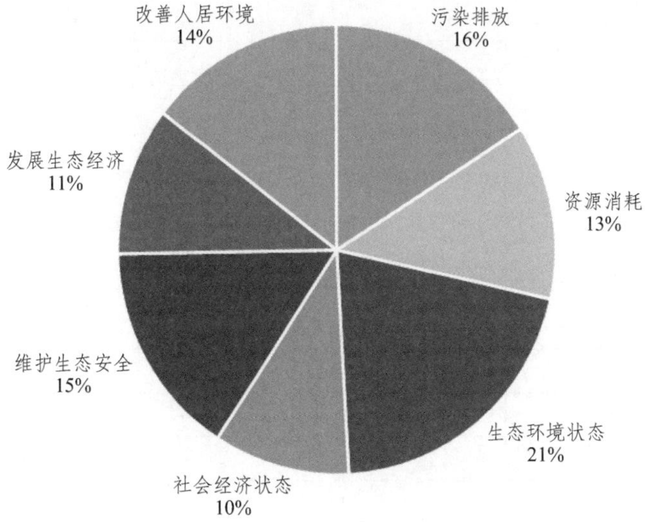

图 32　雅安市生态文明发展驱动因素贡献率图

（三）主要结论

2019 年雅安市生态文明发展水平排名第四，位居全省前列。其发展的主要特点：维护生态安全响应积极、生态环境状态表现良好，两者对生态文明发展水平的贡献率达 40%，生态环境状态及维护生态安全工作是雅安市生态文明发展的重要支撑，但污染排放压力大、资源利用效率低下、社会经济状态较差仍是雅安市生态文明发展的短板。未来雅安市应加大生态安全维护力度，进一步突出生态环境优势；加快提升资源利用效率，将环境污染防治、生态系统保护修复等工程与生态产业发展有机融合，发展壮大生态经济，积蓄绿色发展动能；推进生态环境治理体系和治理能力现代化，高品质改善人居环境，促进环境与经济协调发展。

十七、巴中市生态文明发展水平评价

（一）2019 年生态文明发展水平评价结果

2019 年，巴中市的生态文明发展指数为 55.67 分，在 21 个市（州）中排名第 12 位，如表 17 所示。其中压力指数得分为 52.60，排名第 18 位；状态指数得分为 44.59，排名第 16 位；响应指数得分为 69.41，排名第 6 位。

表 17　巴中市生态文明发展水平各级指标得分和排名表

指标	得分	排名
生态文明发展指数	55.67	12
一、压力指数	52.60	18
1. 污染排放	65.91	10
大气污染源排放	96.20	7
水污染源排放	35.69	14
2. 资源消耗	39.29	20
土地资源消耗	50.43	11
能源消耗	13.88	19
水资源消耗	53.25	14
二、状态指数	44.59	16
3. 生态环境状态	64.19	6
生态状态	52.54	6
水环境状态	75.00	1
大气环境状态	64.71	5
4. 社会经济状态	23.76	19
发展水平	12.05	20
发展质量	35.46	18
三、响应指数	69.41	6
5. 改善人居环境	77.66	15
环境整治	80.21	14
饮水安全	100.00	1
城市绿化	52.11	16

续表

指标	得分	排名
6. 维护生态安全	60.93	3
环境风险防范	99.34	10
生态系统功能提升	54.14	7
环境污染治理	29.52	10
7. 发展生态经济	70.41	6
发展低碳经济	81.04	13
优化产业结构	51.62	4
推动产业循环	79.15	11

具体来看，巴中市在污染排放方面总体得分为65.91，排名第10位。其中大气污染源排放得分为96.20，排名第7位；水污染源排放得分为35.69，排名第14位。

在资源消耗方面，巴中市总体得分为 39.29，排名第 20 位。其中土地资源消耗得分为50.43，排名第11位；能源消耗得分为13.88，排名第19位；水资源消耗得分为53.25，排名第14位。

生态环境状态方面，巴中市总体得分为64.19，排名第6位。其中生态状态得分为52.54，排名第6位；水环境状态得分为75.00，排名第1位；大气环境状态得分为64.71，排名第5位。

社会经济状态方面，巴中市总体得分为 23.76，排名第 19 位。发展水平得分为 12.05，排名第20位；发展质量得分为35.46，排名第18位。

改善人居环境方面，巴中市的总体得分为77.66，排名第15位。其中，环境整治得分为80.21，排名第14位；饮水安全得分为100.00，排名第1位；城市绿化得分为52.11，排名第16位。

维护生态安全方面，巴中市总体得分为60.93，排名第3位。其中环境风险防范得分为99.34，排名第 10 位；生态系统功能提升得分为 54.14，排名第 7 位；环境污染治理得分为 29.52，排名第10位。

发展生态经济方面，巴中市总体得分为70.41，排名第6位。其中发展低碳经济得分为81.04，排名第13位；优化产业结构得分为51.62，排名第4位；推动产业循环得分为79.15，排名第11位。

如图33所示为巴中市生态文明发展水平评价准则层指数雷达图。

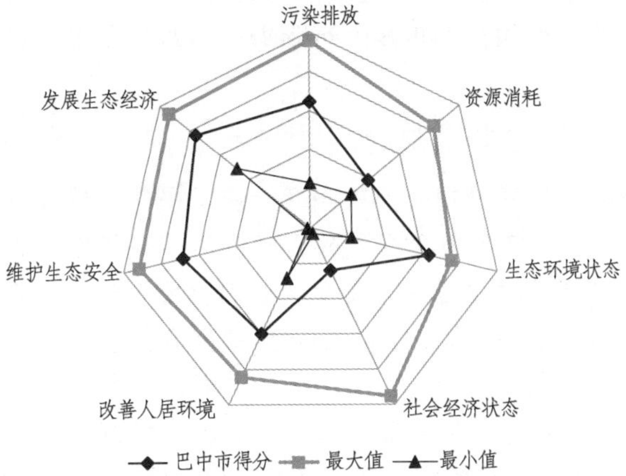

图33　巴中市生态文明发展水平评价准则层指数雷达图

（二）生态文明发展水平指标贡献率分析

由驱动因素贡献率可以发现（见图 34），2019 年巴中市生态文明发展的主要贡献因素是生态环境状态和污染排放，贡献率分别达到 20%和 19%；改善人居环境、资源消耗、维护生态安全和发展生态经济 4 个方面对巴中市生态文明发展水平的贡献率基本持平，为 12%～15%；社会经济状态对生态文明发展的贡献率最低，仅占 7%。表明巴中市在改善人居环境、提高资源利用效率、持续维护生态安全和加快发展生态经济方面存在短板，社会经济的快速发展是巴中市生态文明发展继续突破的瓶颈。

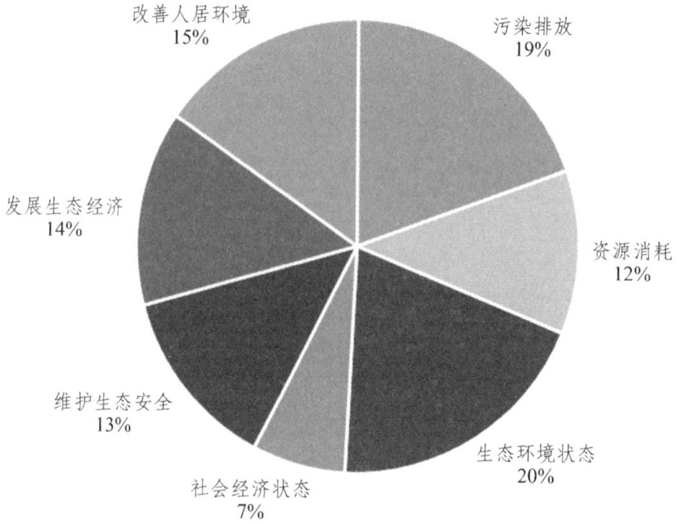

图 34　巴中市生态文明发展驱动因素贡献率图

（三）主要结论

2019 年巴中市生态文明发展指数位于全省中游，生态环境状态表现较好且贡献率高，是生态文明发展水平的关键因素，但资源消耗、社会经济状态方面表现较差，制约了巴中市生态文明的发展。未来巴中市仍需持续控制污染排放、积极防范环境风险、提升环境污染治理效率，稳固生态环境良好状态和生态安全保护成效；加强城市绿化和环境整治工作力度，在提高资源利用效率，推动产业低碳、循环发展方面还需进一步努力，提高社会经济发展质量。

十八、资阳市生态文明发展水平评价

（一）2019 年生态文明发展水平评价结果

2019 年，资阳市的生态文明发展指数为 57.45 分，在 21 个市（州）中排名第 9 位，如表 18 所示。其中压力指数得分为 67.01，排名第 5 位；状态指数得分为 39.51，排名第 20 位；响应指数得分为 65.60，排名第 10 位。

具体来看，资阳市在污染排放方面总体得分为 84.35，排名第 4 位。其中大气污染源排放得分为 97.35，排名第 4 位；水污染源排放得分为 71.37，排名第 5 位。

表 18　资阳市生态文明发展水平各级指标得分和排名表

指标	得分	排名
生态文明发展指数	57.45	9
一、压力指数	67.01	5
1. 污染排放	84.35	4
大气污染源排放	97.35	4
水污染源排放	71.37	5
2. 资源消耗	49.66	15
土地资源消耗	23.09	19
能源消耗	73.36	10
水资源消耗	53.27	13
二、状态指数	39.51	20
3. 生态环境状态	38.23	18
生态状态	0.00	21
水环境状态	75.00	1
大气环境状态	38.58	13
4. 社会经济状态	40.87	15
发展水平	18.32	18
发展质量	63.42	11
三、响应指数	65.60	10
5. 改善人居环境	79.21	14
环境整治	85.77	12
饮水安全	100.00	1
城市绿化	51.22	18
6. 维护生态安全	42.15	18
环境风险防范	100.00	1
生态系统功能提升	6.03	18
环境污染治理	21.51	15
7. 发展生态经济	77.58	3
发展低碳经济	82.89	12
优化产业结构	50.66	5
推动产业循环	100.00	1

在资源消耗方面，资阳市总体得分为 49.66，排名第 15 位。其中土地资源消耗得分为 23.09，排名第 19 位；能源消耗得分为 73.36，排名第 10 位；水资源消耗得分为 53.27，排名第 13 位。

生态环境状态方面，资阳市总体得分为 38.23，排名第 18 位。其中生态状态得分为 0.00，排名第 21 位；水环境状态得分为 75.00，排名第 1 位；大气环境状态得分为 38.58，排名第 13 位。

社会经济状态方面，资阳市总体得分为 40.87，排名第 15 位。发展水平得分为 18.32，排名第 18 位；发展质量得分为 63.42，排名第 11 位。

改善人居环境方面，资阳市的总体得分为 79.21，排名第 14 位。其中，环境整治得分为 85.77，排名第 12 位；饮水安全得分为 100.00，排名第 1 位；城市绿化得分为 51.22，排名第 18 位。

维护生态安全方面，资阳市总体得分为 42.15，排名第 18 位。其中环境风险防范得分为 100，排名第 1 位；生态系统功能提升得分为 6.03，排名第 18 位；环境污染治理得分为 21.51，排名第 15 位。

发展生态经济方面，资阳市总体得分为 77.58，排名第 3 位。其中发展低碳经济得分为 82.89，排名第 12 位；优化产业结构得分为 50.66，排名第 5 位；推动产业循环得分为 100.00，排名第 1 位。

如图 35 所示为资阳市生态文明发展水平评价准则层指数雷达图。

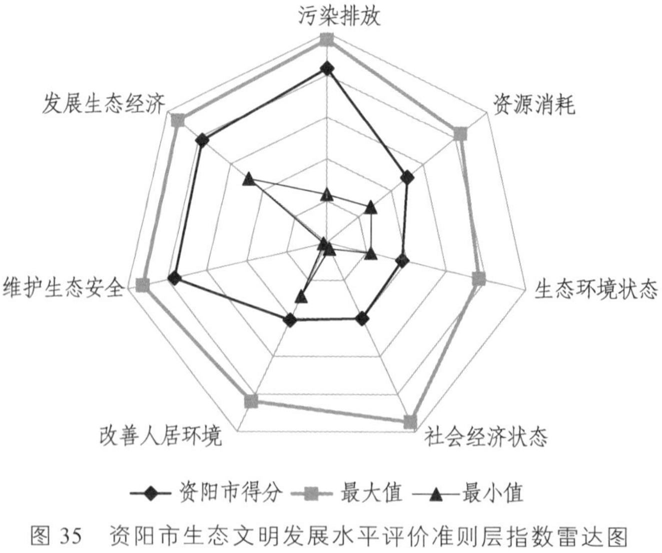

图 35　资阳市生态文明发展水平评价准则层指数雷达图

（二）生态文明发展水平指标贡献率分析

由驱动因素贡献率可以发现（见图 36），2019 年资阳市污染排放和资源消耗是生态文明发展的主要贡献因素，贡献率分别达到 23%和 20%；其次是改善人居环境、发展生态经济、社会经济状态和生态环境状态 4 个方面，对资阳市生态文明发展水平的贡献率分别为 14%、14%、11%和 10%；维护生态安全对生态文明发展的贡献率最低，占比 8%，是资阳市生态文明发展的主要制约因素。

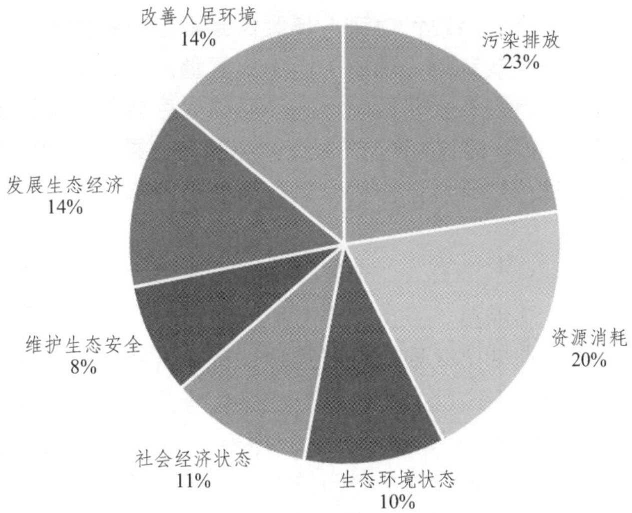

图 36　资阳市生态文明发展驱动因素贡献率图

（三）主要结论

2019 年资阳市生态文明发展水平位于全省中游水平，污染排放和发展生态经济两方面表现相对较好，均处于全省前列；但其他方面仍有较大的提升空间，生态环境状态及社会经济状态均表现不佳。未来资阳市应进一步巩固扩大产业循环发展优势，持续保持低耗能、低污染发展态势，加快提升经济社会发展水平和发展质量；强化生态环境状态改善，提升生态系统功能；加大环境整治和城市绿化工作力度，推进生态文明高质量协调发展。

十九、阿坝州生态文明发展水平评价

（一）2019 年生态文明发展水平评价结果

2019 年，阿坝州的生态文明发展指数为 55.15 分，在 21 个市（州）中排名第 15 位，如表 19 所示。其中压力指数得分为 52.70，排名第 17 位；状态指数得分为 47.12，排名第 12 位；响应指数得分为 65.33，排名第 11 位。

具体来看，阿坝州在污染排放方面总体得分为 47.44，排名第 20 位。其中大气污染源排放得分为 69.55，排名第 18 位；水污染源排放得分为 25.38，排名第 18 位。

在资源消耗方面，阿坝州总体得分为 57.96，排名第 10 位。其中土地资源消耗得分为 91.88，排名第 1 位；能源消耗得分为 13.36，排名第 20 位；水资源消耗得分为 67.72，排名第 6 位。

生态环境状态方面，阿坝州总体得分为 73.60，排名第 2 位。其中生态状态得分为 45.76，排名第 11 位；水环境状态得分为 75.00，排名第 1 位；大气环境状态得分为 100.00，排名第 1 位。

社会经济状态方面，阿坝州总体得分为 18.99，排名第 20 位。发展水平得分为 21.47，排名第 17 位；发展质量得分为 16.50，排名第 20 位。

表 19 阿坝州生态文明发展水平各级指标得分和排名表

指标	得分	排名
生态文明发展指数	55.15	15
一、压力指数	52.70	17
1. 污染排放	47.44	20
大气污染源排放	69.55	18
水污染源排放	25.38	18
2. 资源消耗	57.96	10
土地资源消耗	91.88	1
能源消耗	13.36	20
水资源消耗	67.72	6
二、状态指数	47.12	12
3. 生态环境状态	73.60	2
生态状态	45.76	11
水环境状态	75.00	1
大气环境状态	100.00	1
4. 社会经济状态	18.99	20
发展水平	21.47	17
发展质量	16.50	20
三、响应指数	65.33	11
5. 改善人居环境	58.61	18
环境整治	26.27	21
饮水安全	100.00	1
城市绿化	48.30	19
6. 维护生态安全	52.42	9
环境风险防范	55.00	19
生态系统功能提升	50.21	8
环境污染治理	52.11	5
7. 发展生态经济	86.12	2
发展低碳经济	84.25	9
优化产业结构	74.48	3
推动产业循环	100.00	1

改善人居环境方面，阿坝州的总体得分为 58.61，排名第 18 位。其中，环境整治得分为 26.27，排名第 21 位；饮水安全得分为 100.00，排名第 1 位；城市绿化得分为 48.30，排名第 19 位。

维护生态安全方面，阿坝州总体得分为 52.42，排名第 9 位。其中环境风险防范得分为 55.00，排名第 19 位；生态系统功能提升得分为 50.21，排名第 8 位；环境污染治理得分为 52.11，排名第 5 位。

发展生态经济方面，阿坝州总体得分为 86.12，排名第 2 位。其中发展低碳经济得分为 84.25，排名第 9 位；优化产业结构得分为 74.48，排名第 3 位；推动产业循环得分为 100.00，排名第 1 位。

如图 37 所示为阿坝州生态文明发展水平评价准则层指数雷达图。

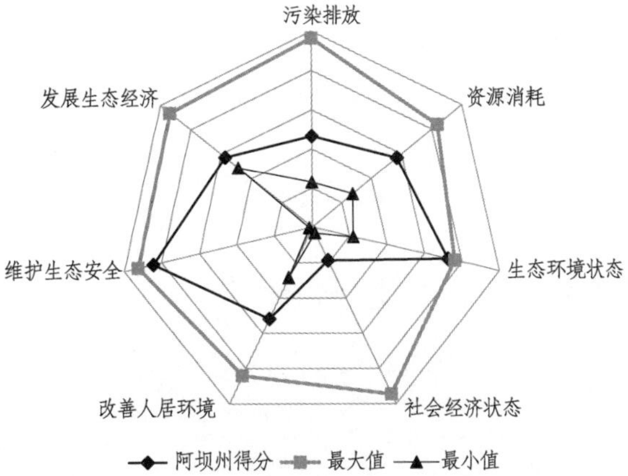

图 37　阿坝州生态文明发展水平评价准则层指数雷达图

（二）生态文明发展水平指标贡献率分析

由驱动因素贡献率可以发现（见图 38），2019 年阿坝州生态环境状态、发展生态经济和资源消耗对生态文明发展指数的贡献率最高，贡献率分别为 23%、17%、17%，是生态文明发展的主要贡献因素；其次是污染排放、改善人居环境和维护生态安全，对阿坝州生态文明发展水平的贡献率分别为 14%、12%和 11%；社会经济状态的贡献率显著较低，仅为 6%，表明社会经济发展滞后仍是阿坝州生态文明发展的短板。

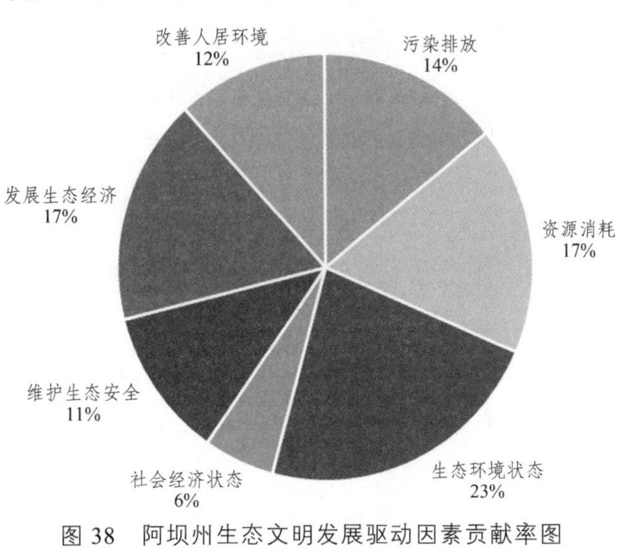

图 38　阿坝州生态文明发展驱动因素贡献率图

（三）主要结论

阿坝州生态文明发展水平整体较差，位居全省第十八位。阿坝州高度重视生态文明建设，在保护生态环境和发展生态经济方面的工作均走在了全省前列，但生态文明发展压力较大，存在污染排放效率、资源利用效率低下以及社会经济发展滞后等问题。未来阿坝州一方面要在保护优先的前提下，立足生态资源优势，打造清洁能源、山地绿色农林资源、生态旅游等新的经济增长点，探索“两山”转化路径，同时通过探索政府主导、市场运作、社会参与的生态补偿机制，促进区域经济社会与资源环境的协调发展。另一方面要加强科技投入和环保基础设施建设，提高环境治理效率和资源利用效率，全面提升生态文明建设质量。

二十、甘孜州生态文明发展水平评价

（一）2019 年生态文明发展水平评价结果

2019 年，甘孜州的生态文明发展指数为 47.60 分，在 21 个市（州）中排名第 20 位，如表 20 所示。其中压力指数得分为 59.47，排名第 12 位；状态指数得分为 37.04，排名第 21 位；响应指数得分为 46.34，排名第 21 位。

具体来看，甘孜州在污染排放方面总体得分为 49.46，排名第 19 位。其中大气污染源排放得分为 99.04，排名第 3 位；水污染源排放得分为 0.00，排名第 21 位。

在资源消耗方面，甘孜州总体得分为 69.48，排名第 4 位。其中土地资源消耗得分为 85.14，排名第 2 位；能源消耗得分为 77.78，排名第 6 位；水资源消耗得分为 45.08，排名第 16 位。

生态环境状态方面，甘孜州总体得分为 68.95，排名第 5 位。其中生态状态得分为 33.05，排名第 13 位；水环境状态得分为 75.00，排名第 1 位；大气环境状态得分为 98.62，排名第 2 位。

社会经济状态方面，甘孜州总体得分为 3.13，排名第 21 位。发展水平得分为 6.12，排名第 21 位；发展质量得分为 0.00，排名第 21 位。

改善人居环境方面，甘孜州的总体得分为 48.05，排名第 21 位。其中，环境整治得分为 42.56，排名第 20 位；饮水安全得分为 100.00，排名第 1 位；城市绿化得分为 0.00，排名第 21 位。

维护生态安全方面，甘孜州总体得分为 26.70，排名第 21 位。其中环境风险防范得分为 0.00，排名第 21 位；生态系统功能提升得分为 55.02，排名第 6 位；环境污染治理得分为 24.23，排名第 13 位。

发展生态经济方面，甘孜州总体得分为 66.06，排名第 8 位。其中发展低碳经济得分为 100.00，排名第 1 位；优化产业结构得分为 80.76，排名第 2 位；推动产业循环得分为 16.98，排名第 19 位。

如图 39 所示为甘孜州生态文明发展水平评价准则层指数雷达图。

表 20 甘孜州生态文明发展水平各级指标得分和排名表

指标	得分	排名
生态文明发展指数	47.60	20
一、压力指数	59.47	12
1. 污染排放	49.46	19
大气污染源排放	99.04	3
水污染源排放	0.00	21
2. 资源消耗	69.48	4
土地资源消耗	85.14	2
能源消耗	77.78	6
水资源消耗	45.08	16
二、状态指数	37.04	21
3. 生态环境状态	68.95	5
生态状态	33.05	13
水环境状态	75.00	1
大气环境状态	98.62	2
4. 社会经济状态	3.13	21
发展水平	6.12	21
发展质量	0.00	21
三、响应指数	46.34	21
5. 改善人居环境	48.05	21
环境整治	42.56	20
饮水安全	100.00	1
城市绿化	0.00	21
6. 维护生态安全	26.70	21
环境风险防范	0.00	21
生态系统功能提升	55.02	6
环境污染治理	24.23	13
7. 发展生态经济	66.06	8
发展低碳经济	100.00	1
优化产业结构	80.76	2
推动产业循环	16.98	19

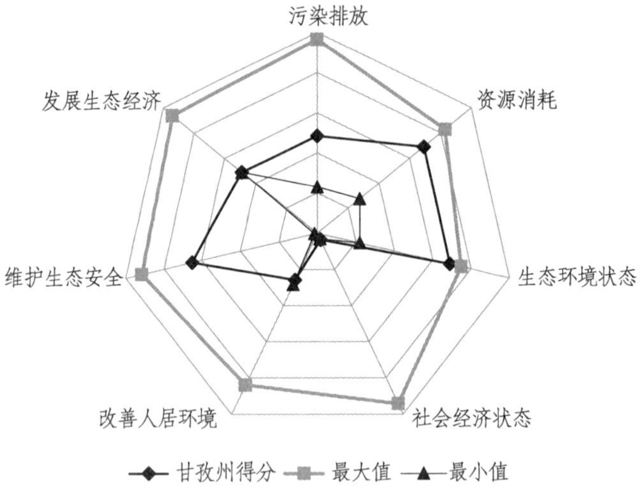

图 39　甘孜州生态文明发展水平评价准则层指数雷达图

（二）生态文明发展水平指标贡献率分析

由驱动因素贡献率可以发现（见图 40），2019 年甘孜州生态环境状态、资源消耗对生态文明发展指数的贡献率最高，贡献率分别为 25%、24%，是生态文明发展的主要贡献因素；其次是污染排放、发展生态经济和改善人居环境，对甘孜州生态文明发展水平的贡献率分别为 17%、15%和 11%；维护生态安全和社会经济状态的贡献率显著较低，仅为 7%、1%，表明维护生态安全支撑不足和社会经济发展滞后仍是甘孜州生态文明发展的短板。

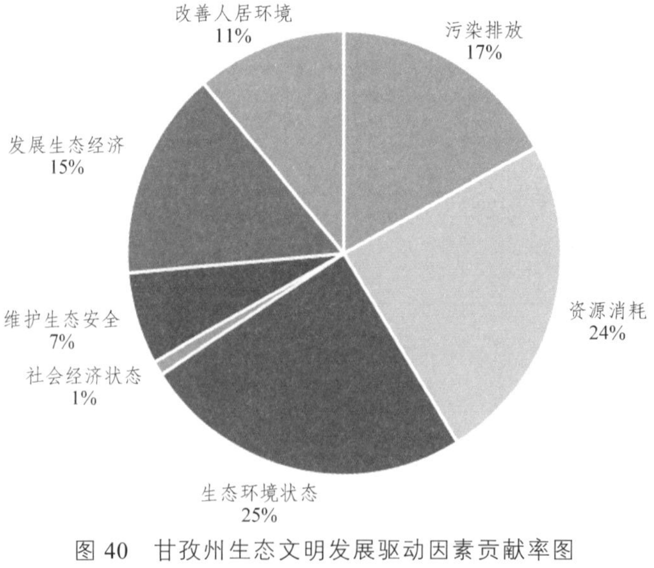

图 40　甘孜州生态文明发展驱动因素贡献率图

（三）主要结论

甘孜州整体生态文明发展水平较低，其发展特点：资源消耗、生态环境状态方面表现较好，对生态文明发展贡献率近二分之一，是主要的影响因素；但社会经济状态、改善人居环境、维护生态安全和污染排放方面存在明显短板，严重制约了甘孜州生态文明的发展。未来甘孜州一方面应立足生态资源优势，积极探索“两山”转化路径，同时通过探索政府主导、市场运作、社会参与的生态补偿机制，促进区域经济社会与资源环境的协调发展。另一方面要加强科技投入和环保基础设施建设，提高环境治理效率，全面提升生态文明建设质量。

二十一、凉山州生态文明发展水平评价

（一）2019年生态文明发展水平评价结果

2019年，凉山州的生态文明发展指数为50.46分，在21个市（州）中排名第19位，如表21所示。其中压力指数得分为50.41，排名第20位；状态指数得分为53.70，排名第5位；响应指数得分为47.35，排名第20位。

表21　凉山州生态文明发展水平各级指标得分和排名表

指标	得分	排名
生态文明发展指数	50.46	19
一、压力指数	50.41	20
1. 污染排放	56.10	16
大气污染源排放	82.02	16
水污染源排放	30.32	16
2. 资源消耗	44.73	18
土地资源消耗	69.68	4
能源消耗	63.83	12
水资源消耗	0.00	21
二、状态指数	53.70	5
3. 生态环境状态	71.19	3
生态状态	60.17	4
水环境状态	75.00	1
大气环境状态	78.28	3
4. 社会经济状态	35.12	17
发展水平	12.18	19
发展质量	58.06	14
三、响应指数	47.35	20
5. 改善人居环境	53.53	20
环境整治	58.12	18
饮水安全	100.00	1
城市绿化	1.07	20
6. 维护生态安全	55.15	8
环境风险防范	100.00	1

续表

指标	得分	排名
生态系统功能提升	58.48	2
环境污染治理	6.87	19
7. 发展生态经济	32.66	20
发展低碳经济	69.75	14
优化产业结构	28.35	13
推动产业循环	0.00	21

具体来看，凉山州在污染排放方面总体得分为56.10，排名第16位。其中大气污染源排放得分为82.02，排名第16位；水污染源排放得分为30.32，排名第16位。

在资源消耗方面，凉山州总体得分为44.73，排名第18位。其中土地资源消耗得分为69.68，排名第4位；能源消耗得分为63.83，排名第12位；水资源消耗得分为0.00，排名第21位。

生态环境状态方面，凉山州总体得分为71.19，排名第3位。其中生态状态得分为60.17，排名第4位；水环境状态得分为75.00，排名第1位；大气环境状态得分为78.28，排名第3位。

社会经济状态方面，凉山州总体得分为35.12，排名第17位。发展水平得分为12.18，排名第19位；发展质量得分为58.06，排名第14位。

改善人居环境方面，凉山州的总体得分为53.53，排名第20位。其中，环境整治得分为58.12，排名第18位；饮水安全得分为100.00，排名第1位；城市绿化得分为1.07，排名第20位。

维护生态安全方面，凉山州总体得分为55.15，排名第8位。其中环境风险防范得分为100.00，排名第1位；生态系统功能提升得分为58.48，排名第2位；环境污染治理得分为6.87，排名第19位。

发展生态经济方面，凉山州总体得分为32.66，排名第20位。其中发展低碳经济得分为69.75，排名第14位；优化产业结构得分为28.35，排名第13位；推动产业循环得分为0.00，排名第21位。

如图41所示为凉山州生态文明发展水平评价准则层指数雷达图。

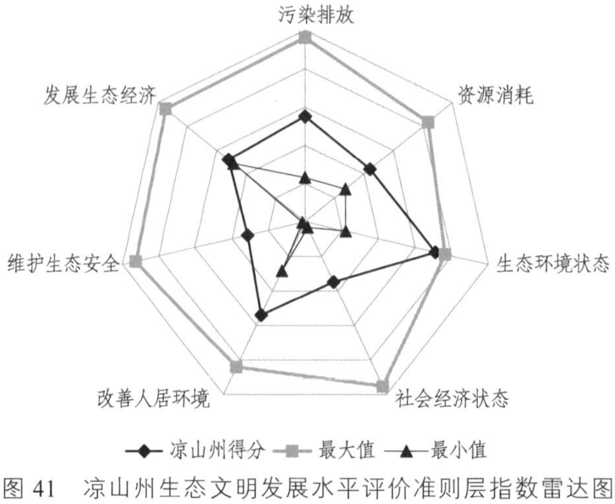

图41　凉山州生态文明发展水平评价准则层指数雷达图

（二）生态文明发展水平指标贡献率分析

由驱动因素贡献率可以发现（见图 42），2019 年凉山州生态环境状态、污染排放对生态文明发展指数的贡献率最高，贡献率分别为 24%、18%，是生态文明发展的主要贡献因素；其次是资源消耗、维护生态安全、社会经济状态和改善人居环境，对凉山州生态文明发展水平的贡献率为 11%～15%；发展生态经济的贡献率最低，仅为 7%，表明生态经济发展不足是凉山州生态文明发展的短板。

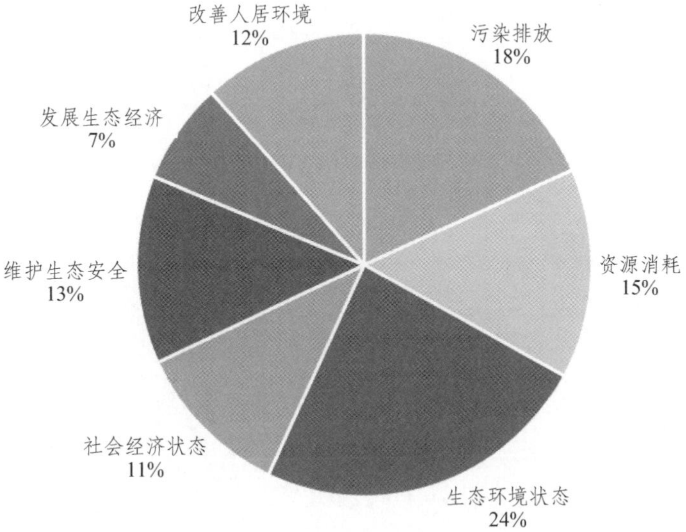

图 42　凉山州生态文明发展驱动因素贡献率图

（三）主要结论

2019 年凉山州整体生态文明发展水平较低，生态环境状态是支撑生态文明发展的主要贡献因素，贡献率高达 24%；生态文明发展压力较大，存在污染排放效率、资源利用效率低下以及社会经济发展滞后等问题，且发展生态经济和改善人居环境方面表现较差，均位于全省中后游水平。凉山州急需推进生态产业化和产业生态化，优化产业结构，提升经济发展质量和效益；同时推进环保基础设施建设和有效运行，强化水电、矿产等资源利用的生态环境监管措施，提高环境治理效率和资源利用效率。

实践篇

构建如诗如画多姿多彩的美丽空间

关于构建四川省绿色发展新格局的建议

黄庆　张卫兵　闫卫坡
四川省环境政策研究与规划院

【摘　要】本文基于中共中央、四川省及 21 市（州）“国民经济和社会发展第十四个五年规划和二〇三五年远景目标的建议”和部分解读材料，梳理概括了四川省五大经济区进入新发展阶段后在推动高质量发展、构建新发展格局中的战略定位和发展方向，分析了区域资源环境现状及问题，并结合职责和实践可能，就以生态环境保护为先手棋构建四川省绿色发展新格局作了谋划思考。
【关键词】生态环境保护；区域协同发展；绿色发展新格局

一、四川省重点区域“十四五”发展战略及方向

对中华人民共和国国民经济和社会发展第十四个五年规划和 2035 年远景目标纲要、四川省国民经济和社会发展第十四个五年规划和二〇三五年远景目标纲要及 21 市（州）“国民经济和社会发展第十四个五年规划和二〇三五年远景目标的建议”进行了全面梳理，深入剖析后得到了四川省及重点区域“十四五”发展战略与方向。

（一）四川省

“十四五”时期是四川省全面建成小康社会、实现第一个百年奋斗目标之后，乘势而上开启全面建设社会主义现代化国家新征程、向第二个百年奋斗目标进军的第一个五年。深入贯彻落实省委十一届八次全会精神，必须把发展作为第一要务，积极融入新发展格局，以新发展理念引领高质量发展，坚持以成渝地区双城经济圈建设为战略牵引，深化拓展“一干多支、五区协同”战略部署，构建“一轴两翼三带”区域经济布局，做强成渝发展主轴，增强成都极核和主干功能，促进成都都市圈同城化发展，带动两翼协同发展，推进南翼跨越发展，推动北翼振兴发展，辐射三带联动发展，高质量构建成德绵眉乐雅广西攀经济带，培育壮大成遂南达经济带，优化提升攀乐宜泸沿江经济带，促进区域协调发展，引导重大基础设施、重大生产力和公共资源优化配置，在西部形成高质量发展的重要增长极，建设具有全国影响力的重要经济中心、科技创新中心，建设改革开放新高地、高品质生活宜居地，推动新时代治蜀兴川再上新台阶。

（二）成都平原经济区

加快推动成德眉资同城化发展，协同推进“三区三带”建设，以成都国际铁路港大港区联动德阳共建成德临港经济产业协作带，以天府新区联动眉山共建成眉高新技术产业协作带，以成都东部新区联动资阳共建成资临空经济产业协作带，创建成德眉资同城化综合改革试验区，打造现代化成都都市圈。强化成都主干带动和极核引领，打造践行新发展理念的公园城市示范区，高质量建设“两区一城”，筑牢国际门户枢纽地位，建设创新引领的活力城市、协调共融的和谐城市、生态宜居的美丽城市、内外联动的包容城市、共建共享的幸福城市。绵阳加快推进科技城新区建设,大力发展数字家庭产业，打造具有国际影响力的中国科技城和国家重要国防科研生产基地。德阳壮大装备制造产业，创建 5G + 工业互联网先导区，加快建设世界级重大装备制造基地，构建支撑成都都市圈高质量发展的重要功能板块。乐山做大做强光伏产业，打造“中国绿色硅谷”，参与共建巴蜀文化旅游走廊，建设峨眉山文旅融合发展示范区、世界重要旅游目的地。眉山重点发展绿色建材等先进材料产业，依托天府新区、川港合作示范园建设高新技术产业集聚地，打造现代服务业发展示范区。资阳加快建设全国医疗器械产业基地,重点打造“中国牙谷”，与大足共建文旅融合发展示范区，建设成渝门户枢纽型临空新兴城市。遂宁重点发展锂电新材料产业，打造遂潼川渝毗邻地区一体化发展先行区，建设成渝发展主轴绿色经济强市和联动成渝的重要门户枢纽。雅安大力发展大数据产业，建设成渝地区大数据产业基地和成都都市圈重要功能协作基地，打造川藏物资贸易集散地。

（三）川南经济区

加强宜宾-泸州沿江协同发展，促进内江自贡同城化快速发展，带动川南经济区一体化发展，建设承接东部地区产业转移创新发展示范区，打造世界级优质白酒产业集群，打造全省第二增长极，支撑成渝地区双城经济圈南翼跨越发展。宜宾加快推进三江新区发展，做强食品饮料产业，建设国家创新型现代产业发展示范区和国家产教融合示范市，打造世界消费品工业重镇、长江上游区域中心城市、全国性综合交通枢纽。泸州推进川南临港片区加快发展，大力发展优质白酒产业，打造长江上游航运贸易中心、医药健康中心，建设川渝滇黔结合部区域中心城市。自贡壮大节能环保产业，建设区域性物流中心，打造全国老工业城市产业转型升级示范区和国家文化出口基地。内江发展新型材料产业，打造现代农业高新技术产业示范区，建设成渝发展主轴重要节点城市、成渝特大城市功能配套服务中心。

（四）川东北经济区

积极承接产业和人口转移，推进川东北和渝东北一体化发展，持续走好秦巴山区绿色发展之路，促进革命老区高质量发展和川东北振兴发展相互衔接，打造省际交界区域高质量发展引领区，推动成渝地区双城经济圈北翼振兴发展。南充大力发展临江新区，壮大纺织产业，打造全国汽车汽配产业基地，建设南充建设成渝地区北部中心城市、重要交通枢纽节点和嘉陵江绿色生态经济带示范市。达州做强能源化工产业，创建万达开川渝统筹发展示范区，打造巴文化传承创新和旅游发展高地，建设东出北上综合交通枢纽和川渝陕结合部区域中心城市。广安做强生物医药产业,建设国家级承接产业转移示范区，与渝北共建高滩-茨竹产城融合新区，打造川渝合作示范区，探索跨省城一体化发展。广元壮大铝基材料产业,推进铁路综合物流基地建设，建设川陕甘结合部区域中心城市和北向东出桥头堡。巴中做强农副产品加工产业，建设川陕革命老区振兴发展示范市，打造成渝地区绿色产品供给地和产业协作配套基地。

（五）攀西经济区

坚持改革创新和科技攻关双轮驱动，加快结构调整转型升级，大力发展资源深加工和应用产业，构建安宁河谷经济走廊、大小凉山生态走廊协调发展空间布局，推动区位优势、生态优势、资源优势转化为发展优势。攀枝花、凉山大力推进安宁河谷综合开发，建设现代农业示范基地，打造国家级战略资源创新开发试验区、成渝地区阳光康养度假旅游“后花园”、国际阳光康养旅游目的地、清洁能源基地，筑牢川西南、滇西北区域中心城市和南向开放门户。

（六）川西北生态示范区

坚持生态优先、绿色发展，以基础设施改善提升为先导，以发展全域旅游为主线，以保障和改善民生为出发点和落脚点，加强政策设计和体制机制创新，把生态资源优势转化为经济发展优势。阿坝、甘孜大力发展生态经济，不断壮大生态旅游产业，打造国家生态文明建设示范区、现代高原特色农牧业基地、国家全域旅游示范区和国际生态文化旅游目的地。

二、区域资源环境现状及问题

四川省是全国资源型大省，能源资源品种齐全、总量丰富，整体表现出“水多、气丰、煤少、油缺”及区域分布不均的特点。水能资源集中分布于川西南山地的大渡河、金沙江、雅砻江三大水系，约占全省水能资源蕴藏量的 2/3；而中部地区的遂宁、自贡、内江、成都等地人均水资源仅 600 m^3 左右，又属于缺水城市。川东北地区的天然气、川南地区的页岩气均为全国最为丰富的地区，天然气占全国探明地质储量的 21.18%，页岩气资源量占全国的 21%。新能源资源主要以风能、太阳能为主，主要位于三州地区。四川省煤品燃料仍为主要能源消费种类，消费量占能源消费总量的 36%左右。

2020 年，四川省环境质量整体改善幅度大。全省优良天数率 90.8%，同比提高 1.7 个百分点，高于全国平均水平 3.8 个百分点。全省 PM2.5 平均浓度为 31 $\mu g/m^3$，同比下降 8.8%，低于全国平均浓度 6.5%。全省 PM10 平均浓度为 49 $\mu g/m^3$，同比下降 7.5%。全省国考断面优良率 98.9%，同比提高 1.2 个百分点，高于全国 15.5 个百分点。

（一）成都平原经济区

经济社会活动水平较高，大气污染排放强度大。2020 年，成都平原经济区常住人口数约占全省 50%，第二产业增加值占全省 57.5%。主要大气污染物排放量全省第一，运用“SMEI”[①]

① SMEI 模型：一种基于社会经济数据的环境质量预测方法，通过经济数据，叠加政策因子，计算得到污染物排放量，通过污染物排放预测值计算出对应的环境质量预测值。

模型分析得出成都平原经济区颗粒物排放量占全省 30.4%，VOCs 排放量占全省 56.7%。另外，成都平原经济区主要位于四川盆地“两山”夹“一平原”的核心区域，静风频率高，秋冬季逆温现象频繁，春夏季日照辐射较强，污染物易累积、难扩散。2020 年，8 个城市中有 2 个城市空气质量超标，PM2.5 年均浓度为 33 μg/m^3，其中成都市最高（41 μg/m^3），其次是德阳；优良天数率平均为 87.5%，其成都市为全省最低（76.5%）。水资源分布不均，小流域污染较为突出。遂宁、成都缺水问题较为突出，人均水资源量低于 600 m^3，占比不足全省人均水资源量的五分之一，而雅安、乐山人均水资源量分别为 11 237 m^3、4 151 m^3，远高于全省平均水平；主要流域污染负荷较重，运用“SMEI”模型得知，2020 年，岷江流域 COD、氨氮、总磷排放量分别占全省的 14.0%、15.2%、14.7%，其中思蒙河、体泉河、毛河、阳化河等小流域污染问题依然突出。

（二）川南经济区

污染物排放总量大，区域大气污染问题突出，碳达峰碳中和形势严峻。“SMEI”模型分析得出川南地区主要大气污染物 SO_2、NO_x、颗粒物排放量占全省 27.4%、23.1%、19.1%，仅次于成都平原经济区，同时，受制于地形及气象等因素，川南地区大气复合型污染突出。2020 年，4 个城市中有 3 个城市空气质量超标，PM2.5 年均浓度为 39 μg/m^3，高于全省平均浓度 25.8%，五大区域中倒数第一，其中自贡市 PM2.5 年均浓度为全省最高（43 μg/m^3），其次是宜宾、泸州；优良天数率平均为 85.7%，五大区域中最低。水资源短缺，生态流量不足，部分城市水环境质量较差。川南经济区内的自贡、内江人均水资源量为 600 m^3 左右，且现有工程调蓄能力相对不足，水资源配置体系不完善，局部存在水资源开发利用不合理等问题。2020 年，区域内的旭水河、釜溪河、濑溪河等河流干支流水质以Ⅳ、Ⅴ类为主，水质改善压力较大。沿江、临城产业聚集，环境安全风险隐患较大。截至 2020 年，长江干流及重要支流两岸 1 km 范围内，宜宾尚有 15 家、泸州尚有 24 家化工企业分布。四川泸天化股份有限公司、泸州鑫福化工股份有限公司、自贡鸿鹤化工股份有限公司等重点企业紧邻城镇边界，流域性、区域性环境风险形势严峻。

（三）川东北经济区

污染防治基础设施建设滞后。城镇污水收集处理率不高，嘉陵江及涪江流域部分城市建成区生活污水收集率仅 40%左右，部分城镇生活污水处理厂仍执行一级 B 标准；乡镇污水处理设施建设滞后，区域农村生活污水平均有效治理率低于 60%，部分地区低于 50%；畜禽养殖业配套治理设施不完善，粪污综合利用率低于全省平均水平，污染防治压力大。部分城市大气污染问题仍然存在，小流域污染问题依然突出。火电、天然气化工、钢铁、建材等传统大气高污染产业分布众多，空气质量改善难度大。2020 年，5 个城市中有 2 个城市空气质量超标。渠江流域内工业企业污染、城乡生活垃圾污水污染、农业面源污染、畜禽养殖污染、排污口等问题仍然比较突出，达州的新宁河、明月江、平滩河和南充的流江河、西充河以及广安的长滩寺河水质依然以Ⅳ类、Ⅴ类为主。能源利用结构有待优化。川东北地区天然气已探明地质储量 2.9 万亿 m^3，占全国探明地质储量的 21.2%，位居全国第一，但能源利用方式仍以原煤利用为主（占比 54%），清洁能源占比仅为 24.3%。

（四）攀西经济区

资源开发活动与生态保护矛盾突出，区域生物多样性保护受威胁。水电、矿产资源开发以及交通基础设施建设等造成河流、林地、草地、湿地等生态空间被挤占，部分生物生境的整体性和连通性被割裂，导致野生动植物物种生境、栖息地萎缩，物种生存遭受威胁。固体废物处置利用难度大，大量堆存存在环境安全隐患。由于历史原因，攀枝花、凉山等地区矿山开发过程中，产生了大量的剥离废石、煤矸石、矿渣、钛石膏等工业固体废物，对环境、安全等带来较大压力，如攀枝花现有尾矿库 51 座，所涉矿种包括黑色金属、铅锌、有色金属三类，其中有 9 座尾矿库尚有大量的工业固体废物未得到有效利用，存在环境安全隐患。

（五）川西北生态示范区

水电及矿产等资源开发加重环境压力。矿山开采、弃渣堆放等造成地表植被破坏、水土流失加剧，导致野生动物栖息地分割侵占，对区域生物多样性和生态系统稳定性造成一定影响。水电资源存在无序开发，部分小水电未充分考虑和保障生态用水，造成河流生态功能退化、水生生物生境破坏等生态影响。自然灾害频繁，制约生态屏障建设。受区域地质特征影响，区域地质构造活动剧烈，地质环境稳定性较弱，地震、火灾、极端天气、风雪、洪灾、泥石流、病虫害等自然灾害频发，不可避免地对区域重要生态系统造成破坏，导致局部生态脆弱性加剧。生态环境敏感脆弱，恢复治理难度较大。川西北地区是我国典型的农牧交错生态脆弱区，随着近年来区域经济社会的迅速发展，虽然生态环境恢复与保护工作力度已逐步加大，但区域生态环境仍面临普遍脆弱、局部改善、总体恶化的情况，生态承载力和生态功能急剧下降，沙化面积约 0.86 万 km^2，天然草原平均超载率超过 10%，草原承载压力较重。

三、关于构建四川省绿色发展新格局的建议

新形势下促进区域协调发展，总的思路：坚持生态优先、绿色发展，调整完善区域政策体系，发挥各地区比较优势，以推动区域协调高质量发展为主线，促进各类要素合理流动和高效集聚，统筹各地区绿色发展方向及生态环境保护工作重点，加强联防联控，形成合力，筑牢长江、黄河上游生态安全屏障，实现人与自然和谐共生的现代化。

（一）成都平原经济区

区域绿色发展定位与目标：突出高质量发展引领区和公园城市先行区的战略定位，实现区域战略新兴产业竞争力进一步增加，资源集约节约利用水平走在全省前列，生态空间比例明显提升，产业生态化在全省实现示范引领，绿色生活生产方式广泛形成，加快建设成渝地区双城经济圈高品质宜居地先行示范核心区。

构建区域绿色发展新格局：成都应以建设践行新发展理念的公园城市示范区为统揽，加快建设美丽宜居公园城市，重点发展新兴产业，扩大新能源示范应用，引导产业项目向资源环境承载力强、发展潜力大的周边城市布局。眉山、德阳、资阳应充分发挥比较优势，提高城市综合承载能力和资源优化配置能力，严格准入环境门槛，优先承接功能疏解和产业外溢；

德阳应以打造世界级重大装备制造基地为契机，推动传统产业高端化、智能化、绿色化，大力发展服务型制造业。绵阳应高质量建设中国（绵阳）科技城，推进先进制造业绿色升级转型，加快建设成渝地区副中心绿色发展标杆城市和西部生态强市。乐山、雅安应强化生态空间保护，做好生态旅游融合发展，建设水电消纳产业示范区，乐山加快推进“中国绿色硅谷”建设。遂宁应着力打造绿色经济强市建设，推动锂电新材料绿色发展，做好生态环境导向的开发模式。

绿色发展重点任务：一是大力发展战略新兴产业，优化产业结构。加快推动产业结构升级，大力发展以“低碳”为特征的节能环保、数字信息、新能源、生物医药、新材料、现代服务业等新兴产业，持续发展智能制造、绿色制造、服务型制造等先进制造业态。促进产业园区转型升级，推动传统产业绿色化改造。二是合理优化产业布局，以适应区域资源环境条件。重点关注“绵阳-德阳-成都-眉山-乐山”大气污染带区域的产业转移，支持区域内水泥、玻璃、钢铁、焦化、电解铝等废气排放量大的产业向有资源优势、环境容量允许的地区转移布局。支持成都、眉山、德阳等地造纸、纺织印染、电镀、酿造等高耗水产业向水资源丰富、水环境容量允许、基础设施完善的地区转移布局。持续淘汰落后产业、高耗能产业，严控钢铁、水泥、煤炭、电解铝、平板玻璃等过剩行业新增产能。三是加快清洁能源应用，提高资源能源利用水平。对标国际先进水平，着力提高资源能源利用效率，建设全国重要绿色低碳制造基地。提升消费端清洁能源比例，做好低碳与新基建的衔接，打造规模化绿氢生产基地，完善新能源充电桩、加氢站等能源终端设施布局，确保新能源汽车在公共领域的使用比例走在全省前列，成都市应走在全国前列。四是合理控制城市开发强度，增加生态空间占比，提高宜居生活品质。合理控制成都市开发强度和人口密度，加强环成都经济圈环保基础设施建设，承接成都功能疏解和产业外溢，打造成都平原生态产业圈。以建设践行新发展理念的公园城市示范区为引领，协同成德眉资四市共塑美丽宜居公园城市形态，联合打造一批重大文旅生态项目，推动“最四川”高品质宜居地的建设。五是创新生态产品供给，拓宽生态产品价值实现路径。通过“公园＋”“川西林盘＋”“森林＋”“大地景观＋”“绿道＋”等模式，以生态赋能产业创造产品、创新供结。大力发展绿色生态产业，着力打造高端生态品牌，建立以融合互动为导向的生态价值转化路径，深化农商文旅体融合发展机制，强化“绿道＋赛事”“公园＋产业”“场景＋消费”等商业模式创新，大力培育生态美学文创、户外商业消费等新业态、新产品。

（二）川南经济区

区域绿色发展定位与目标：突出产业转移创新发展示范区和长江上游绿色发展示范区战略定位，实现区域转移产业绿色化水平明显提升，优势产业清洁生产达到国内先进水平，新型城镇化发展水平高于全省平均，煤炭消费比重下降幅度高于全省平均水平，绿色生产生活方式基本形成，加快建设川南渝西黔北滇北区域绿色发展先行示范区。

构建区域绿色发展新格局：宜宾应强化长江岸线保护，推动锂电产业、汽车制造、食品饮料等绿色发展，高质量建设三江新区，做好页岩气绿色开采。泸州应着力打造多式联运重要港口，提升区域新旧动能转化进度，持续推动白酒产业、能源化工绿色发展，做好赤水河高质量保护。自贡应加快打造老工业城市产业绿色转型升级示范区，壮大节能环保产业，严格产业引入的环境门槛。内江应着力建设滨江宜居公园城市，聚焦新材料、装备制造绿色发展，推动产业园区提档升级，内自公共服务深度同城化。

绿色发展重点任务：一是发挥重点产业集群优势，推进产业绿色化水平。宜宾、泸州以世界级白酒产业集群、全球最大锂电生产基地等战略为契机，提升优势产业清洁生产水平。内江、自贡坚持以水定城、以水定产，重点发展高端装备制造、新材料、节能环保产业，强化工业节水措施，着力打造沱江下游绿色经济带发展。二是发挥长江流域黄金水道优势，打造绿色枢纽。实施长江、沱江航道扩能升级，提升长江干线航运能力，促进“公转水”。推进铁水、公铁、公水等多式联运，加快内河航运、港口、货运码头、园区铁路专用线等的建设。加快重点流域港口岸电设施建设，支持长江干线应用 LNG 动力船舶。三是补齐环保基础设施短板，有序承接产业转移。结合区域资源环境基础，严格环境准入，加强环境基础设施建设，加快长征渠、向家坝等重大水利工程建设，提升区域环境容量，有序承接产业转移，高标准规划建设承接产业转移创新发展示范区。重点关注空气质量全省最差的“自贡-宜宾”污染带，加快传统产业转型升级，逐步退出区域高耗能、高污染和资源性产业，实现“腾笼换鸟”。四是强化环境风险底线，化解沿江、临城产业环境风险隐患。优化沿江、临城重点产业转移布局，加强区域协调联动发展，结合“三线一单”空间管控要求，合理新增、扩大工业园区用地，提升现有工业园区绿色化水平，推动酿造、医药、化工、机械等产业向园区集聚转移。五是严格控制煤炭消费总量，加快推进碳达峰、碳中和。实施煤炭减量开发，控制煤炭消费总量，实现区域煤炭消费总量及比重持续下降。推动燃煤清洁高效发电和绿色低碳改造，推动现有乐山、泸州等煤化工企业优化升级，加大环保治理和资源综合利用。加快长宁、威远、泸州等区块页岩气产能建设，推动页岩气绿色开发，加快配套管网、增压站、输变电线建设，保障“煤改气”“煤改电”等替代工程的实施。

（三）川东北经济区

区域绿色发展定位与目标:突出产业绿色转型升级示范区与绿色农产品供应地战略定位，实现区域传统产业升级改造取得明显成效，特色优势资源深度开发和加工转化绿色化水平明显提升，城乡融合、乡村振兴取得显著成效，加快建设嘉陵江流域国家生态文明先行示范区。

构建区域绿色发展格局：南充应打造嘉陵江绿色生态经济带示范市，高质量建设临江新区，着力提升汽配产业绿色低碳底色；达州应加快统筹达万开协调绿色发展，加快落后产能淘汰，做好天然气开采中的生态环境保护，推进能源化工行业升级转型；广安应在承接产业转移中关注绿色发展，高质量建设川渝高竹新区，严格生物医药、玄武岩纤维等重点产业的环境准入指标。广元应加快发展“生态＋”等产业，打造培育具有地方特色的生态旅游、生态康养品牌，高质量发展铝材料产业；巴中加快农村人居环境整治，打造绿色产品供给地，拓宽川陕革命老区生态产品价值转化路径。

区域绿色发展重点任务：一是推动重点传统产业绿色转型，协同推进制造业高质量发展。加快天然气化工、钢铁、建材等传统产业升级改造，不断提升清洁生产和污染治理水平，加快钢铁、水泥行业超低排放改造进度，促进区域绿色低碳发展。推动川东北和渝东北地区一体化协同发展，加强生态环境共保联治，联合打造省际交界区域高质量绿色发展引领区。二是优化能源供给结构，推动中国“气大庆”绿色开发建设。依托达州、巴中、广元等地天然气资源，推进天然气绿色开发，严控天然气勘探开发过程中的环境污染，打造中国西部最大的清洁能源基地。加快天然气配输管道和储备设施建设，为全省“煤改气”实施创造条件。加大清洁能源的本地消纳，减少煤炭开发，控制区域煤炭消费总量，推进煤炭绿色生产清洁高效利用。三是加强农村人居环境保护，构建绿色农业体系。加强生态环境保护与乡村振兴的衔接，因地制宜推进农村改厕、生活垃圾处理和污水治理，实施山水林田湖草沙冰综合整治，改善农村人居环境。实施高标准农田建设工程，大力发展高效生态农业，打造一批绿色、有机农产品和国家地理标志产品。加强南充、广元等地畜禽养殖业污染防治，加快推进种养结合，加强规模化畜禽养殖场（小区）标准化改造和建设，提升畜禽粪污资源化综合利用水平。

（四）攀西经济区

区域绿色发展定位与目标：突出国家战略资源创新开发试验区与国际阳光康养旅游目的地战略定位，实现区域战略资源利用率和现代化生产水平大幅提升，清洁能源高效利用水平显著提高，康养旅游环境更加优质，旅游配套设施更加完善，加快建设川西南滇西北绿色转型高质量发展先行示范区。

构建区域绿色发展格局：攀枝花应积极推进安宁河谷综合开发、绿色开发，加快钒钛产业绿色化、低碳化、智能化、链条化转型发展，持续推动能源结构调整，建设清洁能源基地，着力加快康养旅游配套基础设施建设；凉山州应积极推进安宁河谷综合开发、绿色开发，统筹水风光储一体化开发，提高能源利用效率，大力开展县城基础设施补短板行动，做好生态保护与脱贫攻坚、乡村振兴的有效衔接。

区域绿色发展重点任务：一是推进资源产业新型化，建设国家绿色创新示范基地。加快攀西经济区转型升级，合理有序开发稀缺矿产资源，推动矿产资源就地转化利用。协同推动钒钛产业链向下游延伸，加快发展高端精品钢材、延伸钢铁产业链条，提高绿色产品的市场竞争力。二是加强清洁能源开发利用，建设国家清洁能源基地。因地制宜大力发展风能、太阳能等清洁能源，加快风光水一体化开发，加快金沙江流域、雅砻江流域等水风光一体化基地建设。推进清洁能源消纳示范区建设，推动清洁能源与城乡建设相融合，将太阳能、风能等清洁能源装置、绿电充电设施融入城乡建筑中，提升清洁能源的开发与消纳水平。三是以建设国家康养目的地为契机，提升区域生态环境水平。坚持把阳光康养产业作为经济结构调整、城市转型升级和环境持续改善的重要突破口，加快形成以山体郊野公园、生态廊道为基底的城市生态园林绿地系统，提升区域生态环境质量。完善康养旅游环境保护基础配套设施建设，补齐管网、污水处理设施等短板，提升区域环境治理水平。四是加强生态修复，提升矿产资源综合利用水平。实施绿色矿山建设，加强矿山开采污染监管，严格履行防治土壤污染的法定义务，落实废渣、废水和废气污染防治工作。控制矿产开发规模，提高尾矿及工业废渣综合利用率，加强矿山生态修复和污染防范，提升金沙江干热河谷和安宁河谷生态保护修复和治理水平。开展环境风险隐患排查，加强尾矿库污染治理和环境风险防控。

（五）川西北生态示范区

区域绿色发展定位与目标：突出长江黄河上游生态屏障、国家生态文明建设示范区和国际生态文化旅游目的地的战略定位，实现区域生态环境持续向好，生态安全屏障更加牢固，城乡人居环境明显改善，生态经济基础更加稳固，“绿水青山就是金山银山”转化通道进一步拓宽，加快建设中国西部碳达峰碳中和先行示范区。

构建区域绿色发展格局：甘孜州应加强生态环境保护，加快生态资源产业化，发展壮大绿色现代工业，加快水电、风电、光伏、地热资源开发，推进高原传统农牧业绿色化发展；阿坝州应关注黄河流域高水平保护与高质量发展，实现“最美黄河在四川”，持续推进绿色矿山建设，推动高原现代草原畜牧业示范区绿色化发展，大力发展生态旅游。

区域绿色发展重点任务：一是合理控制开发强度，提升生态安全屏障功能。坚持生态优先，合理控制工业、采矿等开发建设活动，实施重点生态功能区生态系统保护与修复重大工程，强化自然保护地生态环境保护，严格生态保护红线管控要求。合理控制畜牧业发展规模，实现草畜平衡。加大对河流水源涵养区保护，维持流域自然生态环境现状，保障区域重要生态功能和水源涵养功能，筑牢生态安全屏障。二是建设优质生态产品供给区，大力发展生态经济。依托洁净水源、清洁空气、适宜气候等自然本底条件，推动生态优势转化为产业优势。依托优美自然风光、历史文化遗存，在最大限度减少人为扰动前提下，打造旅游与康养休闲融合发展的生态旅游开发模式。加强生态价值转化，推动区域绿色发展，建设国家生态文明示范区、现代高原特色农牧业基地和国家全域旅游示范区。三是完善生态补偿机制，构建多维度生态补偿途径。健全生态红线、区域间、流域上下游的横向生态补偿机制，重点加强岷江流域横向生态补偿。探索构建覆盖范围更广、补偿方式更多元化的生态补偿机制，完善重点生态功能区财政转移支付机制，持续实施流域横向生态保护补偿机制，探索引入市场机制和社会资金参与生态补偿。四是提升能源开发供给水平。有序发展清洁能源，加快水电、风电、光伏、地热资源开发，努力提高留存电量比例，扩大留存电量实施范围，积极建设水电消纳产业示范区。

深入推进岷江流域生态优先绿色发展的建议

林佳丽　罗彬　王恒　王维
四川省环境政策研究与规划院

【摘　要】岷江流域是长江上游的四大支流之一，是长江上游生态屏障的关键组成部分。推进岷江流域生态优先、绿色发展，事关我国西部地区生态文明建设全局，事关长江上游生态屏障建设大局，事关成渝地区双城经济圈建设新局、事关四川经济社会发展大局。本文立足推动岷江流域生态环境持续改善，发展质量全面提高，率先建成成渝地区双城经济圈绿色发展先行区和美丽四川生态文明样板区，从实施绿色领航、生态廊道共建、生态资源共享、生态补偿共探、生态政策等五个方面提出意见建议。

【关键词】岷江流域；生态优先；绿色发展

岷江是长江上游一级支流，发源于四川省与甘肃省交界的岷山南麓，是孕育巴蜀文化的源泉，流域水资源丰富，在四川省境内流域面积为 13.5 万 km^2（含青衣江、大渡河），约占全省面积的 28%，涉及阿坝、成都、乐山、宜宾等 9 州（市）、46 个县市区，多年平均地表水资源量为 916.8 亿 m^3，承载着四川省近 30%的人口和 27%的经济总量，是长江上游生态屏障的“关口区”，具有水土资源“固定器”、环境污染“过滤器”和生态风险“缓冲器”的重要作用；它是成都平原的水源“生命线”，具有保障超过 2 500 万人口生产生活用水安全的重要作用；它是四川省经济发展的“活跃区”，自上而下纵贯成都平原和川南两大经济区，具有产业走廊、经济通道的重要作用。当前，岷江也面临水资源分布不均、局部河段生态环境退化、局部城市河段水污染严重、水生生物多样性减少等问题，流域生态安全格局面临挑战。

推进岷江流域生态优先、绿色发展，必须坚定以习近平生态文明思想为指导，贯彻“共抓大保护、不搞大开发”方针，树牢“绿水青山就是金山银山”理念，站位长江上游生态安全和成渝地区双城经济圈建设，坚持“三水统筹”，筑牢长江上游生态屏障。突出把绿色发展倒逼产业转型升级作为重大机遇，把良好的生态优势转化为发展优势，努力实现绿色富民、绿色惠民；突出把加强流域生态保护合作和污染协同治理作为重要保障，统筹上下游、左右岸、干支流全方位联动协作，推动生态共建、环境共保；力争用 3 ~ 5 年的时间，岷江流域生态环境持续改善，发展质量全面提高，率先建成成渝地区双城经济圈绿色发展先行区和美丽四川生态文明样板区，打造成为中国西部生态优先、绿色发展的一张亮丽名片。

一、实施“绿色领航”工程，在建设“生态岷江”“经济岷江”“文化岷江”中助推成渝地区双城经济圈绿色发展

坚持以绿色为发展底色，积极发展绿色生态、生产、生活，全力做好“生态岷江”“经济

岷江”“文化岷江”三篇文章，努力实现岷江流域生态美丽、生产美化、生活美好，加快建成成渝地区双城经济圈绿色发展先行区。

（一）在建设“生态岷江”中领航

建设生态岷江是贯彻“共抓大保护、不搞大开发”的本质要求，是推进岷江流域绿色发展的题中之义。一是突出生态空间保护，强化自然保护区、风景名胜区、重要水源地等生态空间保护，对流域内卧龙自然保护区等10余个国家级和省级自然保护区、峨眉山乐山大佛等20余处风景名胜区，以及紫坪铺水库等38个城市集中供水水源地，禁止一切有碍防洪安全、供水安全和流域生态环境安全等开发利用行为，努力实现人与自然和谐共生。二是突出生态岸线建设，科学编制岷江流域生态岸线利用管理规划，严格水域岸线开发利用管控，特别是强化城镇段及开发利用需求高的水域岸线的管控。统筹规划岷江岸线资源，土地开发利用要留足河湖岸线的管理和保护范围，对乱占滥用岸线、多占少用、占而不用等突出问题进行清理整治，恢复河湖水域岸线生态功能。三是突出生态产品供给，严格饮用水源水质保护，特别是保护好岷江上游的紫坪铺水库这个成都平原的供水塔。实施好流域内退耕还林还草、水土保持、河湖和湿地生态保护修复等工程，增强水源涵养、水土保持等生态功能，努力提供清新空气、清洁水源、清爽气候等优质生态产品。

（二）在繁荣“经济岷江”中领航

坚持生态优先并不是限制经济发展，而是要在生态环境容量许可前提下，坚持创新驱动转型发展，培育绿色经济增长点。一是推动绿色转型，在岷江沿线城市开展“新旧动能转换”改革试点，抓住科技创新这个关键，探索建立绿色发展科技支撑体系，推进绿色改造、智能改造。二是建设绿色城市，依托岷江流域多数城市依山傍水的地貌和环境特征，推动湿地公园、山体公园、绿廊绿道等具有地域景观文化特色的山水园林建设，使城市成为山清水秀美丽之地。三是建设绿色乡镇。突出小城镇的鲜明特征，打造具有地理、生态、产业特色的小城镇。遵循乡村自身发展规律，构建依山就势、错落有致的村落格局，加快建设美丽乡村。四是发展绿色能源，发挥流域内页岩气、天然气等清洁能源富集的优势，大力推进能源生产和消费革命，加快构建清洁低碳、安全高效的现代能源体系。科学有序推进天然气（页岩气）勘探开发利用，建设全国重要天然气生产基地。联合创建全国清洁能源示范区，实施清洁能源优先调度、优先消纳，加快煤炭消费总量控制及减量替代。

（三）在涵养“文化岷江”中领航

岷江是古蜀文明的发源地，自古以来就是民族频繁迁徙之地，是沟通游牧文化与农耕文化的走廊，汉藏文化和羌族文化等多种文化在这一地区重合叠加。一是促进文化认同，高度重视岷江流域共同的文化基因和文化元素，努力挖掘、培育、扩大文化认同，并将区域文化认同上升为绿色发展的价值认同，转化为广大干部群众根植于内心对共同推进岷江流域绿色发展的行动自觉。二是引导绿色生活，共同开展节约型机关、绿色家庭、绿色学校、绿色社区、绿色商场、绿色建筑等绿色系列创建行动，推动居民在衣食住行游方面加快向简约适度、绿色低碳、文明健康的方式转变。开展生态文明教育，培育绿色生活文化。三是推行绿色消费，引导消费者自觉践行绿色消费理念，加快推动消费向绿色转型，提高绿色产品市场占有率。联合实施政府绿色采购，共同推动节能、低碳、节水、环保、再生等绿色产品优先供给。

二、实施“生态廊道共建”工程，在提升流域生态系统质量和稳定性中筑牢长江上游生态屏障

贯彻落实习近平总书记关于“构建生态廊道和生物多样性保护网络，提升生态系统质量和稳定性”的重要要求，统筹岷江干支流、左右岸城市共建岷江生态廊道，推动形成山水林田湖草沙冰一体化保护和系统治理，为筑牢长江上游生态屏障提供坚强支撑。

（一）打造“三江六岸”生态廊道

一是推动岷江沿线城市签署共建生态廊道的协议，共同编制生态廊道建设规划和年度实施方案，构建以岷江干流为骨架，青衣江、大渡河以及其他支流、湖泊、水库、渠系为支撑的“三江六岸”绿色生态廊道，打造结构合理、功能稳定的沿江、沿河生态系统。二是探索建设水中航道、岸上绿道、景观通道等多种类型的生态廊道，科学实施道路两岸绿化美化或植被改造提升，消除道路两侧可视范围内的林中“天窗”，打造四季不同的绿色生态景观走廊。三是借鉴新加坡樟宜机场建设模式，在天府国际机场、宜宾五粮液机场、泸州云龙机场、九寨沟黄龙机场、红原机场等机场周边打造集中成片、成带连网的森林景观，并推动通航城市建立大气污染联防联控合作机制，提升城市上空能见度，打造空中生态廊道。

（二）强化廊道生态共建共保

一是推进廊道梯级治理。岷江上游是水源涵养区，主要以生态恢复和保育为主，保障河流下泄流量，制定小水电逐步退出规划；岷江中游是四川省经济最发达的区域，主要是强化节水改造和水污染治理，保障水资源供给；岷江下游重点是加强水生生物及其栖息地保护、保障粮食供给。二是推进廊道增绿扩量，实施生态廊道沿线城镇村庄绿化、庭院美化、污水生态净化等工程，拓展绿化空间。三是推进廊道生态修复，开展山水林田湖草沙冰系统修复、耕地草原森林河流湖泊休养生息，加快河道生态整治、沿岸防护林建设等工程，着力修复生态环境。

（三）开展廊道污染联防联治

一是加强流域内跨界水污染联防联治，完善跨界水体监测机制，共同实施水污染防治行动计划，开展流域污染治理跨界合作。二是加强区域内大气污染联防联治，强化氮氧化物挥发性有机物协同减排，科学制定 PM2.5 与臭氧协同达标方案。三是加强土壤和固体废物污染联防联治，强化土壤污染管控，共同制定危险废物跨界合作协议，健全危险废物信息互通、处置需求对接、转移快审快复等机制，提升固体废物管理水平。四是开展跨区域生态环境司法保护，构建岷江生态环境保护“立体网”。

三、实施“生态资源共享”工程，在“生态资本”向“富民资本”转变中推动经济高质量发展

深刻践行“绿水青山就是金山银山”的重要思想，正确把握产业生态化和生态产业化的辩证统一关系，探索生态价值转化路径，推进绿色富民绿色惠民，助推经济高质量发展。

（一）共同开发生态旅游资源

一是探索建立岷江流域生态资源共享综合体，推动流域内城市共同开发自然生态资源和与之共生的文化旅游资源、生态农业资源，强化成都、乐山、阿坝等旅游资源富集地区在旅游资源开发方面的合作引领，培育一批生态旅游重点品牌。二是探索构建“大岷江”景区联盟，依托流域内黄龙风景名胜区、峨眉山乐山大佛风景名胜区、都江堰水利工程 3 个世界自然、文化遗产，西岭雪山、龙门山风景名胜区、天台山风景名胜区 3 个国家级风景名胜区，朝阳湖等 16 个省级风景名胜区，联合成立“大岷江”景区联盟，以旅游资源共享形式共同策划一批精品旅游线路，联手做强旅游市场，提升岷江文化旅游的影响力。

（二）共同培育绿色生态产业

一是培育绿色产业体系，共同研究出台绿色产业政策，不断提高生产与环境的相容程度。以高端成长型产业、战略性新兴产业为引领，积极发展以新能源、新材料、智能制造等为代表的战略性新兴产业。二是积极发展特色效益农业，因地制宜发展果蔬、茶叶、木竹、中药材、草食牲畜、淡水养殖等产业。推广“畜沼粮（菜果）”“稻鱼共生”等种养循环模式，统筹协调种养殖业发展规模和布局。三是提高服务业绿色低碳发展水平，优先发展电子商务、现代物流、现代金融、养老健康等新兴先导型服务业。推进传统服务业主体生态化、服务过程清洁化、消费模式绿色化。

（三）共同创建区域生态品牌

一是联合实施“区域生态品牌创建”行动，借鉴浙江丽水打造“丽水山耕”农业区域公用品牌的经验，对岷江流域的精品农业实行生态化规划、标准化生产、品牌化经营、电商化营销，充分释放生态产品的市场价值。二是共同推行无公害农产品、绿色食品、有机食品认证和国家地理标志产品保护，培育岷江流域特色农产品品牌。三是开展“点绿成金・两山转化”行动，在岷江流域建设一批“绿水青山就是金山银山”省级实践基地，将原生态养生、国际化休闲发展成为绿色经济，加快将“生态资本”转化为“富民资本”。

四、实施“生态补偿共探”工程，在试点“山水林田湖草沙冰”全要素补偿中构建流域生态命运共同体

当前，全国各地虽然对建立生态补偿机制进行了诸多探索，但还远远没有达到系统完备、

成熟定型的程度，很多方面甚至是空白。基于此，岷江流域应在全面总结各地有益探索基础上，着力构建更为科学、完备、系统的综合性生态补偿机制，为成渝地区双城经济圈建设常态化跨区域生态补偿机制提供案例借鉴。

（一）开展岷江“山水林田湖草沙冰”全要素生态补偿试点

一是打破围绕单一领域、单个生态功能区、单条流域设计生态补偿机制的困局，在实施国家“山水林田湖草沙冰生态保护修复工程”试点基础上，探索在岷江流域创建“山水林田湖草沙冰”全要素生态补偿示范区，统筹解决山体滑坡、水土流失、森林覆盖率低等生态环境问题。二是制定实施“山水林田湖草沙冰全要素生态补偿示范区总体方案”，建立健全全要素生态补偿的评估机制、实施机制、监测机制、监督机制，通过全要素覆盖确保生态供给整体水平不断提升，通过跨区域协调焕发区域绿色发展活力，通过多部门联动打通机制协同创新经脉。

（二）建设岷江全流域生态补偿示范区

一是坚持以多元化筹集、整合生态补偿资金为基础，在岷江 9 市（州）签订岷江流域横向生态保护补偿协议并共同出资基础上，进一步整合各部门资金渠道，多渠道定向提取、吸引社会资本进入等方式，建立岷江流域生态综合补偿基金。二是坚持以放宽生态补偿资金用途、提高使用绩效为核心，统筹水中与岸上、左右岸与上下游，联结水源涵养、生态修复和水环境治理，系统解决岷江生态环境问题，防范岷江流域生态环境风险。三是坚持以创新生态补偿方式为落脚，协同推进岷江上游“异地开发 + 对口支援 + 生态产业共同培育”等多种路径，完善“资金、技术、人才、产业、交流”相结合的五位一体补偿模式，支持岷江上游发展生态产业，不断提升可持续发展能力。

（三）谋划建立“引大济岷”跨流域生态补偿机制

引大（大渡河）济岷（岷江）工程是国务院批复的都江堰供水区补水工程，是四川省“五横六纵”引水补水生态水网的重要组成部分，对解决都江堰供水区缺水问题，支撑保障成渝地区发展战略具有重要作用。一是可以提前考虑“引大济岷”“引青济岷”跨流域生态补偿机制，协同谋划有关流域水资源、水环境和水生态三水统筹，合理分配受水区与工程下游区域水资源供给量。二是创新使用市场化、多元化生态补偿手段，因地制宜做好生态移民、飞地工业园等筹备工作，平衡跨流域调水环境经济利益关系，更好支撑大渡河流域、青衣江流域和都江堰供水区的经济社会发展。

五、实施“生态政策共争”工程，在争取特殊支持中抓出岷江流域生态优先绿色发展“加速度”

推动岷江流域生态优先、绿色发展，以常规性、一般化的思路办法力度按部就班推进，难以抓出“高质量”和“加速度”，必须攥指成拳，抢抓中央推动成渝地区双城经济圈建设的重大战略机遇，合力向中央和省上争取特殊政策支持，聚力推动岷江流域绿色发展驶入“跨车道”。

（一）争取国家支持

一是争取国家设立专项资金，支持建设以岷江干流为骨架，青衣江、大渡河以及其他支流、湖泊、水库、渠系为支撑的“三江六岸”绿色生态廊道，打造结构合理、功能稳定的沿江、沿河生态系统。二是争取加大中央财政转移支付力度，以岷江为试点，央地共同设立岷江流域跨流域生态补偿专项资金，以放宽生态补偿资金用途、提高使用绩效为核心，以创新生态补偿方式为落脚，建设岷江全流域生态补偿示范区，重点推动流域内生态补偿项目建设、市县生态补偿地方立法探索等。

（二）争取省上支持

一是支持在岷江上游等生态资源富集区开展生态产品价值实现机制试点，实施生态农业、生态康养旅游等生态产业提升计划，根据当地的资源条件和比较优势完善产业规划和布局，差异化发展生态特色产品，通过品种更新、“三品一标”品牌申报、发展农产品电商等途径，促进产业向生态化、高端化方向发展。二是整合岷江流域生态环境资源供给与生态产品消费需求及产业基础、人才技术、先进管理资源优势，推进生态产品产业化开发，开展生态产品认证，建立生态产品“评估—定价—交易（补偿）”的价值实现机制，通过市场化运作推进生态农产品、森林康养、生态旅游等生态产品产业化发展。三是争取由省发展改革委、文化旅游厅制定出台岷江生态文化旅游走廊建设规划，支持岷江流域优秀地方特色文旅资源保护传承和联合开发，共同打造精品旅游线路、文化旅游品牌、旅游公共服务体系，建设具有国际范、中国味、巴蜀韵的世界重要旅游目的地。

（三）筹建一个岷江所

成立岷江流域生态环境保护政策研究与规划所（以下简称“岷江所”），聚焦岷江流域生态环境保护政策研究、规划编制、成效评估、费效分析等服务决策的研究，开展形势分析、巡河监管、目标管控、调度考核、项目组织等管理支撑工作。以三水统筹为导向巩固提升流域水岷江水生态环境质量，以山水林田湖草沙冰系统治理为引领打好升级版污染防治攻坚战，助推流域高质量发展，助力“美丽岷江”绿色发展先行示范区建设。针对岷江流域的环境规划与政策研究的重大需求，创新环境规划与政策制定基础理论方法，发展环境规划与政策制定若干关键技术，构建流域“数据—模型—系统—成果”一体化的环境规划与政策模拟系统。按照“一年成势、两年成型”的要求建设岷江所，提升四川省环境规划与政策制定的科学水平和创新能力，打造四川省“三水统筹”系统治理示范中心，使之成为岷江流域水生态环境保护的重要技术支撑部门。

安宁河谷生态环境高水平保护与经济社会高质量发展的协同新路径研究

张鹏举　任春坪
四川省环境政策研究与规划院
胡建荣　操飞
攀枝花市生态环境局
任荣
攀枝花市盐边生态环境局

【摘　要】安宁河谷地区是四川省第二大平原区域，加快安宁河谷综合开发，对打造攀西经济区绿色发展转型升级重要增长极、促进脱贫攻坚成果与乡村振兴有效衔接、带动大小凉山彝区持续稳定发展具有重大意义。本文在相关调查研究的基础上，分析了安宁河谷生态环保-经济社会发展的现状与问题，就安宁河谷综合开发中如何协调好“保护”与“发展”的相互关系，避免走“先污染后治理”老路，避免出现“高碳锁定”“城乡割裂”等问题提出下好生态环境先手棋、加强安宁河谷综合开发的建议。
【关键词】安宁河谷；生态环境高水平保护；经济社会高质量发展

安宁河谷地区位于攀西经济区腹地，包括攀枝花市、凉山州下辖的1市（西昌）8县（会理、会东、德昌、冕宁、喜德、宁南、米易、盐边），面积2.64万km^2，其中平原地区960 km^2，是攀西经济区的主要交通廊道和人口聚集区，也是攀西经济区经济社会发展的重要支撑轴和增长极。2021年，区域人口总数302.5万，地区生产总值1 616.2亿元，以38.9%的面积支撑了攀西经济区约53.2%的经济总量，在成渝地区双城经济圈建设和省委“一干多支”等发展战略指导下，安宁河谷区位优势及发展意义重大。近年来，该地区经济社会发展虽然取得长足进步，但发展不平衡不充分状况仍然突出，生态环境对经济发展的制约性日渐凸显，亟待协调处理好保护与发展的关系，在综合开发中下好生态环境保护先手棋，探索流域生态环境高水平保护与经济社会高质量发展的协同新路径。

一、存在问题

（一）发展潜力释放不足

一是特色农业发展不足。安宁河谷享有省内第二大平原，拥有耕地面积3 400 km^2，人均耕地面积较四川省平均水平高 54.3%，但水果、烤烟、中药、早春蔬菜等特色农业规模小，新兴业态和区域性品牌培育不足，农产品初加工率仅 45.7%左右，二次以上深加工率仅 20.7%左右，2020 年单位耕地增加值为 5 545.7 元/亩（1 亩 = 666.67 m^2），低于四川省平均水平。

二是资源利用效能偏低。区域内坐拥盐边红格、米易白马、西昌太和三大钒钛磁铁矿区，以及冕宁牦牛坪、德昌大陆槽两大稀土矿区，钒钛资源储量约 75 亿 t、居全国第一，稀土资源储量约 278 亿 t、居全国第二，但高资源储量下矿产资源利用效能显著偏低，产业结构层次偏低，缺乏核心竞争力，战略资源开发仍面临技术瓶颈制约。

三是康养旅游规模偏小。区域属大香格里拉重要环线与黄金川滇的重要节点，兼具丰富独特的人文生态、民族文化、红色文化、三线文化旅游优势，但 2019 年接待旅游 5 031 万人次，仅占四川省的 6.7%，旅游总收入仅占四川省的 4.5%，基础配套设施不足，服务质量水平偏低，竞争优势不突出。

四是清洁能源开发水平不高。在高海拔落差下，水电资源技术可开发量约占四川省的 78.3%，但实际开发量仅占四川省的 49.3%；风电装机 127.7 万 kW、光伏装机 83.2 万 kW，开发容量占比不足 5%，低于全国平均水平（12.7%，11.5%）。

（二）生态环境承载面临巨大压力

一是全域性自然生态系统脆弱。区域地处攀西大裂谷中南段干热河谷地区，“焚风效应”明显，年均降雨 1 067 mm，年均蒸发 1 260 mm，土壤干燥，水分匮缺，水土涵养不足，水力侵蚀严重，森林草原防火形势严峻，山地灾害频发，滑坡、崩塌、泥石流等地质灾害隐患达 1 397 处，水土流失面积约占区域面积的 30%（548.7 km^2），是四川乃至全国地质灾害高发区，是长江上游水土流失重点治理区。

二是流域性生物多样性问题局部凸显。河流自然岸线受到沿河城镇开发建设等人类活动不同程度影响，水域小栖境系统多遭破坏，鱼类种群数量减少，洄游性鱼类和喜流水生活的鱼类资源下降，50 年间区域鱼种数目减少约 38.6%，种群数量下降约 86.1%，胭脂鱼、宁蒗裂腹鱼、邛海白鱼等本土鱼种近乎绝迹。

三是地区性环境承载力明显不足。大气环境承载能力已接近上限，西昌市 PM2.5 浓度出现反弹。水环境形势不容乐观，惯性趋势发展下，预计 2025 年安宁河阿七大桥段氨氮、总磷将分别超环境容量 12.8%、20.3%，存在环境承载力不足风险。

四是区域性环境风险隐患逐步加大。区域一般工业固废年产生量 5 788.3 万 t，综合利用率偏低，堆存量还在持续增加。危险废物年产生量 60.48 t，102 座尾矿库和 43 处矿山排土场存在不同程度的突发性环境安全隐患。

（三）区域一体化绿色低碳循环发展经济体系尚未建立

一是双碳背景下能源结构性问题凸显。“十三五”期间，区域煤炭、石油消费量分别增加 242 万 t、58 万 t 标准煤，年均分别增长约 8%、5.9%。凉山、攀枝花的单位地区生产总值（GDP）二氧化碳排放量长期处于高位，近年来还有上升趋势，“高碳锁定”有加强和放大风险，暴露出区域产业结构、能源结构偏重和资源开发影响突出等问题。

二是交通基础设施短板明显制约发展。成昆铁路、雅攀高速公路等对外通道运力有限，且易受地质灾害、极端天气等因素影响，通行能力脆弱。内部交通环线不畅，东西向区域联系薄弱，现代交通骨架体系尚未建立，农村公路等级低、抗灾害能力弱，客流、物流难以实现快速网状流通，与南向开放门户、综合交通枢纽的目标差距甚大。

三是政策资金短缺限制资源持续转化。政策支持力度不大，自身造血能力不强，外部输血动力不足，企业主体作用、各类市场交易机制作用发挥不足，部分项目资金投入量少面窄、绩效不高，市场信心受到影响，社会资本变得相当谨慎，经济下行压力加大。

四是行政区域壁垒阻碍一体化发展。安宁河谷地区分属凉山、攀枝花两个行政主体，地区一体化协作关系尚未形成，部分规划各自为政，发展定位协同不够，特色产业、产品、品牌协调不足，流域、区域一体化发展的意识尚未全面形成。

二、下好生态环境先手棋建议

安宁河谷地区综合开发，要在习近平生态文明思想指引下，以引领攀西经济区实现“十四五”绿色发展转型升级为目标，以高水平生态环境保护助推经济社会高质量发展，先手下好“高质量开发”定位棋、“三生空间”形态棋、“修复治理”关键棋、“区域统筹”一体棋。到 2025 年，基本建成现代农业示范基地、国家战略资源创新开发试验区、全国重要清洁能源基地、国际阳光康养目的地。

（一）先手落好“高质量开发”定位棋，占领绿色低碳循环经济制高点

一是研究确立综合开发定位。探索碳达峰、碳中和路径，编制二氧化碳排放达峰方案。科学利用安宁河谷地区的风光热资源、水土矿产资源、文旅资源，促进生态优势、资源优势、区位优势加速向高质量发展优势转化。将安宁河谷地区建设成长江上游重要生态安全屏障、川西南滇西北绿色低碳循环发展典范区、西部生态文明建设高地。高位推进举办钒钛稀土（国际）论坛、攀西康养论坛、魅力中国城文化旅游（西昌）博览会。

二是促进生态产业化、产业生态化。补齐农业基础设施短板，加快推进农业规模化经营和特色化标准化生产，推广高效节水灌溉技术，打造国家级现代特色农业示范区，打造四川第二大粮仓，建设全国知名的农业现代化示范区。加快攀西战略资源创新开发试验区建设，优先开展“风光水储一体化清洁能源示范工程”建设，打造战略资源创新开放高地、全国重要清洁能源基地。着力提升文旅资源开发利用水平和运营能力，聚焦阳光温泉康养、农业乡村体验、生态美食品尝、民族风情文化体验等多业态产业集群，打造国际阳光康养休闲度假旅游目的地。

三是统筹城乡协同发展。深入实施乡村振兴战略，统筹城乡产业发展、生态涵养、城镇建设、村落分布，增强城镇对乡村的带动能力，推进公共资源均衡配置、公共服务城乡均等。加快市政服务向农村延伸，建设宜居小镇、特色小镇、美丽乡村，有序推动城乡协同发展机制体制改革，建设城乡协同发展示范区。

（二）先手布好“三生空间”形态棋，构建生态优先大格局

一是优化生态空间。推进森林公园、湿地公园、地质公园等各类自然公园整合，以河谷带动流域，形成以安宁河谷生态廊道为主要骨架，以白坡山省级自然保护区、颛顼龙洞旅游

景区、新山傈僳族民族文化生态旅游景区等为重要组成的“一廊多片”生态安全格局。

二是调整优化产业布局。推进重点领域科技攻关，破解制约产业发展技术瓶颈，依托西昌钒钛产业园、攀枝花钒钛新城和攀西科技城等载体，建设全国重要的稀土研发制造基地。优化现代综合立体农业发展布局，以安宁河谷粮经、二半山水果、中高山区干果为主打造优质农业空间。整合矿业资源，提升综合利用水平，打造千亿级绿色矿业、钒钛资源循环利用产业集群。依托大香格里拉特色文旅经济带辐射，推动攀西地区“两核、三廊、八区”阳光工程建设，加快一批养老康养重点项目建设，推动文旅、康养、会展、电商物流融合发展，做亮阳光康养旅游品牌，打造国际阳光康养休闲度假旅游目的地。

三是建设川西南滇西北高品质生活宜居地。加快建设安宁河流域“一星八珠多片”城镇带，建设“美丽四川·宜居乡村”，推进少数民族特色村寨建设。协同攀枝花，提升西昌的综合承载能力，强化各类资源要素集聚，加快建设成为川西南滇西北区域双中心城市。串联冕宁、喜德、德昌、会理、会东、宁南、米易、盐边“八珠”，加快新城新区建设，有序推进城中村、棚户区和老旧危房改造，推进“四好农村路”建设，辐射吸引周边城镇聚集。积极探索“多片”乡镇组团式、特色化发展模式，培育打造一批工业重镇、农业大镇、商贸强镇和旅游名镇。

（三）先手下好“修复治理”关键棋，打足生态环境承载提前量

一是统筹推进山水林田湖草沙冰系统保护修复。深入开展国土绿化行动，加强天然林保护和营造林管护，巩固退耕还林成果，推进安宁河干旱河谷生态综合治理。准确把握山水林田湖草沙冰各类生态要素间的耦合关系，强化沿江近岸及河谷廊道的矿区生态保护修复、小水电清退整改及修复、水土流失治理、地质灾害防治等专项工作，实施长江重点生态区生态保护和修复重大工程。实施重点区域生物多样性保护示范工程，建设水电站库区岸线防护林体系和绿色生态走廊，打造生态文明建设示范样本。统筹推进一批“林盘保护、地灾防护、矿山修复、水环境治理、土壤污染修复、两山生态提升”为代表的生态环境保护修复工程，开展绿色矿山开发示范。

二是打造沿安宁河谷绿色廊道。加快安宁河谷流域带状防护林、林水田相依风光廊道建设。加强天然林防护和营造林管护，开展封山育林育草，加强森林抚育和退化林修复，巩固退耕还林成果，建设江河岸线防护林体系。强化土壤环境风险管控，开展耕地土壤和农产品协同监测评价，完善农用地分类管理，全面加强矿区环境综合治理，加大尾矿库和重金属污染治理力度，优先推进高风险地块土壤风险管控。打造滨水型、田园型、山地型等多元化绿道，完善全域步道系统、自行车路网和森林古道等慢行交通系统，打造连接城镇、乡村、旅游区等主要节点的美丽廊道。

三是加快攀西美丽河湖保护与建设。强化河（湖）长制，划定河湖管理范围，加强涉水空间管控，建立水环境管理控制单元体系。严格控制江河污染物排放总量，推动城镇生活污水处理设施提质增效和管网排查整治，实施县级城市黑臭水体动态清零。推进大宗固废和农业废弃物资源化利用，加快农业面源污染防治，采取污染源控制、河湖水系联通、生态流量保障等措施统筹推进“大桥水库—安宁河—邛海”美丽河湖建设，打造水网相通、山水相融、城水相依、人水相亲的美丽安宁河。

（四）先手谋好“区域统筹”一体棋，开创创新驱动发展新局面

一是强化统筹协调。成立安宁河谷综合开发办，健全安宁河谷综合开发协调机制，实行“清单制 + 责任制”管理模式，打破行政樊篱。坚持区域一体化发展思路，统筹研究区域协同发展重大战略、重大政策、重大规划和重大产业布局，协调解决区域绿色转型发展中的重大问题，在推动高质量发展的同时，加强生态保护修复。

二是强化规划引领。坚持新发展理念，从全流域生态化入手做好安宁河谷地区高水平保护与高质量发展规划，综合考虑生态环境承载能力、建设用地后备资源等约束条件，制定平原、低谷、半山、高山协调发展蓝图。创新规划考核评价机制，实行考核结果与被考核责任主体绩效相挂钩，营造全社会共同参与规划实施的良好氛围。

三是强化政策保障。整合省直有关部门力量，根据国土空间规划、综合开发定位和生态环境保护要求，系统制订支持政策，切实加强过程指导、协调和服务，积极争取国家支持，加大资金、土地、人才等要素保障力度。落实攀枝花、凉山主体责任，围绕综合开发主要任务，细化工作举措，完善工作机制，确保安宁河谷综合开发的顺利推进。

打造天蓝水碧健康舒适的宜人环境

关于完善新时期面向美丽河湖保护与建设要求的水生态环境治理体系建议

王维　常明庆　罗彬　秦蔚
四川省环境政策研究与规划院

康宇　孙涛
四川省生态环境厅

【摘　要】四川被称为“千河之省”，也是长江黄河上游重要水源涵养区和生态安全屏障。“十三五”期间，四川省委、省政府以改善水环境质量为核心，强化空间管控，优化产业结构，加强源头治理，弥补短板不足，解决突出问题，抓牢风险防范，全面推进水污染防治工作，水环境质量得到显著改善，地表水国省控断面水质优良率比例达 94.5%。但“十四五”时期“有河有水、有鱼有草、人水和谐”的治水目标与“鱼翔浅底、清水绿岸”的美好愿景对水生态环境治理工作提出了更高的要求。本文分析了“一三一四”河湖治理对象的新变化，提出了新时期美丽河湖保护与建设的目标和原则，围绕美丽河湖“一生一世”美丽、健康、幸福提出了四大措施与建议。

【关键词】美丽河湖；五水共治；水生态环境治理体系

一、新时期水生态环境治理对象

四川被称为“千河之省”，流域面积 50 km^2 及以上的河流有 2 816 条，设置省级河长管理的河流共 13 条，分别是黄河、长江（金沙江）、雅砻江、安宁河、岷江、大渡河、青衣江、沱江、嘉陵江、渠江、涪江、琼江、赤水河。四川共有各类湖库 9 200 多个，纳入国家、省级地表水考核的重点湖库有 14 个，分别是邛海、泸沽湖、沉抗水库、二滩水库、黑龙滩水库、紫坪铺水库、双溪水库、升钟水库、白龙湖、葫芦口水库、鲁班水库、瀑布沟、三岔湖、老鹰水库。

全省现有湿地总面积 17 478 km^2，占全省国土面积的 3.60%。已建立湿地自然保护区 52 个、湿地公园 54 个（其中国家级湿地公园 29 个）、国际重要湿地 2 处、国家重要湿地 2 处，有湿地脊椎动物 5 纲 29 目 78 科 570 种，湿地高等植物 113 科 376 属 1 008 种。全省有各级珍稀鱼类自然保护区 6 个、水产种质资源保护区 39 个，保护区面积达 1 100.5 km^2，占全省国土面积的 0.23%，涉及 245 个具有较高经济价值和遗传育种价值的水生生物保护物种。

（一）基于考核要求的水生态环境治理对象已由“十二五”的“超Ⅲ类水为主体”和“十三五”的“以Ⅲ类水为主体”调整转变为“以Ⅱ类水为主体”

“十三五”四川省共设置了 87 个国考断面和 23 个省考断面，2015 年年均水质类别达Ⅲ类及以上的占比 61.3%、达Ⅱ类及以上的占比 43.2%。随着《水污染防治法》的贯彻落实、“水十条”的强力推进、河湖长制的全面建立见效、岷沱江流域水污染物排放标准的颁布实施，以及流域综合整治、重点小流域挂牌督办、黑臭水体治理、劣 V 类断面消除、“三磷”污染防治攻坚、排污口排查整治、农村生活污水治理等专项行动的开展，“十三五”期间水环境质量得到显著改善。2020 年，全省地表水国省控断面水质达Ⅲ类及以上的占比 94.5%，较 2015 年提高 33.2 个百分点，其中达Ⅱ类及以上的占比 59.1%，较 2015 年提高 15.9%，13 个出川断面水质全部优良。

“十四五”四川省共设置 203 个国考断面。2020 年监测数据显示，136 个断面年均水质类别达Ⅱ类水及以上，占比 67.0%；十三河干流共设置 72 个断面，56 个断面年均水质达Ⅱ类水及以上，占比 77.8%；其余支流设置考核断面 131 个，80 个断面达Ⅱ类水及以上，占比 60.1%。

“十四五”四川省共设置 140 个省考断面。2020 年监测数据显示，83 个断面年均水质达Ⅱ类水及以上，占比 59.3%；十三河干流共设置 29 个断面，23 个断面年均水质达Ⅱ类水及以上，占比 79.3%；其余支流设置考核断面 117 个，60 个断面达Ⅱ类水及以上，占比 51.3%。

综上，“十四五”四川省共设置了国考、省考断面 343 个。2020 年，219 个断面年均水质类别达Ⅱ类水及以上，占比 63.8%（见图 1）；十三河干流设置考核断面 101 个，79 个断面年均水质类别达Ⅱ类水及以上，占比 78.2%；其余支流设置考核断面 248 个，140 个断面年均水质类别达Ⅱ类水及以上，占比 56.5%。

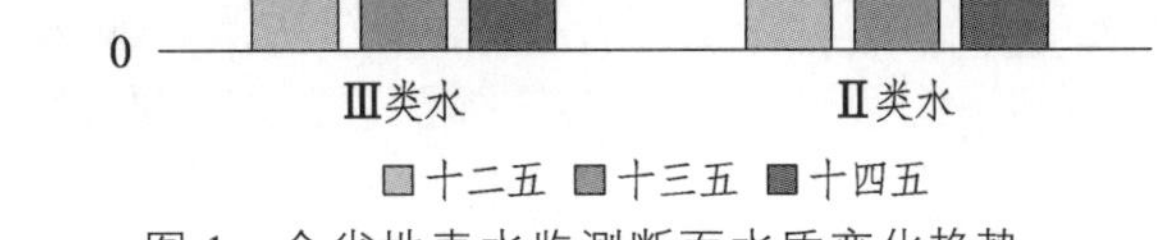

图 1　全省地表水监测断面水质变化趋势

从上述各种统计口径来看，“十三五”末四川省水质达Ⅲ类及以上考核断面占比已稳定在 90%以上，达Ⅱ类水及以上的考核断面占比超过一半，基于考核要求的水生态环境治理对象已经由“十二五”的“超Ⅲ类水为主体”和“十三五”的“以Ⅲ类水为主体”调整转变为“以Ⅱ类水为主体”。

（二）基于解决群众身边突出环境问题要求的水生态环境治理对象依然是重点小流域、农村溪沟和城市景观水体

2020 年省级环保督察对 11 个市（州）36 个县（市、区）的 4 900 份公众生态环境满意度问卷统计结果显示，在大气、水、声环境质量和垃圾收运处理四项满意度调查中，水环境质量满意度仅高于声环境质量，31.0%的市（州）问卷表对水环境质量不满意，31.4%的县（市、区）问卷表对水环境质量不满意。调查共收集公众反馈环境问题 509 条，其中涉水最多，共计 125 条，占比 24.6%，主要表现为水质差、黑臭水、污水直排等（见图 2）。

图 2　公众反馈线索关键词云（字号越大即为公众提及频次越高的问题）

2018—2020 年生态环境信访统计数据显示，有关水污染的来信（含传真）、来访、电话（含 12369 热线）等主要信访方式数量逐年减少，群众身边突出水环境问题得到了部分解决，但 2020 年仍然多达 2 831 件（见表 1）。

表 1　水污染信访变化情况

时间	来信（含传真）		来访		电话（含 12369 热线）	
	数量/件	累计比上年增长/%	数量/件	累计比上年增长/%	数量/件	累计比上年增长/%
2018 年	462	—	387	—	3 265	—
2019 年	364	－21.21	293	－24.28	3 981	21.93
2020 年	258	－29.12	146	－50.17	2 427	－39.04

“十三五”时期，四川省对沱江流域石亭江、鸭子河、青白江、毗河、九曲河、阳化河、绛溪河、球溪河、釜溪河、濑溪河，岷江流域府河、新津南河、江安河、毛河、醴泉河、思濛河、越溪河、金牛河、茫溪河，涪江流域琼江、郪江、凯江，渠江流域州河等 23 条小流域实施挂牌督办，至 2020 年底仍有 7 条未达标。目前，四川省从“十四五”国省考断面水质达标角度出发，对长江流域大陆溪，沱江流域富顺河、环溪河、阳化河、索溪河、小阳化河、大濛溪河、小濛溪河、旭水河、釜溪河、隆昌河，岷江流域体泉河、茫溪河，嘉陵江流域长滩寺河，涪江流域芝溪河、坛罐窑河，渠江流域平滩河、东柳河，琼江流域姚市河等 19 条小流域制定了限期达标方案。小流域水环境质量形势不容乐观，其污染治理依然是“十四五”期间四川省深入推进水污染防治攻坚的主战场。

黑臭水体被称为“群众身边的污染”，是公众反映强烈的环境问题之一。自 2016 年起，全省 14 个地级及以上城市建成区的 105 个黑臭水体纳入“全国城市黑臭水体整治监管平台”，涉及 97 条河流长度 373.87 km、8 个城市景观水体面积 21.25 km^2。2020 年 10 月，四川省在前期农村黑臭水体排查基础上发布了《四川省农村黑臭水体清单》，涉及四川省 17 个市（州）“房前屋后河塘沟渠”275 个农村黑臭水体共计水域面积 1.71 km^2，扎实开展农村人居环境整治。通过采取控源截污、内源治理、生态修复等措施，黑臭水体治理已“初见成效”，但部分黑臭水体依然出现反弹现象或虽然消除了黑臭但水质类别仍为Ⅴ类、劣Ⅴ类。此外，根据 2020 年对四川省主要城市公园水体的初步调查，80%以上水质类别为Ⅳ类～劣Ⅴ类，成了群众身边突出的水环境问题。

二、新时期基于“五水共治”需求的水生态环境问题

尽管四川省“十三五”考核断面的水环境质量明显改善、水污染信访数量有所下降，但与美丽河湖保护与建设的目标相比，水生态环境治理的结构性、根源性、趋势性压力总体上尚未根本缓解，高耗水发展方式未有效转变，水环境质量改善成效不稳固，水生态破坏现象较为普遍，水环境风险防范压力依然较大，水生态价值转化研究尚属空白。

（一）高耗水发展方式未有效转变

四川省水资源总量丰富，但时空分布不均，存在较为明显的季节性和区域性缺水现象。全省社会经济发展核心区成都平原水资源供需矛盾突出，部分小流域枯水期生态流量难以得到有效保障。岷江、沱江流域水资源开发利用率远超国际公认 40%的生态警戒线。工业及农业用水效率均不高，2020 年，全省万元国内生产总值用水量和万元工业增加值用水量分别为 48.7 m^3 和 17.5 m^3，用水效率与北京、天津、浙江、山东等省市还有一定差距。农田灌溉水有效利用系数为 0.484，位于全国倒数第二位，仅高于西藏 0.33%。

（二）水环境质量改善成效不稳固

城市黑臭水体尚未实现长治久清，部分已完成治理的城市黑臭水体出现反弹。全省城镇生活污水集中收集率仅为 50%左右，城乡环境基础设施欠账多，特别是部分老城区、城中村、城郊结合部、老旧小区、背街小巷等区域成了管网“空白区”，污水收集能力不足。市政管网错接、漏接、混接、堵塞、破损等现象普遍存在，76%的城镇污水处理厂进水 BOD5 浓度低于 100 mg/L，污水处理厂“吃不饱、吃不好、转不畅”的问题长期未得到有效解决。大量城市景观水体和农村沟渠水生态系统脆弱，水体黑臭、富营养化现象较为突出，影响了人民群众对良好水生态环境的获得感、幸福感、安全感。

（三）水生态破坏现象较为普遍

各重点流域上游水源涵养区均存在不同程度的受损，大量小流域的梯级水电开发及引水式电站造成水生态系统失衡、生物多样性降低，已经成为长江上游生态安全屏障建设的突出

短板。长江上游受威胁鱼类种类占全国总数的 40%，中华鲟、达氏鲟、胭脂鱼、“四大家鱼”等鱼卵和鱼苗大幅减少，白鳍豚已功能性灭绝。湿地滩涂调蓄洪水、调节气候、降解污染物、维持生物多样性的功能和效益不断下降。河湖沿岸城镇开发建设造成河流自然岸线、滩涂资源受到不同程度的破坏，河流自然净化能力不断下降。

（四）水环境风险防范压力依然较大

根据 2018—2020 年四川省突发环境事件统计（见图 3），交通运输、安全生产仍然是突发水环境事件的主要来源，占比超过 80%。大量工业园区及化工企业沿河布局、“十小”企业取缔不彻底、“三磷”整治不全面、矿山和尾矿库风险隐患长期存在等，突发环境事件仍处于高发期。环境激素、抗生素、持久性有机污染物、微塑料等新污染物的基础研究及管控能力薄弱。

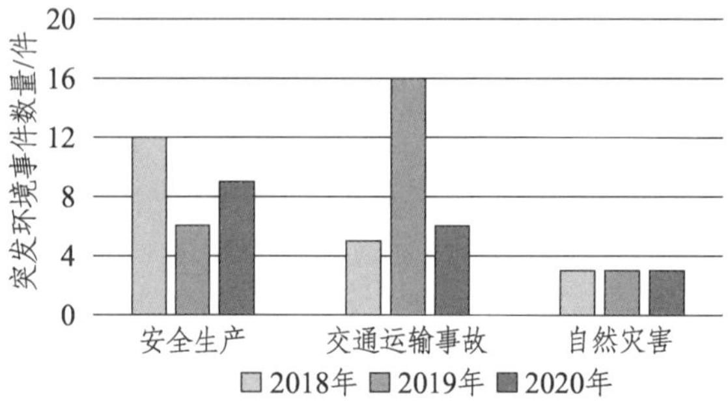

图 3　突发环境事件统计

（五）水生态价值转化研究尚属空白

2018 年、2020 年习近平总书记两次在长江经济带发展座谈会上分别提出了“探索生态产品价值实现路径”“加快建立生态产品价值实现机制”的重要论述。2021 年 4 月中办国办印发的《关于建立健全生态产品价值实现机制的意见》提出了我国生态产品价值实现机制建设的具体内容，《四川成都西部片区国家城乡融合发展试验区实施方案》也确定了到 2025 年建设长江经济带生态价值转化先行区的目标。但目前水生态产品价值评估体系未建立、水生态产品价值实现路径研究不足、水生态产品价值开发利用不充分等问题还存在，尤其是如何破局水生态环境领域的生态价值转化困境、激活水生态价值转化的新动能仍是空白。

三、新时期水生态环境治理目标与治理原则

（一）新时期面向美丽河湖保护与建设要求的治理目标

问题决定方向，需求决定目标。在“十三五”“增Ⅲ类灭劣Ⅴ”的治理思路基础上，按照重点流域水生态环境保护“十四五”规划思路要求，“十四五”时期的水环境质量目标设定遵循“反退化原则”，各流域、区域水环境质量目标“只能变好、不能变差”，这对四川省水生态环境治理工作提出了更高的要求。

1. 地表水水环境质量根本改善

到 2025 年，水生态环境质量进一步显著改善，国、省考断面达到Ⅲ类水比例均不低于95%，国、省考断面达到Ⅱ类水比例分别不低于 70%、65%，十三河干流 80%的考核断面达到Ⅱ类水，争做全国美丽河湖保护与建设的“排头兵”。11 个共界断面、32 个出川断面Ⅱ类水比例均达到 80%以上，共同维护良好水生态环境“朋友圈”。

到 2035 年，水生态环境质量根本改善，“一三一四”河湖 80%～90%（十之八九）的考核断面稳定在Ⅱ类水，其余支流 75%以上的考核断面达到Ⅱ类水，建成一批“美美与共、各美其美”的美丽河湖。共界断面、出川断面Ⅱ类水比例均达到 90%～95%。

2. 水资源利用效率显著提高

到 2025 年，万元国内生产总值用水量争取降至 30 m^3 以下，万元工业增加值用水量降至 13 m^3 以下，农田灌溉水有效利用系数达到 0.505 以上。

到 2035 年，万元国内生产总值用水量稳定在 25 m^3 以下，万元工业增加值用水量稳定在 10 m^3 以下，农田灌溉水有效利用系数达到 0.55 以上。

3. 水生态景观明显改善

到 2025 年，各市（州）城市公园水体水质均提升到Ⅳ类水以上，建设一批具有地方特色的沿河、环湖亲水绿道、绿廊、游园，初步构建“推门近水、散步亲水、休憩戏水”的滨水生活方式。

到 2035 年，实现中心城区市民出行“300 米见绿、500 米亲水”，水系发达地区在保护水生态同时因地制宜建成一批“母亲河”“富强湖”“吉祥湖”等具有独特生态风姿和地方文化风韵的湖水美景，厚植“水乡风貌、文脉相承”的城市水文化。

4. 水环境满意度进一步提升

到 2025 年，全省水污染信访数量“日不过六”，突发水环境事件数量及损失逐步降低，群众对身边水环境满意度明显提升，每个市（州）建设有两个以上天然浴场或亲水泳道。

到 2035 年，全省水污染信访数量“月不过百”，群众对身边水环境满意度达到 95%以上，每个市（州）建设有 8 个以上天然浴场或亲水泳道。

（二）新时期面向美丽河湖保护与建设要求的治理原则

1. 系统治理

构建三水统筹系统治理模式，实现河湖水资源充沛、水环境质量良好、水生态系统健康。加强生态环境治理、监测、修复等关键核心技术的自主研发能力，开展区域、流域全过程污染控制和生态保护修复的技术集成与应用示范研究，提升系统治理和保护水平。

2. 精准治理

按照“一河（湖）一策、分类施治”原则，坚持问题导向，咬定目标、突出重点、精准发力，集中有限的人力、物力和财力，力求实现重点突破。强化河湖长制从有名到有实转变，开展“用双脚丈量河流”行动，推动各级涉水职能部门在水生态环境管理中形成合力。

3. 依法治理

围绕三水统筹要求，在流域立法、污染物排放标准、水资源管理、环境经济等方面完善现有水生态环境政策法规标准体系，落实企业主体责任、属地管理责任、行业监管责任和生态环境部门的综合监管责任，严格执行目标考核和绩效评估，加大涉水违法行为的查处力度。

4. 智慧治理

依托大数据、3S、5G 融合等，构建“诊断—预测—溯源—措施制定—效果评估—信息公开”的闭环技术支撑体系，以及具备水质监控预警、信息共享、业务管理、科学决策、公众服务等功能为一体的水生态环境大数据平台。

四、完善新时期水生态环境治理体系的思考和建议

（一）推广三水统筹的系统治理模式

一方面要以消除突出水生态环境问题为目标，加大沱江、岷江、涪江、琼江等不达标小流域治理。另一方面要以优良水体保护为抓手，持续提升黄河、大渡河、雅砻江、赤水河等重点流域水源涵养能力，优化水资源调度。全省河湖“有河有水、有鱼有草、水清岸绿”的健康水生态系统得到恢复。

1. 消除突出水环境问题，深入打好坏水治理歼灭战

（1）打好核心流域污染防治攻坚。以控源截污、内源治理为基础，补齐城镇污水收集管网短板，有效推进成都、眉山、乐山、宜宾、自贡、内江、达州、资阳等重点城市污水处理设施建设、扩能、提标改造等工程，加快城中村、老旧城区、城乡结合部和易地扶贫搬迁安置区的生活污水收集管网建设，开展管网系统排查，提高污水收集效能，针对进水生化需氧量浓度低于 100 mg/L 的城市污水处理厂，围绕服务片区管网开展“一厂一策”系统化整治。沱江、岷江、涪江、渠江等流域的 19 条不达标河流进行限期达标治理，确保 2024 年前稳定达到Ⅲ类水质。以 81 条川渝跨界小流域污染治理设施短板补齐为重点，实现污水处理设施全覆盖，系统开展面源整治。

（2）着力保障流域生态用水。加快推进再生水利用设施建设，提升并保证出水水质，就近处理，就地循环，因地制宜确定再生水用途、规模和布局。落实河湖生态流量（水量）考核，将河湖生态流量保障评估结果纳入最严格水资源管理制度考核。推进以岷江紫坪铺水库、沱江老鹰水库、涪江鲁班水库为各自流域核心的水库群联合生态流量调度，加强岷江、沱江等流域小水电清理整顿，开展干支流水电站下泄生态流量专项检查行动。实施岷茫连通、成都东部新城水系连通、“引沱济九”等水系连通工程，推动“引大济岷”“长征渠”等重大跨流域输配水工程建设。

（3）推动流域水生态修复。统筹山水林田湖草沙冰一体化保护和系统治理，厘清水生态保护修复的驱动因子与重要影响要素，推动流域综合治理。重点开展长江、嘉陵江、岷江、涪江、沱江、渠江等生态廊道建设，协同推进大陆溪、长滩寺河、体泉河、芝溪河、釜溪河、平滩河、东柳河等重点不达标小流域的综合治理及生态涵养林、河湖缓冲带和人工湿地生态恢复建设，水环境治理与水生态修复齐头推进。

2. 加强优良水体保护力度，推进“好水巩固提升”

（1）强化优良水体水质巩固提升。严格水域岸线、生态缓冲带等水生态空间管控，依法划定河湖管理范围，清理整治破坏水生态的人为活动。实施水环境治理、生态缓冲带建设、湿地恢复与建设、生物多样性保护等措施，提升水生态品质。有效治理金沙江、雅砻江、大渡河、青衣江流域源头高寒高海拔地区生活污水，强化中下游城镇及工业污染控制。优化长江干流及重要支流沿江产业布局。

（2）实现江河湖库水资源调蓄能力提升。加快推进“五横六纵”（“五横”——都江堰、玉溪河、向家坝、长征渠、引大济岷5个“西水东引”工程，“六纵”——武都、升钟、亭子口、罐子坝、大桥、通口河6个“南水北补”工程）引水补水生态水网建设，早日达到设计年供水187亿 m^3、灌溉面积3.07万 km^2、供水人口6 280万人的能力。坚持问题导向，因地制宜，系统规划新一轮河湖贯通工程，构建“布局合理、蓄泄统筹、丰枯调剂、多源互补、互连互通、调控自如”的现代水网，发挥水资源最大效能。

（3）加快重要河流生态屏障建设。以金沙江、雅砻江、大渡河、青衣江上游地区为重点，系统开展生态修复，持续恢复干旱河谷植被，开展水土流失治理；以若尔盖湿地、白河、黑河流域为重点，系统开展湿地沙化防治、水土保持。实施川西高原重点区域湿地修复工程，重点保护长沙贡玛国际重要湿地，修复海子山、雅砻江上游、泸沽湖等区域退化湿地200 km^2。加强湿地管理，将城镇规划区内天然湿地纳入城镇绿线控制范围，将生态功能突出的典型湿地纳入全省重要湿地名录。推进岸线资源EOD模式开发保护，保护恢复珍稀鱼类种群资源。

（二）构建三水统筹的智慧治理方式

1. 加强科技创新对“三水统筹”的支撑作用

（1）科技治理，助力深入打好水污染防治攻坚战。

加强纳入《国家先进污染防治技术目录》的1 173项先进技术、《国家鼓励发展的重大环保技术装备目录》的523项重大环保技术对水污染防治攻坚战的科技支撑作用，真正体现科技引导、产业发展和供需对接的完美结合，使得“科技研发—示范应用—产业化—推广应用”的良性循环贯穿整个产业链，有效支撑流域水环境质量改善，提升科技治污成色。认真落实制浆造纸、纺织、有色冶炼等29项污染防治可行技术指南、工程技术规范，以及城市污水处理、湖库富营养化、农村生活污染、印染等38项污染防治技术政策，实现水生态环境保护的“金点子”落地开花见实效。持续开展并优化“问题识别—目标提出—减排分析—方案提出—评估优化”的长江生态环境保护修复驻点跟踪研究技术帮扶工作体系，积极推动百城千县万名专家生态环境科技帮扶行动落地见效，通过实施“五个一”（一市一策、一事一议、一难一攻、一镇一员、一题一训），实现治污“五个精准”（问题精准、时间精准、区位精准、对象精准、措施精准）。

（2）科技节水助推水资源高效利用。

针对电子信息、生物医药、纺织印染、化工材料等典型产业，进一步提高水资源利用率，降低工业废水的排放量。重点突破废水回收处理一体化技术，形成工业废水零排放与资源化利用的成套工程技术和设备并推广应用。科学论证跨流域调水、河湖水系连通工程实施可行性、管线布置合理性，逐步解决制约流域发展的资源性、工程性缺水问题。积极开展再生水、雨水、矿井水等非常规水资源在景观用水、河流生态补水、城市杂用水、农业用水、地下水回灌等方面的利用，建立流域水资源调配管理信息系统。系统集成生态环境用水和海绵城市渗蓄水等水资源高效利用关键技术并推广应用，建立水资源协同调控技术体系。开展农业、渠系输配系统、田间灌溉等节水潜力分析研究，提升农田灌溉水有效利用系数。提升城镇节水器具及节水控制技术水平，加快推进节水型社会建设。

2. 智慧治理，助推“三水统筹”全面发力

（1）发挥“技术河长”支撑及引领作用。

发挥“技术河长”连通行政单位、行业部门、治理企业、污染企业、群众的桥梁作用，积极为行政河长提供“技术点子”、提出“解决方案”，联合治理技术单位放大“技术效应”，同时连通治理企业与社会公众，以技术支撑方式联动企业共同“治理流域”“保护流域”，引导吸引社会公众全方位全过程参与流域治理评价和监督。支持地方政府与科研单位、科技企业、NGO 等不同机构加强“技术河长”方面的合作，促进科研成果转化为现实生产力，并不断拓展“技术河长”服务模式，为河湖治理提供专业力量。加强“技术河长”监管能力建设，加大流域水环境治理科技含量，实现环境质量、污染源、生态状况全覆盖，利用大数据、人工智能、无人机等科技手段提升流域监管水平。建设“技术河长”信息库和信用体系，形成“技术一流、反应一流、保障一流”的技术支撑团队。

（2）建设“三水统筹”智慧信息平台。

基于大数据解析、通量核算、污染物迁移转化动力学过程模拟分析等方法，构建以国省控断面汇水范围为单元的水环境污染负荷贡献解析模型，并采用分布式流域水文和污染物迁移转化模型、大数据驱动模型，实现对流域水质预测预警分析。全面监测 343 个国省考断面所在河流的生态流量，开展水资源均衡分析与预测，实现对水环境容量较小、污染物通量集中河段的重点管控。通过布设热成像双光谱摄像机、智能视频分析服务器等视频监测与分析设备，将机器视觉技术应用于河道违法违规行为监管，实现对非法采砂、水面漂浮物、垃圾倾倒、违法施工、违章建筑物、违法捕鱼等行为的智能监管及预警。

（3）构建“三水统筹”移动管理系统。

基于主要水系、行政区划等 GIS 图层信息的三维立体动态展示，运用可视化技术对水环境综合情况进行展示，实现综合可视化、水污染贡献率可视化、水环境预警防控可视化、监管执法可视化、监测研判可视化。开发“三水统筹”掌上监管 APP，运用网络、定位、拍照上传等功能，实现流域污染治理监督执法任务的推送、处置、反馈及社会监督。实现河湖现状分析、常规监测与监管、水质预测预警、水环境容量分析、污染源解析、污水处理厂终端监管、排污口布设、排水管网入渗入流分析等功能，实现多部门的流域治理能力现代化。

（三）健全优化约束与激励并重的政策体系

1. 完善多元共治的治理体系，全方位提升流域治理能力

（1）压实企业主体作用。

坚持一张负面清单管理，将环境监管的重心由事前审批为主向事中事后监管转移。严格监管执法，倒逼企业主动采用新技术、新工艺，降低能耗、水耗和污染排放。健全企业环境信息披露制度，敦促重点行业企业自觉遵守法律法规和标准规范。

（2）健全属地管理责任体系。

严格实行生态环境保护党政同责、一岗双责。省委、省政府对水生态环境治理负总责，指导、推动、督促各地区各部门贯彻落实党中央、国务院和省委、省政府各项决策部署。市县党委和政府承担具体责任，统筹推进监管执法、市场规范、资金安排、宣传教育等工作。建立水生态环境质量综合排名制度，完善省市县乡四级全覆盖的水生态环境状况报告制度，建立健全水生态环境保护的日常管理、督查执法、生态补偿等长效机制。

（3）发挥社会公众的监督作用。

推动制定社会参与指标体系，明确社会参与的实际内容和参与形式，划定社会参与的边界，提高社会参与度。建立水生态环境信息共享与公开制度并及时发布信息，让公众及时了解流域与区域水生态环境质量，并充分参与到身边的水生态环境质量改善工作中来。

2. 深入优化生态环境政策法规，强化流域治理保障

（1）健全法律法规。

积极推进长江、赤水河、沱江、泸沽湖、邛海、老鹰水库“三河三湖”流域法律法规的落地落实，逐步推动其余“十河十一湖”流域立法工作。鼓励各市（州）结合实际，依据国家、省级有关法律法规，研究制定节水及再生水循环利用、饮用水水源保护、水生态保护修复、流域生态环境保护、水资源保护、农村生活污水治理等地方性法规。探索研究制定跨流域、省域、市域以“三水统筹”为导向的重要流域水生态环境保护条例，鼓励协同立法，试点共同立法。按照“保护者受益，污染者赔偿，受益者补偿”原则，支持“一三一四”河湖全流域建立横向生态保护补偿机制并推广到流域内受益的企业、社会团体等，流域上下游通过建立“凑份子钱”“抓大保护”“得高奖励”的“正向激励、反向约束”机制，逐步构建“生态共建、资源共享、优势互补、经济共赢”的美丽河湖保护与建设新格局。

（2）推动标准制定实施。

推动重点行业技术标准制定，围绕泡菜、高含硫天然气开采、页岩气开采、矿井涌水等四川省特色产业开展水污染排放标准制定。强化企业再生水循环利用，开展白酒、纺织印染、造纸、石化和化工、食品加工等不同行业再生水回用水质标准研究，鼓励国家重点用水企业水效领跑者和省级节水型企业、省级节水标杆企业创建。对《四川省岷江、沱江流域水污染物排放标准》《农村生活污水处理设施水污染物排放标准》的实施情况开展跟踪评估，确保地方标准的落地落实。

（3）鼓励技术指南规范出台。

围绕人民群众身边水的保护与修复，制订饮用水水源地保护、地表水与地下水污染协同防治、入河排污口排查整治、农业面源污染治理等技术指南。围绕“十四五”重点流域水生态环境保护新要求，研究出台河湖生态缓冲带划定与生态修复技术指南，指导水生态系统修复，实现人水和谐。筑牢长江黄河上游生态安全屏障，开展高原高海拔地区生活污水处理技术指南研究。

（4）完善市场体制机制。

鼓励政府和社会资本合作开展环境治理和生态保护项目，创新投融资机制，引导和吸引社会资金以 PPP 等形式参与四川河湖生态环境保护与修复。探索构建绿色金融体系，完善绿色信贷制度，支持符合条件企业发行绿色债券。倡导社会各界通过捐赠、设立民间基金等方

式，多渠道筹集资金，打好投融资政策“组合拳”，激发市场化机制活力，发挥资金合力，推动各项建设任务顺利实施。建立与《城镇污水处理厂污染物排放标准》一级 A 标准、《四川省岷江、沱江流域水污染物排放标准》相对应的收费标准，并建立城镇污水处理费动态调整机制。出台生活污水处理设施用电优惠政策，实行分时电价优惠政策，对开展深度治理的实行优惠电价。

（四）拓展“两山加四水”生态价值转化路径

认真践行“两山”理念，全面助推“保好水”“治坏水”，通过盘活“水动能”、提升“水效能”、深耕“水文化”、彰显“水生命”等举措，统筹经济、社会、环境综合效益，探索出一条政府主导、企业和社会各界参与、市场化运作、可持续的水生态环境价值转化实现路径。

1. 探索水生态环境价值转化路径

（1）发挥Ⅱ类水生态价值效能。

Ⅱ类水主要适用于集中式生活饮用水水源地一级保护区、珍稀水生生物栖息地、鱼虾类产卵场、仔稚幼鱼的索饵场等，可以满足生产、生活、生态的各类需求，直接减少前期预处理设施投入及运维费用。发挥Ⅱ类水的“广告效应”“虹吸效应”，以乐山沙湾大渡河国家湿地公园、宜宾万里长江第一湾、宜宾长江生态公园、遂宁观音湖湿地公园、邛海、二滩水库、汉源湖等为蓝图和典范，加快推动雅安生态湿地中央公园、洪雅县青衣江湿地公园、乐山市三江湿地公园、宜宾市金沙江湿地公园等建设，构建“水在园中、城水相依、水景相融、人水相亲”的新格局，成为集城市生态旅游、康养度假、户外运动、休闲娱乐、文艺科普为一体的城市新地标，提升城市形象品位、提高居民生活幸福指数、提速城市高质量发展动能，建设美丽河湖生态价值转化示范样板。

（2）“坏水治理 + 价值转化”两手协同发力。

统筹沱江经济带建设，以沱江干流、石亭江、绛溪河、球溪河、釜溪河、濑溪河等主要支流为骨架，以沿江水库、城市河道、公园景观水体为支撑，实施岸线生态保护、水源涵养、生态隔离带、城市亲水滨水走廊等工程，建成沱江生态走廊，同步实现“金腰带”“绿走廊”。岷江流域实施阿坝州水生态综合治理、流域沿山生态屏障、沿江生态廊道、流域综合治理等重点工程，加大城市公园水体整治力度。以成都为先导，治水模式向“系统治水、综合治水、生态治水、民生治水”创新转变，努力构建“三江润城、百河为脉、千渠入院、万里织网”的天府蓝网整体格局，加快打造“蜀都味、国际范的都市滨水公园”，再现“锦江春色来天地”“锦水濯锦”的水文化特色。协同实施嘉陵江流域“两岸青山・千里林带”工程，联合重庆市强化流域环境共治、生态共建，共同打造“巴山蜀水”水生态文化走廊。

2. 丰富“水 +”生态转化新模式

（1）水工融合，盘活“水动能”释放绿色清洁能量。

四川省位于青藏高原和长江中下游平原的过渡带，高低悬殊、西高东低的天然水域落差及水源优势造就了丰富的水电资源。近年来随着对 5 131 座小水电的清理整改，逐步建立了水电生态运行模式，正在逐步实现小水电站的绿色转型，让“水流变资金流”成为一种现实。加快推进“引大济岷”“长征渠”等河湖水系连通工程实施，优化水资源配置，高效支撑生态、生产、生活用水需求。加快建设金沙江、雅砻江、大渡河等流域水风光储一体化可再生能源综合开发基地。“十四五”力争新增绿电装机 5 000 万 kW，到 2025 年、2030 年可再生能源电力装机分别达到 1.25 亿 kW、1.5 亿 kW 左右，可再生能源发电装机容量、发电量占比分别达 85%、90%。

（2）水农融合，提升“水效能”增强农业质效。

实施毗河供水工程、东风渠、向家坝灌区、亭子口灌区、武都引水工程等重点工程，实现四川省“再造一个都江堰灌区”的战略目标。加快安宁河谷综合开发，再造一个“成都平原”，以安宁河谷粮经复合产业带、二半山区特色水果产业带、中高山区干果、烤烟产业带为主打造优质农业空间，打造国家级现代特色农业示范区，加快推进农业规模化经营和特色化标准化生产。全域范围内通过完善农田水利设施、强化优质水利供给、提升灌溉水质水量，为农业生产提供优质灌溉水源，高效发展生态精品农业。通过创建生态精品农业基地、特色农业旅游观光基地、绿色生态果蔬种植基地等，在减少水肥使用的同时实现农产品的溢价。

（3）水旅融合，深耕“水文化”创造生态经济效益。

加大对重点河湖沿岸的景观保护与开发利用，深耕“水旅”文化资源，推进休闲康养娱乐项目孵化，培育水旅融合发展经济带。提升都江堰千年水利工程、神韵异彩九寨水、黄龙人间瑶池、夜游天府锦江、天下龙舟闹沱江、百牛争渡嘉陵江、自贡水上灯会等品牌影响力，培育一批水文化产业。结合四川省全域旅游示范区建设，打造四渡赤水-西昌邛海-大渡河瀑布沟水电站-安顺场-田湾河-海螺沟-泸定水电站-草原湿地红军长征红色旅游和二郎山喇叭河生态度假旅游精品线路、昭化葭萌关-剑门蜀道-古城阆中-涪水诸葛营-德阳庞统祠-成都武侯祠-万里桥-黄龙溪三国文化旅游精品线路、长沙贡玛-大美甘孜-九曲黄河第一湾-若诗若画若尔盖-泸沽湖-摩梭人母系社会的多样民族文化旅游精品线路、西昌卫星发射基地-锦屏水电站-官地水电站的科学探秘旅游精品线路、向家坝-溪洛渡-白鹤滩-乌东德世界级巨型梯级水电站科普观光旅游精品线路等[①]，不断塑造和提升重要河湖“沿岸历史文化厚重、自然风光旖旎、自然与人文景观荟萃”的文化属性。

（4）水生融合，彰显“水生命”享受生活乐趣。

良好生态环境是最普惠的民生福祉。水是生命之源、生产之要、生态之基。坚持人与自然的和谐共生，不断增加人民对美好生活的向往，营造聆听“泉水叮咚、小溪潺潺、金沙水拍”的最美河湖乐章，享受“江流宛转绕芳甸、碧水处处荡清波、水清出石鱼可数、清泉石上流、江清月近人”的视觉快感，更加突出水生态环境质量改善带来的获得感、满足感、幸福感。推动人民健康长寿，吸引人才加快聚集，激发科技创新活力。

① 四川省发展和改革委员会 四川省能源局关于印发《促进水电建设与旅游开发融合发展的指导意见》的通知（川发改能源〔2019〕66 号）。

关于四川省美丽湖库保护与建设的思考与建议

张鹏举　任春坪
四川省环境政策研究与规划院

芮永峰　康宇　杨科璧
四川省生态环境厅

【摘　要】“推进美丽河湖保护与建设”是《中华人民共和国国民经济和社会发展第十四个五年规划和2035年远景目标纲要》提出的部署要求，是实现美丽中国目标、向人民群众提供优质生态产品的重要举措。四川地貌复杂，湖库众多，高原湖泊、峡谷库区、平原水库大大小小有 8 000 余座，复杂多样的自然、社会、生态、人文属性多态叠加模式给四川省美丽湖库保护与建设带来了重大挑战。基于此，本文开展了湖库水体在美丽河湖保护与建设要求下的角色定位和建设模式等相关研究工作，通过解析美丽湖库保护与建设的内涵要义，分析四川省湖库的基本情况，梳理四川省湖库面临的主要问题，提出美丽湖库实现路径。

【关键词】美丽湖库；保护与建设；路径

湖库作为河流山谷、平原洼地和地下岩层空隙形成的储蓄水体的统称，是构成流域水系系统的重要组成部分，承担了流域蓄水调洪、能势积聚、生态保育、景观营造等基本功能。美丽湖库的保护与建设，应在湖库功能提升与完善上，注重人民群众的美好观感，体现“美丽湖库”的意境与情怀，更加突出“美丽”的愿意目标。

一、美丽湖库的内涵要义

（一）美丽湖库的基本内涵

早期湖库作为调洪蓄水的功能性产物，仅满足生产生活的社会需求。十八大以来，生态文明思想深入人心，对湖库水体提供更丰富生态功能产品的愿望不断增加，对湖库的认识也逐渐跳脱出自然资源、社会服务的属性范畴，生态环境、人文载体属性逐步完善，形成了自然属性、社会属性、生态属性、人文属性多态叠加的耦合模式（见图 1），美丽湖库的概念也越发明晰。

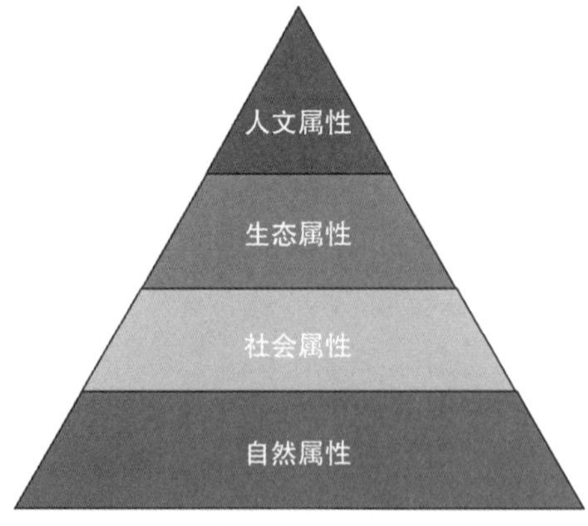

图 1　美丽湖库的四种属性

本文基于研究提出，美丽湖库是在满足湖库基本自然属性基础上，尽可能多地彰显社会服务功能，提供更多满足人民迫切需求的生态环境、精神文化产品的湖库系统。其中，湖库的基本自然属性是指湖库自身所具有，来源于自然环境中的天然属性，其外在表征形式包括湖库水体的基本水量、优良水质及其自然载体角色下伴随的相关物理化学性质等；湖库的社会服务功能是人类在生产生活过程中，对湖库水体赋予的基于社会属性的功能映射，包括保障区域行洪排涝的安全功能、提供良好水资源产品供给的保障功能等；湖库提供的生态环境及精神文化产品则是依托于湖库的生态及人文属性，为实现湖库生态系统完整、健康及生物多样性正向演替，衍生出为人类提供的附加产品，包括以湖库近水滨岸、湿地公园为实体的生态产品，以展示弘扬历史与现代文化，打造人民精神家园的虚拟文化产品。

（二）四川省湖库基本情况

四川省降雨充沛，水系发达，高海拔落差及高灌溉需求下共有大小湖库 8 000 多个，总库容 803.6 亿 m^3，调洪库容 311.9 亿 m^3，正常蓄水位对应湖库水域总面积 4 446.6 km^2，占省域面积近 0.1%，是全国湖库资源最为充沛的地区之一。从空间分布上看，南充、绵阳、广元、巴中、达州、泸州 6 市湖库数量较多，约占四川省湖库总数的 52.2%，凉山、甘孜、攀枝花、广元、雅安、宜宾 6 州（市）总库容量较大，占四川省湖库总库容量的 75.1%。按地理位置及所处环境不同，可分为川西高原湖库、高原-盆地过渡区湖库、盆地平原湖库三大类。

川西高原湖库，是指地处四川省沙鲁里山高原、巴彦格拉高原、若尔盖高原等高原地区，海拔多在 3 000 m 以上的湖库水体，主要涉及阿坝、甘孜及凉山的部分区域，该类湖库数目不多（不足四川省湖库总数的 1%），但生态环境敏感脆弱，典型的如九寨沟长海、九龙五须海、盐源泸沽湖、木里大沙湾水库、马尔康热足水库等。

高原-盆地过渡区湖库，是指位于龙门山地、邛崃山地、横断山地为主体的川西山地、泛山地地区的湖库水体，作为四川省梯级水利调度的核心区域，集中分布在雅安、凉山、攀枝花、宜宾等部分地区，该类湖库总数不多但库容较大，7.2%的湖库数量负载了四川省约 32.5%的库容总量，其典型湖库诸如汉源湖、锦坪水库、二滩水库、向家坝水库等。

盆地平原湖库，是指地处盆周山地、川中方山丘陵及成都泛平原地区的湖库水体，以龙门山—茶坪山—峨眉山为界在四川省 16 个市①广泛分布，占到四川省 14 个重点湖库水体中的 10 个②。湖库大小主要以小型湖库水体为主，湖库总数占四川省湖库总体的 90%以上，典型湖库诸如紫坪铺水库、白龙湖、升钟水库、黑龙滩水库、三岔湖、鲁班水库、老鹰水库等。

（三）四川省美丽湖库愿景

作为流域水系的构成部分，美丽湖库应当统筹于美丽河湖这一内在要求，但由于湖库在富集情况、功能需要及美丽显现上有别于河流水系，美丽湖库的保护与建设内涵较河流水体

① 成都市、自贡市、泸州市、德阳市、绵阳市、广元市、遂宁市、内江市、乐山市、南充市、眉山市、宜宾市、广安市、达州市、巴中市、资阳市。

② 双溪水库、升钟水库、白龙湖、黑龙滩水库、紫坪铺水库、三岔湖、鲁班水库、老鹰水库、沉抗水库、葫芦口水库。

相比显得更为丰富多样。结合四川省湖库基本情况及发展新需求，本文提出四川省美丽湖库的保护与建设应以湖库水体的自然属性、社会属性、生态属性、人文属性四个属性为基础，逐步强化湖库的资源产出、安全保障、生态涵养、文化载体四个主体功能，充分契合人民群众获得感、安全感、美好感、和谐感四大观感要求，实现美丽湖库“资源全备、产品优良”“湖库安澜、人民安居”“环境优美、生态健康”“承载乡愁、人水和谐”四大美好愿景，让平原盆地区湖库“碧波潋滟人方好”、高原-盆地过渡区湖库“潭面风静鱼相亲”、川西北高原区湖库“高山圣湖总相宜”，最终呈现四川湖库系统的“各美其美”“美美与共”，如图 2 所示。

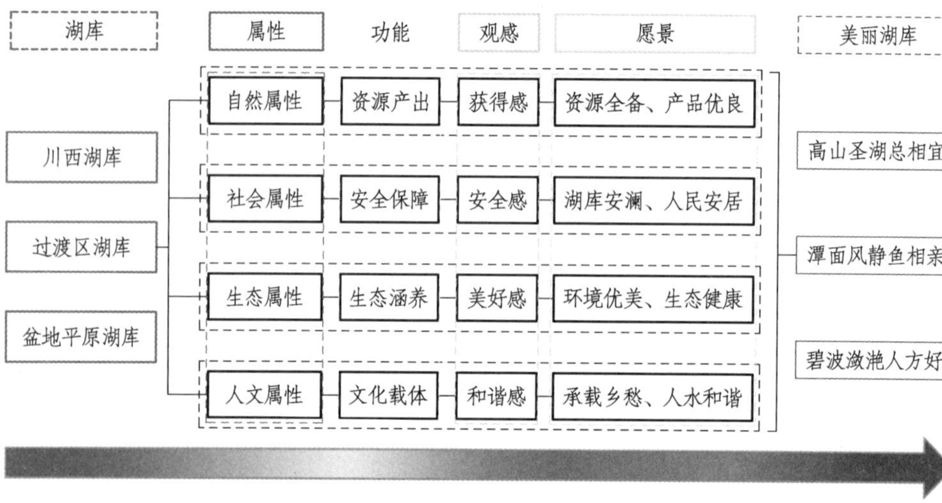

图 2　四川省美丽湖库保护与建设的逻辑内涵

二、美丽湖库保护与建设的问题与挑战

进入“十四五”后，四川省美丽湖库保护与建设面临历史遗留老问题与美丽四川建设新任务的双重考验，面对川西高原区、高原-盆地过渡区、平原盆地区湖库水体的梯级分布及功能差异这个特点与难点，如何识别出各类湖库在美丽建设中的问题与短板，统筹好美丽湖库的保护与建设，为四川省美丽建设带来了新的挑战。

（一）资源产品供给不足，美好生活支撑不够

四川省湖库以饮用水源或农田灌溉的水资源供给作用突出，但经济功能薄弱，资源转化率不高，湖库经济效益未充分彰显。一是以湖库为特色的水产产品挖掘不够，鱼类、虾蟹类、蕨类等依托湖库资源的产品价值不高，湖库品牌未得到有效体现。二是风景特色优势发挥不足，8 000 余个湖库水体中，省级及以上湖库类景区仅 12 个[①]，不足四川湖库总数的 0.2%。三是湖库调蓄能力开发不深，四川省湖库水电调度电力不足水电发电总量的 15%，与四川水电资源大省地位不符。

① 朝阳湖、黑龙潭、玉龙湖、白水湖、古湖、泸沽湖、马湖、邛海、香巴拉七湖、升钟水库、小西湖、二滩水库。

（二）系统生态本底脆弱，安全保障亟须加强

湖库自然生态系统质量不高，83.2%的湖库系统生态本底较为脆弱。川中丘陵及金沙江干热河谷湖库区水土流失问题严重，大娄山、华蓥山、大凉山和锦屏山等岩溶地区湖库周边石漠化问题突出，老鹰水库、大洪湖等部分平原、泛平原区湖库水体存在富营养化风险，部分地区湖库水体保护区内违规建设项目依然存在，多数乡镇及以下湖库型集中式饮用水水源地规范化建设并不完善，以湖库为饮用水水源地的安全保障功能有待加强。

（三）湖库水体重视不够，环境质量存在短板

“十三五”期间，四川省 110 个国省考断面中，湖库考核水体仅有 3 个（泸沽湖、邛海、鲁班水库，其中升钟水库铁炉寺断面按河流标准考核），约占考核总量的 2.7%，湖库考核对象少、标准低，长期未得到应有重视。四川省有调查的 169 个湖库中，达到Ⅲ类及以上湖库水体仅 48 个（达标率 28.4%），不达标的 121 个湖库中，总氮超标湖库 102 个，占调查湖库总数的 60.4%，总磷超标湖库 69 个，占调查湖库总数的 40.8%，湖库水环境质量较差且基本面大，距环境优美的美丽目标有明显差距。

（四）湖库载体培育不足，美丽文化有待挖掘

底蕴丰厚的古蜀文明、红色文化、三线精神缺少与湖库水体的和谐融合，丰富多彩的民族文化、巴蜀文化、宗教文化缺少良好湖库载体的现实支撑，湖库文化交流机制体制尚未形成，形式多样、内容丰富的湖库文化展馆、博物馆等文化展现设施建设不足，环湖绿道、文化景观、亭台楼榭等亲民近民设施离人民群众的期许还有显著差距，湖库近水亲人、人水和谐的美好愿望在一些地方仍是空中楼阁。

三、推进四川省美丽湖库保护与建设的对策建议

（一）美丽湖库保护与建设的总体思路

四川省美丽湖库保护与建设，应当在美丽河湖基础上突出湖库重点，协调好湖库属性的耦合关系，完善湖库水体的系统功能，更加注重以人为本、系统均衡、长效治理与功能综合，在意境和情怀上体现出“美丽 + ”的高层次要求。美丽湖库保护与建设的总体思路按一条主线、两大目标、三大理念、四大愿景来表述：

一是坚持“一条主线”，紧扣美丽四川建设要求，以“美丽 + ”作为主线，统筹美丽河湖的保护与建设。

二是突出“两大目标”，紧扣习近平生态文明思想的“坚持人与自然的和谐共生”要求，以湖库自然健康、人与湖库和谐共生为主要目标。

三是贯彻“三大理念”，紧扣习近平生态文明思想的“坚持绿水青山就是金山银山”要求，贯彻新发展理念，通过美丽湖库保护与建设助推地区生态环境高水平保护与经济社会高质量

发展；紧扣习近平生态文明思想的“山水林田湖草沙冰是生命共同体”要求，贯彻山水林田湖草沙冰一体化保护和系统治理理念，坚持流域一盘棋，强化湖库子流域与水系空间大流域的有机结合；紧扣习近平生态文明思想的“坚持良好生态环境是最普惠的民生福祉”要求，贯彻以人为本理念，始终把人民对美好生活的向往作为美丽湖库保护与建设的奋斗目标。

四是实现“四大愿景”，不断强化湖库的资源产出、安全保障、生态涵养、文化载体四个主体功能，充分契合人民群众获得感、安全感、美好感、和谐感四大观感要求，实现美丽湖库“资源全备、产品优良”“湖库安澜、人民安居”“环境优美、生态健康”“承载乡愁、人水和谐”四大美好愿景。

到 2025 年，美丽湖库保护与建设全面铺展，突出的湖库生态环境问题得到明显改善，部分湖库生态服务功能明显提升，纷呈多样的 100 个美丽湖库保护与建设示范试点有序建成。到 2030 年，湖库综合生态环境质量全面改善，人民安全感、获得感、美好感、和谐感显著增强，实现 1 000 个美丽湖库保护与建设目标。到 2035 年，基本实现湖库自然生态健康，基本实现人与湖库和谐共生的现代化，“碧波潋滟人方好”“潭面风静鱼相亲”“高山圣湖总相宜”的美丽湖库“各美其美、美美与共”美好愿景基本实现。

（二）美丽湖库保护与建设的实现路径

以人民群众获得感为着眼点。“获得感”主要体现为湖库流域绿色产业发展及湖库周边人居环境改善。对于川西高原湖库及高原-盆地过渡区湖库，应立足良好的生态区位及文旅优势，依据资源环境承载能力谋划经济社会发展，合理构建以“湖畔城乡、湖中公园、湖边湿地”为基底，“特色镇（村）、湖库品牌”为支撑的生态价值转化体系，严禁湖泊面山项目建设，提级把关流域面山开发建设，借助圣洁甘孜、美丽阿坝、大凉山风情等区域品牌，打造湖库名片的特色产品，适度发展以休闲旅游、健康养生、生态农业为主体的环境适配产业，并与大流域绿色产业相融合。对盆地平原湖库，应充分考虑民众近水亲水的美好生活需求，加快推进湖库公园、城市湖区、水美乡村、入湖湿地等生态优势区打造，合理建设符合湖库实际、美观性、经济性要求的湖库景观，达到沿岸自然、景观优美的效果。

以人民群众安全感为立足点。“安全感”主要体现为湖库行洪排涝安全及水资源产品保障安全。川西高原湖库“退”字当头，以维护水体生态安全的系统功能为核心，设立生态廊道和环湖公路，引导人口和产业有序退出，全面排查流域内矿山、尾矿库情况，推进历史遗留矿山生态修复，加强湖泊面山绿化和生态修复，提高湖泊流域森林覆盖率，减少水土流失。高原-盆地过渡区湖库“调”字为重，强化湖库水资源调蓄功能，注重下游集水区社会经济安全保障，加快中小型河湖水系联通工程建设，制定科学合理的行洪排涝方案制度，构建布局合理、引排得当、循环通畅、蓄泄兼筹、丰枯调剂、多源互补的湖库安全体系，提高抗御水旱灾害的能力。盆地平原湖库“管”字为先，加强湖库型饮用水源地的规范化建设，强化湖库保护区范围内的污染源识别与违规建设项目拆除，持续针对具有饮用水水源功能湖库进行环境执法专项整治，建立健全饮用水源地环境保护监管长效机制。

以人民群众美好感为切入点。“美好感”体现为湖库水环境质量改善及湖库生态系统生态正向演替。对川西高原湖库而言，着力解决流域内水土流失、石漠化、地质灾害隐患等问题，坚持系统治理与长效化治湖，统筹山水林田湖草沙冰系统治理，开展湖泊消落带综合整治，推广生态河堤及近湖高原湿地建设，有序实施湖泊生态补水或流域生产生活用水取水替代，因地制宜建立健全高原湖泊管理体制机制。对高原-盆地过渡区湖库来说，以良好湖库水体保护为重心，严格控制湖库流域内工业污染源及城镇生活源排放，补齐污水处理设施短板，严格湖库水域岸线用途管制，强化下游生态流量保障和调度管理，科学合理设置缓冲带，推进湖库沿岸生态堤岸工程、生态化改造修复等工程性保护措施建设。对平原盆地湖库而言，突出湖库水环境质量改善，一方面坚持水岸联动，源头治本，有序推进湖库内水产养殖业源头取缔，强化湖库区农村生活污水集中治理，湖库周边推广种植生态保育型和环境友好型作物，持续开展流域内化肥农药减量增效行动，加大流域内土地流转力度，强化湖库流域农业面源污染高风险地区识别，编制农业面源污染控制单元管控清单；另一方面，推进以入库支流为单元的河道水系综合整治，开展湖库底泥清淤清障及入湖河道联通活水工程、配置前置库等入湖设施，持续改善入库河道及湖库水动力条件。

以人水和谐感为落脚点。“和谐感”主要体现为湖库的文化载体属性发扬及人与自然关系的辩证统一上。对川西高原湖库及高原-盆地过渡区湖库来说，顺应藏、彝、羌等少数民族聚集区习俗，发扬区域民族文化特质，挖掘泸沽湖摩梭文化、马湖彝族文化、伍须海藏族文化等文化特点，以美丽湖库保护和建设为纽带，推进湖库文化、民族文化融合，弘扬彝族火把、德格藏戏、康巴赛马等民族活动，激发文化自信，展现“圣湖”风光与人的和谐相亲。对平原盆地湖库而言，深入发掘平原盆地农耕区历史、文化、地理、风俗等资源，提炼文化内涵，结合“历史文化名城名镇及传统村落”打造，将平原古蜀文化、川南盐运文化、酒文化等特色文化元素融入美丽湖库建设中，打造龙舟胜会、游湖赏灯、探竹品酒等景观文化空间，以美丽湖库为纽带，传承岁月记忆，留住浓浓乡愁。

（三）美丽湖库保护与建设的工作推动

强化顶层设计，引领湖库流域系统治理融合发展。按照规划先行的要求抓好顶层设计，省级层面编制四川省美丽河湖保护与建设规划或专项方案，市县层面抓好美丽湖库保护与建设落实，坚持水陆统筹、功能融合，统筹谋划一批美丽湖库保护和建设细胞工程，坚持部门协同、保护与发展并重，打造一批新时代展示美丽四川建设成效的“湖库窗口”，坚持多措并举、长短结合，塑造一批美丽湖库保护和建设助推乡村振兴的巴蜀样板。

深化问题研究，突出科技创新对美丽湖库保护与建设的强大支撑。成立美丽湖库研究平台，整合省内外相关领域科技和管理资源，凝聚专业人员和社会共识，形成美丽湖库保护和建设的良好氛围。开展战略研究，强化目标导向，以湖库环境承载能力与流域产业发展适配为基础，开展湖库在水资源配置、城乡饮水安全保障、农业生产等方面的维护和提升战略。深化专项研究，突出问题导向，聚焦水体富营养化、湖库农业面源污染、消落带生境恢复等湖库流域突出问题，探索解决路径，合理运用新工艺、新技术、新方法，探索适合不同类型的美丽湖库保护与建设技术模式。

夯实美丽湖库政策体系，保障美丽湖库建设项目顺利实施。以市（州）政府规章或行政规范性文件等形式制定配套政策，适时修订不适应当前保护治理形势的条款，因地制宜，衔接乡村振兴、国土空间规划等重大政策，强化资金保障，激活资本市场，用活财政资金，把美丽湖库建设与滨水近岸地区生态保护、产业发展、环境提升、城市更新等工作结合起来。建立考评体系，出台美丽湖库评价指标，将美丽湖库保护与建设工作纳入各地方政府考核评价的重要内容和各级河湖长制履职考核范围。完善公众参与机制，充分发挥民众监督作用，强调科学评估对美丽湖库保护与建设的导向作用，助力打造人民美好幸福家园。

完善工作机制，强化美丽湖库保护建设组织基础。组建“美丽湖库”保护与建设领导小组，进一步夯实河湖长制及部门责任，以省河长办牵头抓总、统筹协调，整合生态环境、自然资源和农业农村等部门资源优势，创新履职方式和工作方法，以省直部门技术单位、川内高校科研院所为技术依托，成立督察督办、技术帮扶等专项工作组，建立功能明确、运行有效的良性工作机制。

关于实现四川省环境空气质量改善“三步走”战略的思考与建议

王聪　贺光艳　罗彬　陈优帆　赵域圻
四川省环境政策研究与规划院

李德俊　凌云扬
四川省生态环境厅

【摘　要】《四川省国民经济和社会发展第十四个五年规划和二〇三五年远景目标纲要》提出：“十四五”期间全省生态环境持续改善，展望二〇三五年，美丽四川建设目标基本实现。但目前四川省空气质量改善成效不牢固，部分城市部分指标存在反弹，部分区域仍未达标，重污染天气仍未彻底消除，距离建成美丽四川仍有较大差距。本文采用“政策分析—情景设计—模型模拟—校验评估”方法对四川省未来十五年空气质量改善路径进行了研究，聚焦大气污染源头减排、综合防治潜力，抢抓碳达峰、碳中和政策红利，提出深入打好蓝天雪山保卫战“三步走”战略，稳步推动四川省空气质量从持续改善到显著改善、再到根本改善。

【关键词】环境空气质量；蓝天雪山保卫战；“三步走”战略

一、形势与挑战

（一）大气污染防治形势依然严峻

PM2.5 浓度距离先进差距巨大。2020 年，四川省 PM2.5 平均浓度为 31 μg/m^3，虽然总体达标，但是距发达国家、世界卫生组织标准仍然有巨大差距，PM2.5 浓度大致是欧美国家当前水平的 1.8～3.4 倍，是世界卫生组织基于健康影响的准则值（10 μg/m^3）的 3.1 倍；相比周边省份也存在不小差距，云南（21 μg/m^3）、贵州（22 μg/m^3）的 PM2.5 浓度均低于四川省水平近 1/3。全省 PM2.5 浓度未达标城市仍有 7 个，其中自贡、成都、宜宾 PM2.5 浓度超过 40 μg/m^3。

优良天数比例提升任重道远。2020 年，四川省优良天数比例为 90.8%，轻度及以上污染共 705 天，其中严重、重度、中度、轻度污染分别为 2、11、81、611 天。全省环境空气总体质量明显改善，但臭氧作为首要污染物的天数急剧增加，2020 年为 1 890 天次，同比 2015 年增加 619 天次，增幅为 48.7%。进一步降低 PM2.5 浓度、遏制并改善臭氧污染、减少污染天数、提升优良天数比例任务异常艰巨。

蓝天雪山成为美好生活新期盼。随着大气污染防治工作的深入推进，蓝天成为常态，雪山抬头可见，蓝天雪山同框盛景频现，公众的蓝天幸福感、获得感、安全感大幅提升。随着成渝地区双城经济圈建设的加快推进，生活质量和品位的不断提升，人民群众对清新空气的需求持续增长，对深入打好蓝天雪山保卫战提出了更朴实、更高质要求，进一步体现出人民群众对高品质宜居生活的向往。

（二）空气质量改善需要付出更为艰巨、更为艰苦的努力

结构调整仍然“筚路蓝缕”。四川传统资源型产业占比高，化工、钢铁、有色金属等六大高耗能行业占工业总能耗的比重高达 77.2%，高于全国水平近 7 个百分点，且呈逐年上升趋势。以公路货运为主的运输结构没有根本转变，2019 年全省公路货运量占比为 92%，铁路货运量占比仅为 4.4%，低于全国水平近 6 个百分点。新能源汽车占比仅为 3%。

污染减排亟待“研精极虑”。随着火电行业超低排放改造、工业炉窑专项整治、“散乱污”企业动态清零、燃煤小锅炉淘汰等重点任务的基本完成，大量粗放式的排放得到较为有效的控制。未来亟待从非电行业超低排放改造、工业炉窑深度治理、燃气锅炉低氮改造、VOCs 综合治理、新能源车大力推广等方面的源头减排、工程减排、政策减排和管理减排上进一步挖掘潜力。

环境监管普遍“力有不及”。新形势下深入打好大气污染防治攻坚战是一场现代化的战役，从科学研究到技术装备都需要完成从粗放式向精细化转型。但目前大气环境监管仍存在技术、人才和能力短板，科技治气“最后一公里”现象突出，科学研究与行政管理没有实现深度融合。环保部门单打独斗的局面依然普遍存在，监测、执法水平急需提升，地区之间差距较大。

气象条件决定“荆棘塞途”。深处西部内陆的盆地地形决定了四川省污染气象条件是全国最差的区域之一，盆地内城市的空气质量均未摆脱“气象影响型”，成都、自贡、宜宾等城市大气污染物排放总量超过其环境承载能力的一倍，一旦出现不利污染气象条件，易出现大面积、长时间的 PM2.5 和臭氧污染。天不帮忙，只有人更努力，采取更大的减排力度、付出更多的代价才能获得蓝天雪山。

（三）深入打好蓝天雪山保卫战面临新的机遇

“十四五”时期经济社会建设大步迈进。四川省经济实力大幅提升，经济结构持续优化，现代产业体系加快构建，数字化智能化绿色化转型全面提速，更高水平开放型经济新体制基本形成。科技创新对经济增长贡献显著增强，治理效能显著增强，社会治理新格局加快形成。

二〇三五年共同富裕取得实质进展。四川省经济实力大幅跃升，建成现代产业体系，经济总量和城乡居民人均可支配收入迈上新的大台阶，人均地区生产总值在二〇二〇年基础上翻一番。人民生活更加美好，人的全面发展、全体人民共同富裕取得更为明显的实质性进展。

碳达峰、碳中和成为新的动力引擎。中国秉持人类命运共同体理念，继续做出艰苦卓绝努力，提高国家自主贡献力度，采取更加有力的政策和措施，二氧化碳排放力争于 2030 年前达到峰值，努力争取 2060 年前实现碳中和，为实现应对气候变化《巴黎协定》确定的目标做出更大努力和贡献，这为未来空气质量改善提供了强有力的动力保障。

二、四川省空气质量改善“三步走”战略路线图

面向 2035 年基本建成美丽四川的战略要求，充分考虑经济社会发展、能源变革和技术发展等因素，推动钢铁、水泥等高耗能产品产量尽早达峰，加快煤炭清洁化替代进程，持续推进非电行业、移动源和 VOCs 重点行业污染治理工作，加大源头治理力度，提升可再生能源比例，构建碳达峰和碳中和背景下四川省 2021—2035 年排放情景，分全省、21 市（州）和 183 县（区、市）提出全省空气质量改善“三步走”战略（不考虑沙尘、疫情和极端不利污染气象条件等非人为决定因素的影响）。

（一）全省总体情况（见图 1）

第一步“十四五”空气质量持续改善：全省空气质量实现全面达标，优良天数比例从 90.8%提升至 92%左右，重度及以上污染天基本消除，PM2.5 平均浓度从 31 μg/m^3 降至约 29 μg/m^3，臭氧浓度稳中有降。

第二步“十五五”空气质量显著改善：全省空气质量实现稳定达标，优良天数比例进一步提升至 94%左右，重度及以上污染天彻底消除，PM2.5 平均浓度从 29 μg/m^3 降至约 27 μg/m^3，臭氧浓度有所下降。

第三步“十六五”空气质量根本改善：全省空气质量实现深度达标，优良天数比例提高至 96%左右，PM2.5 平均浓度从 27 μg/m^3 降至约 25 μg/m^3，臭氧浓度明显下降。

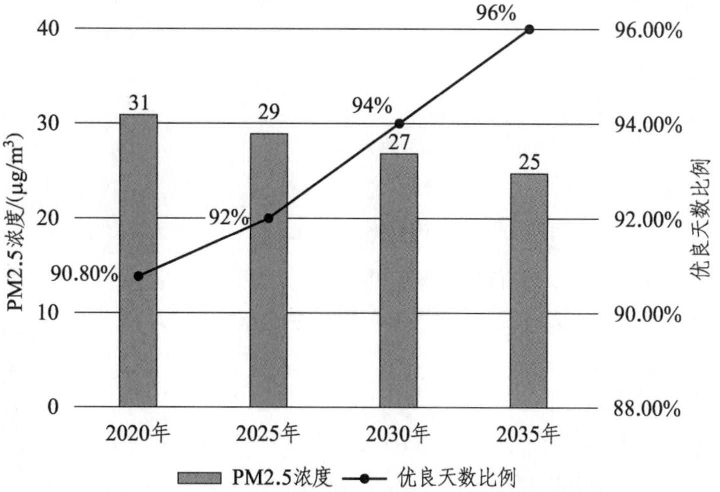

图 1 全省空气质量改善“三步走”战略路线图

（二）21 市（州）

一是优良天数比例提升情况。到 2025 年，市（州）优良天数比例大于 97%、92%～97%、小于 92%的市（州）数量各占三分之一左右。到 2030 年，优良天数比例提升至 97%以上市（州）数量增至全省的一半城市（10 个左右）。到 2035 年，优良天数比例提升至 97%以上的市（州）数量增至全省的三分之二城市（13 个左右）。

二是污染天数减少情况。到 2025 年，所有市（州）重度及以上污染天基本消除，三分之一以上市（州）中度及以上污染天基本清零。到 2030 年，重度及以上污染天彻底消除，二分

之一市（州）中度及以上污染天基本清零。到 2035 年，约三分之二市（州）中度及以上污染天基本清零。

三是 PM2.5 浓度下降情况。到 2025 年，PM2.5 浓度分别在达标区间（30 ~ 35 μg/m^3）①、稳定达标区间（25 ~ 30 μg/m^3）②、WHO 第二阶段标准（25 μg/m^3 以下）③的市（州）数量各占约三分之一。到 2030 年，PM2.5 浓度分别在稳定达标区间（25 ~ 30 μg/m^3）、WHO 第二阶段标准（25 μg/m^3 以下）的市（州）数量各占约一半。到 2035 年，PM2.5 浓度分别在稳定达标区间（25 ~ 30 μg/m^3）、WHO 第二阶段标准（15 ~ 25 μg/m^3）、WHO 第三阶段标准（15 μg/m^3 以下）④的市（州）数量各占约三分之一。

四是臭氧污染改善情况。到 2025 年，各市（州）臭氧浓度及污染日稳中有降，其中臭氧污染日少于 5 天、臭氧污染日在 5 ~ 20 天、臭氧污染日在 20 ~ 36 天的市（州）数量呈“三分天下”态势。到 2030 年，臭氧浓度及污染日有所下降，其中臭氧污染日少于 3 天、臭氧污染日在 3 ~ 15 天、臭氧污染日在 15 ~ 30 天的市（州）数量各占三分之一左右。到 2035 年，臭氧浓度及污染日明显下降，其中臭氧污染日少于 3 天的市（州）数量增至一半以上。

五是二氧化氮浓度下降情况。到 2025 年，市（州）二氧化氮平均浓度降至约 20 μg/m^3，其中低于 20 μg/m^3 的市（州）数量由 6 个增至 10 个左右。到 2030 年，二氧化氮平均浓度降至约 15 μg/m^3，一半（10 个）左右的市（州）低于 15 μg/m^3。到 2035 年，二氧化氮平均浓度降至 10 μg/m^3，接近一半的市（州）低于 10 μg/m^3。

六是二氧化硫浓度下降情况。到 2025 年，市（州）二氧化硫平均浓度持续下降至 6 μg/m^3 左右，接近一半市（州）低于 6 μg/m^3。到 2030 年，二氧化硫平均浓度降至 4 μg/m^3 以下，约占一半的市（州）低于 4 μg/m^3。到 2035 年，二氧化硫平均浓度降至 3 μg/m^3 以下，约占一半的市（州）低于 3 μg/m^3。

（三）183 县（区、市）

一是优良天数比例提升情况。到 2025 年，183 个县（区、市）中优良天数比例提升至 94%左右，其中 97%以上、92% ~ 97%、92%以下的县（区、市）数量各占三分之一左右。到 2030 年，优良天数比例提升至 96%左右，其中 98%以上、95% ~ 98%、95%以下的县（区、市）数量各占三分之一左右。到 2035 年，优良天数比例提升至 98%左右，其中接近三分之二的县（区、市）达到 98%以上。

二是污染天消除状况。到 2025 年，183 个县（区、市）重度及以上污染天基本消除，三分之一以上的县（区、市）中度及以上污染天清零。到 2030 年，接近二分之一县（区、市）中度及以上污染天清零。到 2035 年，三分之二左右县（区、市）中度及以上污染天清零。

三是 PM2.5 浓度下降情况。到 2025 年，183 个县（区、市）PM2.5 平均浓度从 26 μg/m^3 降至 25 μg/m^3 以下，近一半的县（区、市）达到 WHO 第二阶段标准（低于 25 μg/m^3）。到 2030 年，PM2.5 平均浓度降至 23 μg/m^3 以下，近三分之二的县（区、市）达到 WHO 第二阶段标准（低于 25 μg/m^3）。到 2035 年，PM2.5 平均浓度逼近 20 μg/m^3，近三分之一县（区、市）达到 WHO 第三阶段标准（低于 15 μg/m^3）。

---

① 达标区间即浓度为 30 ~ 35 μg/m^3。

② 稳定达标区间即浓度为 25 ~ 30 μg/m^3。

③ WHO 第二阶段标准即浓度在 25 μg/m^3 以下。

④ WHO 第三阶段标准即浓度在 15 μg/m^3 以下。

四是臭氧污染改善情况。到 2025 年，臭氧浓度及污染日稳中有降，其中臭氧污染日少于 3 天、臭氧污染日在 3 ~ 15 天、臭氧污染日在 15 ~ 36 天的县（区、市）数量各占三分之一左右。到 2030 年，臭氧浓度及污染日有所下降，约一半县（区、市）臭氧污染日少于 3 天。到 2035 年，臭氧浓度及污染日明显下降，三分之二县（区、市）臭氧污染日少于 3 天。

五是二氧化氮浓度下降情况。到 2025 年，183 个县（区、市）二氧化氮平均浓度从 19 $\mu g/m^3$ 降至 15 $\mu g/m^3$ 以下，约二分之一县（区、市）低于 15 $\mu g/m^3$。到 2030 年，二氧化氮平均浓度降至 10 $\mu g/m^3$ 左右，约一半县（区、市）低于 10 $\mu g/m^3$。到 2035 年，二氧化氮平均浓度降至 7 $\mu g/m^3$ 左右，约一半县（区、市）低于 7 $\mu g/m^3$。

六是二氧化硫浓度下降情况。到 2025 年，二氧化硫平均浓度持续下降至 6 $\mu g/m^3$ 左右，接近一半县（区、市）低于 6 $\mu g/m^3$。到 2030 年，二氧化硫平均浓度降至 4 $\mu g/m^3$ 以下，约一半县（区、市）低于 4 $\mu g/m^3$。到 2035 年，二氧化硫平均浓度降至 3 $\mu g/m^3$ 以下，约一半县（区、市）低于 3 $\mu g/m^3$。

三、实现空气质量改善“三步走”战略的政策建议

（一）建立基于降碳治气协同增效的政策体系

空气质量改善“三步走”战略的实现需依靠强有力的减污降碳措施作为支撑，以 2025 年空气质量持续改善、2030 年前实现碳达峰和 2035 年建成美丽四川为目标，建立“三步走”减污降碳协同增效政策库。“十四五”时期：突出源头防治、综合施策，煤炭消费达峰后稳步下降，持续推进大气污染防治攻坚行动，以 PM2.5 和臭氧协同控制为主线，加快补齐臭氧治理短板，强化以 VOCs 减排为主、NO_x 减排为辅的多污染物协同控制和区域协同治理，推动主要大气污染排放量削减，协同减少碳排放。“十五五”时期：突出降碳治气并轨，不断强化产业结构、交通运输结构、能源结构调整政策，力争实现油品消费达峰，实现降碳政策对环境空气质量改善的有效接力，推动 VOCs 和 NO_x 减排并重的多污染物协同控制和区域协同治理。“十六五”时期：降碳提气双赢，力争天然气消费早日达峰，碳排放进入稳定下降通道，NO_x 进入快速下降通道，实现蓝天常现、雪山常在。

（二）构建绿色低碳循环发展产业体系

“十四五”期间：强化“三线一单”约束管控，严禁新增“两高”产能，遏制规上六大高耗能行业能耗占规上工业比重上升态势，力争控制在 75%以内。加大小火电、钢铁、焦化、铸造、建材、水泥、砖瓦等落后产能淘汰力度，持续清理 6 000 余家“散乱污”企业，完成全省超过 80%钢铁产能（5 家长流程钢铁企业的 1 600 万 t 炼铁和 1 800 万 t 炼钢产能）和超过 50%水泥产能（约 16 万 t）超低排放改造，推动约 8 000 万 t 平板玻璃产能实施深度治理，推进 80%燃气锅炉（约 6 000 台超过 1.5 万蒸 t）实现低氮燃烧改造，力争所有国家级园区、75%的省级园区进行设施循环化改造。战略性新兴产业增加值占地区生产总值比重达到 20%左右，第三产业增加值占地区生产总值比重达到 55%，万元 GDP 能耗较 2020 年下降 16%，单位工业增加值能耗下降 15%。预计减排 NO_x 约 13.4 万 t、SO_2 约 17 万 t。

“十五五”“十六五”期间：推动达到服役年限的火电机组淘汰，短流程电弧炉炼钢产能

的占比从 2020 年的 30%提升至超过 50%，成都平原地区逐步整合退出“两高”产能，成都市退出玻璃、水泥、钢铁、砖瓦等产能。加快推进园区循环化、绿色化改造，构建循环型产业体系，全面提升资源产出率。产业低碳化水平大幅提升，第三产业增加值占比为 70%左右，战略性新兴产业增加值占地区生产总值比重超过 30%。

（三）建设清洁低碳安全高效能源体系

“十四五”期间：推动煤炭减量替代和清洁高效利用，重点推动“以气代煤”，持续推进 10 蒸 t/h 及以下燃煤小锅炉淘汰，县级及以上城市建成区基本淘汰 35 蒸 t/h 以下燃煤锅炉，煤炭消费总量控制在 5 600 万 t 以内，煤炭消费总量减少 6%以上，煤炭占一次能源消费比重下降至 22%，天然气占一次能源消费比重达到 18%。推进金沙江、雅砻江、大渡河“三江”水电基地建设，有序推进凉山州风电基地和“三州一市”光伏基地建设。“十四五”力争新增可再生能源装机 5 000 万 kW，可再生能源装机达到 1.25 亿 kW 左右。到 2025 年，建成光伏、风电发电装机容量各 1 000 万 kW 以上，可再生能源发电装机容量和发电量分别占全省的 85%、90%。实施能耗总量和强度“双控”行动，“十四五”单位地区生产总值能耗下降 14.5%。促进绿色电能替代，到 2025 年，电能占终端能源消费比重达到 35%。预计减排 NO_x 约 5.3 万 t、SO_2 约 14.7 万 t。

“十五五”“十六五”期间：全面推动电能替代，大力推动工业生产、商业消费、餐饮消费、家庭电气化等领域实施“以电代煤”“以电代气”，形成清洁、安全、高效的新型能源消费体系。成都平原地区电气化率超过 50%，氢能等清洁能源使用比例明显提升。

（四）加快建设绿色交通运输体系

“十四五”期间：大力推动交通运输结构“除旧革新”。全省基本淘汰国三及以下柴油货车、国一及以下排放标准或使用 15 年以上的工程机械、不具备油气回收条件的运输船舶，鼓励淘汰国四营运柴油货车、提前淘汰 20 年以上的老旧内河船舶，淘汰 100 万辆以上老旧车船。推动新能源汽车发展，力争 2025 年，全省新能源汽车销售量达到汽车新车销售总量的 20%左右，成都市达到 40%左右，城市公交车基本实现新能源化，新增或更新的轻型物流车、网约车、出租车、中短途客运车、环卫清扫车、3 t 以下叉车、市政园林机械使用新能源比例达到 90%以上，新增或更新的公务用车使用新能源比例达到 60%以上，成都市达到 80%；加快推进专线运输车、短倒运输车、城建用车、场（厂）内运输车等载货汽车新能源化；除消防、救护等应急保障外，港口、机场、铁路货场、物流园区等新增或更新的场内作业车辆和机械基本实现新能源化，推广 100 万辆以上新能源汽车。长江、沱江、嘉陵江、岷江、金沙江等内河主要港口岸电使用率达到 50%以上，机场岸电使用率达到 95%以上。加大港口集疏运铁路、物流园及大型工矿企业铁路专用线等“公转铁”线路建设，大力发展长江干线等重点水域运力，力争公路货运量占比降至 90%以下。预计减排 NO_x 约 9.8 万 t、VOCs 约 11 万 t。

“十五五”“十六五”期间：力争公路货运量占比降至 70%以下。港口、机场、工业园区等区域基本实现电动化。铁路外部集中输送、新能源车内部配送的城市绿色配送体系建设取得明显进展。老旧车船基本淘汰，新能源车船占比大幅提升，城市交通基本实现新能源化，新能源汽车销售占比达到 50%以上，成都市达到 80%以上，燃油车船保有量及碳排放量进入下降通道、污染物排放量进入快速下降通道。

（五）加快构建绿色空间体系

“十四五”期间：全面构建“四区八带多点”生态安全战略格局，实施重点生态功能区生态系统保护与修复重大工程，建设成渝地区双城经济圈城市群生态廊道和长江干支流“两岸青山・千里林带”沿江生态廊道，林草多元化发展格局基本形成，林草碳汇项目总规模力争达到 200 亿 m^2。加强绿色低碳建筑材料、建造方式、建筑用能的供给和节能改造，提升节能和绿色建筑占比，营造绿色人居环境。到 2025 年，全省城镇新建建筑 50%达到绿色建筑标准，成都市所有城镇新建建筑达到绿色建筑标准。完成公共建筑节能改造、既有居住建筑节能改造 500 万 m^2、1 000 万 m^2。大力发展绿色低碳循环农业，提升秸秆、畜禽养殖等农业废弃物综合利用水平。

“十五五”“十六五”期间：“绿化全川行动”持续深入推进，绿色空间格局基本形成。

（六）抓住协同减排的关键密钥

PM2.5 和臭氧协同控制的关键是 NO_x 和 VOCs 协同减排。“十四五”期间应以减排 VOCs 为主，减排约 54 万 t。

治本之策是推动低无 VOCs 原辅材料替代，大力推广使用水性、高固体分、无溶剂、粉末等低 VOCs 含量涂料，汽车整车制造底漆、中涂、色漆，以及室外构筑物防护和道路交通标志替代率 100%；汽车零部件、工程机械、船舶制造替代率 50%以上，成都市达到 80%以上；木质家具制造、钢结构制造替代率 30%以上，成都市达到 50%以上。推广使用水性、辐射固化等低 VOCs 含量油墨，塑料软包装印刷、印铁制罐、平版纸包装印刷替代率分别达到 30%、80%、90%以上。推广使用水基、本体型等低 VOCs 含量胶黏剂，塑料软包装印刷替代率达到 75%，家具制造替代率 100%。

提升末端治理效率是当前 VOCs 控制的有效手段。建议加大储罐选型和部件密封性检测。汽车罐车装载应采用底部装载方式。完成万吨级及以上原油、成品油码头油气回收治理。开展敞开液面废气专项治理。推动企业规范开展泄漏检测与修复（LDAR）工作。开展现有 VOCs 废气收集率、治理设施同步运行率和去除率的排查，实施分类整治，全面提升治理设施“三率”。取消非必要的旁路，加强非正常工况废气排放控制。

（七）着力提升大气治理的现代化水平

适时修订《四川省重污染天气应急预案》，出台《四川省水泥工业大气污染物排放标准》《四川省加油站大气污染物排放标准》《四川省锅炉大气污染物排放标准》，研究制定钢铁、玻璃、砖瓦、陶瓷等行业排放标准，评估《四川省固定源大气挥发性有机物排放标准》实施成效。全省及各地制定“十四五”空气质量改善行动计划，未达标城市编制限期达标规划。

完善监测网络。加强超级站、国标站建设，建设港口、机场、铁路货场及全省城市路边交通空气质量监测网。地级及以上城市开展非甲烷总烃监测，盆地重点城市开展 VOCs 组分、紫外辐射强度等光化学监测。积极开展遥感能力建设。

加强 PM2.5 和臭氧协同控制科技研究，构建复合污染机理成因、监测预报、精准溯源、深度治理、智慧监管、科学评估的闭环支撑体系。动态更新污染源排放清单。加强重点行业领域管控政策和治理技术研究。深入实施成都“一市一策”驻点跟踪研究，总结推广成功经验。

关于实现四川省土壤环境质量改善“三步走”战略的思考与建议

罗媛凤　郑勇军　刘文军　任春坪　谷丰
四川省环境政策研究与规划院
康宁　陈晓涛　黄杰
四川省生态环境厅

【摘　要】土壤是构成生态系统的基本要素，是人类赖以生存的物质基础，也是社会经济发展不可或缺的重要资源。保护好土壤环境是推进生态文明建设和维护生态安全的重要内容，土壤环境质量关系农产品安全、人民群众身体健康和生命安全，关系美丽四川的建设成效。四川作为长江黄河上游水源涵养区和重要生态屏障，区域面积广阔，历史遗留问题较多，土壤污染较重，土壤风险隐患较大，受污染土壤安全利用还存在巨大挑战，土壤生态健康任重道远。面向2035年基本建成美丽四川的战略要求，本文分析了四川省土壤污染防治面临的形势与挑战，提出了四川省土壤环境质量改善“三步走”战略。

【关键词】土壤环境质量；“三步走”战略

一、四川省土壤环境质量改善面临的形势与挑战

“十三五”期间，四川省以习近平生态文明思想为指导，践行“绿水青山就是金山银山”理念，全面贯彻国家“土十条”（《土壤污染防治行动计划》）的部署要求，将土壤污染防治纳入生态文明建设，不断优化制度体系，夯实基础能力，在源头管控、风险防范和治理修复试点等方面取得了一定的成效。但“十四五”乃至更长一段时间内，全省土壤污染防治仍面临诸多挑战，主要体现如下。

（一）源头管控形势依然严峻

四川是全国14个重金属污染防治重点省份之一，2020年全省铅、汞、镉、铬和砷五种主要重金属排放量约为62 151.35 kg，排放总量仍居高位。全省1 960家重点工业企业中，以重金属污染为主的有335家，除巴中市外的20个市（州）均有分布，全省以重化工为主的产业结构未根本改变，土壤污染隐患突出。局部地区镉等重金属大气干湿沉降的输入通量仍处于高位。

（二）农用地安全利用任务艰巨

受污染耕地面积大，全省10 080万亩（1亩 = 666.67 m^2）耕地中，已完成详查的受污染

耕地面积 578.85 万亩，占 5.7%。污染成因分析深度不够，不同年代、不同来源的污染贡献还未摸清，“汇”上发现的污染问题，难以追溯到“源”。受污染耕地安全利用难，老百姓固有种植方式和习惯难以改变，受污染耕地农作物正负面清单还未有效建立。

（三）建设用地风险防控管理难

疑似污染地块调查不及时，截至 2021 年年底，全省共有 1 005 个疑似污染地块纳入全国污染地块土壤环境管理系统，仍有 315 个地块未完成调查，占比 31.3%。调查报告质量不高，一些地方土壤污染状况调查报告存在污染识别不充分、监测布点不符合标准要求等问题。风险防控难度大，全国污染地块土壤环境管理系统中全省超标地块有 111 个，存在重金属、挥发性和半挥发性有机物以及石油烃、多氯联苯等复合污染。污染地块违法违规开发利用的风险依然存在。

（四）资金技术短板突出

农用地土壤污染修复成本高，工程实践经验还比较缺乏，技术的成熟度、适应性、有效性和可复制性亟待提高，推广应用难度大。土壤治理修复资金需求量大，四川省严格管控类农用地面积约为 18.73 万亩，纳入《四川省建设用地土壤污染风险管控和修复名录》地块共计 52 个，面积约为 281.46 万 m^2。资金保障难度大，省级土壤污染防治基金、社会资本投入机制尚未建立，土壤污染防治资金来源渠道少。

二、四川省土壤环境质量改善的总体构思

土壤是经济社会可持续发展的物质基础，保护好土壤环境是推进生态文明建设和维护生态安全的重要内容，土壤环境质量关系农产品安全、人民群众身体健康和生命安全，关系美丽四川的建设成效。四川作为长江黄河上游水源涵养区和重要生态屏障，面向 2035 年基本建成美丽四川的战略要求，充分考虑现阶段“控源头、防风险、治污染”等方面的巨大挑战，结合时间、区域、领域等因素，我们因时因地因需提出四川省土壤环境质量改善“三步走”战略：从现在开始，力争用 10 年时间全面控住土壤污染源头，用 15 年时间全面防住土壤污染风险，用 25 年时间全面完成土壤污染治理修复，到 21 世纪中叶美丽中国建成之时实现土壤健康愿景。如图 1 所示。

“十四五”时期：到 2025 年，通过基本控住源头、强化风险防范、继续试点治理修复，全省受污染耕地安全利用率达到 93%，重点建设用地安全利用得到有效保障，全省土壤环境质量总体保持稳定。

“十五五”时期：到 2030 年，通过全面控住源头、基本防住风险、加强污染修复，受污染耕地安全利用率从 93%提升至 95%，建设用地安全利用得到有效保障，全省土壤环境质量稳中向好。

“十六五”时期：到 2035 年，通过全面防住风险、铺开治理修复，受污染耕地安全利用率从 95%提高至 100%，建设用地安全利用得到全面保障，土壤环境质量全面改善。

到 21 世纪中叶，全面完成土壤污染治理修复，非高背景区受污染耕地和污染地块实现彻底清零，土壤健康得到全面恢复，为美丽四川画卷描绘出干净、健康的土壤底色。

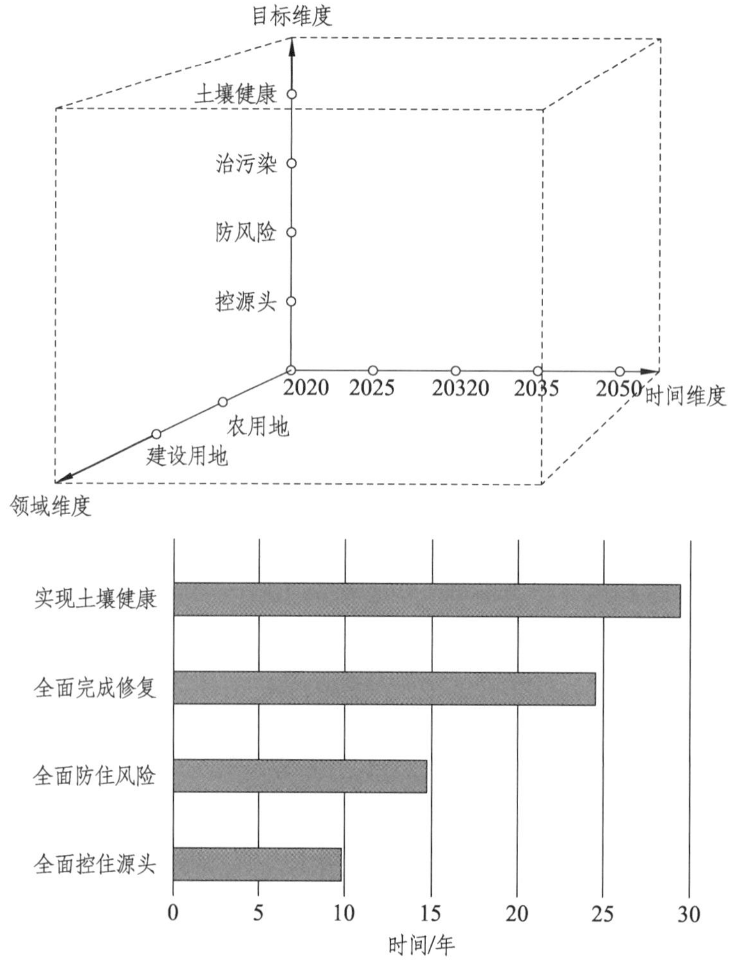

图 1　四川省土壤环境质量改善“三步走”战略构思图

三、四川省土壤环境质量改善的实施路径

（一）“十四五”时期：基本控住土壤污染源头，强化土壤污染风险防范，继续试点土壤污染治理修复

1. 基本控住土壤污染源头

（1）加强涉重金属行业污染防治。以重有色金属矿（含伴生矿）采选、重有色金属冶炼、铅蓄电池制造、皮革及其制品、化学原料及化学制品制造、电镀等行业为重点，规范重金属污染物排放指标管理，严控重金属污染排放量。（2）落实企业清洁生产改造。鼓励成都、德阳、绵阳、自贡等土壤污染重点监管单位实施管道化、密闭化改造，重点区域防腐防渗改造，以及物料、污水、废气管线架空建设和改造。（3）加强耕地周边涉镉等重金属行业企业排查

整治。开展“十三五”污染源整治清单“回头看”，每年动态更新污染源排查整治清单，全面管住新增污染源。(4) 严格落实土壤污染重点监管单位隐患排查和自行监测。严格控制土壤污染重点监管单位有毒有害物质排放，每 3 年至少开展 1 次土壤和地下水污染隐患排查和自行监测，制定整改方案，建立台账，落实有关要求。(5) 推进涉重金属关闭企业及矿区历史遗留固体废物排查与整治。以攀西、川西北、川南为重点，推进涉重金属关闭企业、重有色金属、石煤、硫铁矿等矿区排查，加强周边灌溉水水质、大气干湿沉降等监测，厘清污染途径，采取断源措施，有效切断污染物进入农田的链条。(6) 全面推进农业投入品污染控制。推进化肥农药减量增效，加强农膜秸秆回收利用，加强肥料、畜禽粪污重金属和灌溉水质监测监管。(7) 加强新污染物防治。制定实施新污染物治理行动方案，针对持久性有机污染物、内分泌干扰物等新污染物，实施调查监测和环境风险评估，建立健全有毒有害化学物质环境风险管理制度，强化源头准入，动态发布重点管控新污染物清单及其禁止、限制、限排等环境风险管控措施。

2. 强化土壤污染风险防范

(1) 查漏补缺开展农用地调查。综合现有调查成果，开展攀西、川东北和川西北重金属高背景区农用地土壤环境质量补充详查，以精细化调查支撑精准化管理。(2) 深化重点行业企业用地调查。以 73 类行业以外的典型行业企业和超标在产企业及周边耕地为重点，拓展典型行业土壤污染状况调查。(3) 推进受污染耕地成因分析。以什邡、会东、汉源、筠连、隆昌等受污染耕地集中的市（区、县）为重点，开展污染溯源和成因分析，加强污染源管控成效评估。(4) 加强农用地安全利用。以绵竹、筠连、珙县、兴文、长宁、古蔺等土壤污染面积较大的县（区、市）为重点，试点建立受污染耕地农作物正负面清单，推进农用地安全利用示范工程，加强农产品安全“生产”全过程管理。(5) 推进长江黄河上游土壤风险管控区建设。全面排查全省土壤环境风险隐患，建立土壤污染风险源清单，强化土壤环境分区管控，落实“一区一策”风险管控措施。推进分区管控试点建设，探索在土壤污染防治政策、制度、技术、管理、人才和资金等方面的创新和示范。

3. 继续试点土壤污染治理修复

(1) 推进土壤污染防治先行示范区建设。以宜宾市、泸州市耕地酸化严重区域和主粮种植区为重点，实施“重金属 + 酸化”土壤改良工程试点。结合试点示范，完善耕地污染联动监管和协调机制，探索易推广、成本低、效果好的适用技术，建立治理修复效果评估体系。(2) 强化污染地块修复试点。以开发建设居住、商业、学校、医疗和养老机构等项目的污染地块为重点，推进建设用地治理修复示范，适时推进区域污染土壤集中“处置工厂”建设。

(二)“十五五”时期：全面控住土壤污染源头，基本防住土壤污染风险，加强土壤污染治理修复

1. 全面控住土壤污染源头

(1) 全面实施涉重金属关闭企业和矿区历史遗留固体废物“集中防治”。以市（州）为单位，全面推进涉重金属关闭企业和矿区历史遗留固体废物整治，从源头防控新增污染。(2) 全

面推进在产企业土壤污染“精准管控”。以市（州）为单位，加强辖区内存在污染风险隐患企业的监督和监测，全面落实涉重金属行业和新污染物为重点的在产企业清洁生产改造要求，严控新增土壤污染。

2. 基本防住土壤污染风险

（1）建立受污染耕地农作物正负面清单和安全利用评估考核机制。根据土壤污染成因类型，建立受污染耕地农作物正负面清单和评估考核机制，指导安全利用工程落地实施。（2）推进重点区域污染耕地安全利用。以成都平原、川南为重点，开展成都、德阳、绵阳、内江、宜宾、泸州受污染耕地安全利用，严防农产品超标。（3）推进重点区域与重点行业风险管控。成都平原以化学原料和化学制品制造业、医药制造业和有色金属冶炼和压延加工业为重点，川南以化学原料和化学制品制造业、石油和天然气开采业为重点，攀西地区以有色金属矿采选业、黑色金属矿采选业和有色金属冶炼和压延加工业为重点，川东北地区以石油和天然气开采业和化学原料和化学制品制造业为重点，川西北以有色金属矿采选业为重点，强化受污染地块风险管控，保障建设用地人居安全。

3. 加强土壤污染治理修复

（1）突出重点区域农用地修复。以成都平原、川南和安宁河谷农产品污染物含量超标区为重点，加强受污染农用地治理和修复。（2）突出重点区域污染地块治理修复。以居民区、集中式饮用水源地等为重点，强化周边污染地块修复，突出农药、化工等特殊行业污染地块修复后用途管理，鼓励用于拓展生态空间。（3）铺开成都平原“处置工厂”建设。结合水泥窑协同处置等手段，推进成都、德阳、绵阳等污染地块集中区治理修复示范建设，全面推进污染土壤集中“处置工厂”建设。（4）深化“重金属＋酸化”土壤污染协同治理。结合区域特色，将宜宾、泸州“重金属＋酸化”工程试点经验在川南地区推广，推进酸化土壤治理先进适用技术研究。（5）构建完善的治理修复体系。健全责任体系，落实污染者担责制度。建立治理修复适用的工程、技术、经济、项目监管、效果评估等五大体系。（6）发展土壤污染治理修复产业。进一步完善行业准入和市场竞争机制，引导支持国内知名科研院所和专业修复企业在四川开展土壤修复治理业务活动，形成良好的市场竞争环境和行业发展态势。（7）完善融投资机制。借鉴发达国家和地区土壤污染防治基金制度经验，建立省级土壤污染防治基金。通过 PPP、EOD、EPC＋O 等模式“搭台唱戏”，构建多种融资渠道，以及多样化的资金筹集模式，引导和撬动社会资本参与土壤污染防治，在污染修复治理的同时实现“两山”价值转化。

（三）“十六五”时期：全面防住土壤污染风险，铺开土壤污染治理修复

1. 全面防住土壤污染风险

（1）全面铺开受污染耕地安全利用。全面推进以市（州）为单位的受污染耕地安全利用，全面阻断造成农产品超标途径，实现农产品安全保障目标，确保“吃得放心”。（2）全面铺开污染地块风险管控。全面推进以市（州）为单位的污染地块风险管控，实现所有污染地块风险管控，确保“住得安心”。

2. 铺开土壤污染治理修复

（1）铺开农用地治理修复。结合前期试点经验，针对受污染耕地，按照“十、百、千”（即十亩小试、百亩中试、千亩大范围推广）的顺序，在建立治理修复技术模式的基础上，分步骤推进，铺开受污染耕地治理修复。（2）铺开污染地块治理修复。严格建设用地土壤污染风险管控和修复名录内地块准入管理，从严管控重度污染地块规划用途，鼓励用于拓展生态空间，全面推进腾退地块治理修复，实施成都市、攀枝花市、德阳市、泸州市、凉山州等区域土壤污染管控与修复工程。（3）构建面向土壤健康的技术体系。通过标准制定带动科技研发，以科技研发支撑标准制修，推动以土壤安全和生态系统健康为目标的标准技术研究，支撑美丽四川建设，服务区域土壤环境标准化和差异化管理。（4）建立绿色修复模式。开发更为经济、切实可行且绿色健康的修复技术，在保证生态安全的基础上最大限度提高修复效益，积极开发成本较低且不会产生二次污染的稳定剂，提高修复的质量与效率。（5）持续优化土壤生态。筛选土壤环境可持续修复评价指标，构建土壤修复效果的可持续性评价体系，持续评估土壤环境修复效果，持续优化修复措施，推进土壤生态活性不断增强，土壤生命力和生物多样性不断提高。

守护丰富多样良性循环的自然生态

基于生物多样性保护推进四川省生态保护监管工作的思考与政策建议

潘哲　刘冬梅　罗彬　王恒　唐书培
四川省环境政策研究与规划院

王忠
四川省生态环境厅

【摘　要】生物多样性是人类赖以生存和发展的基础，是地球生命共同体的血脉和根基。2021年10月11日，《生物多样性公约》缔约方大会第十五次会议（COP15）通过“2020年后全球生物多样性框架”，生物多样性管理迎来新机遇和挑战。四川省高度重视生物多样性保护，将其作为生态文明建设的重要内容和推动高质量发展的重要抓手。在此关键节点，本文通过梳理四川省生物多样性保护现状，剖析生物多样性保护和生态保护监管存在的问题和不足，提出构建以生物多样性保护为统领的生态保护监管“1+1+1”政策体系。

【关键词】生物多样性；珍稀濒危物种；生态保护监管

一、四川省生物多样性保护现状

（一）生物多样性保护空间持续增长

四川地处青藏高原向平原、丘陵过渡的地带，地貌复杂奇特，气候类型多样，孕育了类型丰富、独具特色的生物多样性。作为世界25个生物多样性热点地区之一，这里是我国重要的物种基因库，特有、孑遗物种丰富。“十三五”以来，全省生物多样性保护空间持续增长，重要生态系统得到有效保护，全省共建立各级各类自然保护地530处，总面积约13.05万km^2，占全省国土面积的26.9%。完成生态保护红线评估和自然保护地优化调整，全省生态保护红线面积增加到14.9万km^2，占全省国土面积的30.7%。积极组织开展“绿盾行动”，对32个国家级自然保护区可能存在的采石、挖砂等8类问题进行重点清理督导。

（二）珍稀濒危物种种群数量有效恢复

大熊猫、雪豹、川金丝猴等重点保护野生动物种群数量有效恢复。大熊猫第四次调查结果显示，全省现有野生大熊猫 1 387 只，较第三次调查，新增野生大熊猫 181 只，人工繁育大熊猫数量增加两倍，栖息地及潜在栖息地增加 2 530 km^2，达到 24 380 km^2，占全国总量的 78.7%。大熊猫野外种群得到有效恢复，根据世界自然保护联盟（IUCN）濒危物种红色名录，大熊猫受威胁程度等级由濒危降为易危。

根据 IUCN 的数据显示，四川境内的雪豹潜在栖息地面积约为 18.47 万 km^2，主要分布在四川西部山区。近年四川省雪豹野外监测取得较大进展，卧龙、平武、王朗和鞍子河等地都监测到雪豹个体，其中四川卧龙国家级自然保护区范围雪豹个体数量超过 26 只。

四川省川金丝猴主要分布在岷山、邛崃山和大巴山系，全省潜在栖息地面积约为 14.90 万 km^2。近年川金丝猴就地保护成效显著，黄龙自然保护区内的川金丝猴种群数量从 2013 年 50 余只，稳步增长到 180 余只；根据 2020 年成都市调查结果，全市范围内川金丝猴种群数量在 730 ~ 850 只。

（三）生物多样性保护政策体系不断完善

管理体系逐渐优化。依照国家现行有关管理体制，四川省涉及生物多样性保护的有关管理实体有国家公园、自然保护区、自然公园、世界遗产地、生态保护红线等。

法律法规日益健全。在物种保护方面，颁布实施《四川省〈中华人民共和国野生动物保护法〉实施办法》，制定公布《四川省重点保护的野生动物名录》《非法捕杀四川省分布的国家重点保护的野生动物刑事处罚起点线》《非法捕杀四川省重点保护的野生动物刑事处罚起点线》《〈四川省《中华人民共和国野生动物保护法》实施办法〉使用中若干问题的解释》《四川省陆生野生动物行政处罚程序规定》《关于外来野生动物管理的规定》《关于四川省长江流域重点水域禁捕范围和时间的通告》等法规、规章和政策规定，把全省野生动物凭证猎捕、养殖、经营、运输、收费等各个环节纳入了法制化管理的轨道。在生态系统保护方面，颁布实施《关于加强湿地保护管理的通知》《四川省自然保护区条例》《四川省森林公园条例》和《四川省世界遗产保护条例》等政策法规，形成了较为完备的生物多样性保护法规体系。

规划体系正在形成。四川省生物多样性保护有关行政主管部门制定了一系列保护规划，包括《四川省生物多样性保护战略与行动计划（2011—2020 年）》《四川省生物多样性保护优先区域规划（2018—2030 年）》《四川省生态功能区划》《四川生态省建设规划纲要》《四川林草碳汇行动方案》等。

二、问题与挑战

（一）以前对生物多样性保护重要性认识不足，以生物多样性保护的助推生态保护监管目标实现的共识还未形成

一方面，2020 年底生态环境部印发的《关于加强生态保护监管工作的意见》，只将生物

多样性保护作为生态保护监管工作的三大重点任务之一，对生物多样性保护定位较低。而 10 月 8 日发布的《中国的生物多样性保护》白皮书则明显提高了认识，明确指出“人类必须尊重自然、顺应自然、保护自然，加大生物多样性保护力度，促进人与自然和谐共生”“将生物多样性作为可持续发展的基础、目标和手段”。另一方面，通过对生物多样性保护状况的评价可以较好反映生态保护的成效，而我国现行的生态环境评价指标不仅“重环境、轻生态”，同时在生态部分也忽略了生物多样性保护的溢出作用，使得生态保护评价目标与标准不匹配，监督管理没抓手。

（二）生物多样性空间覆盖度不够，对农业生产和城镇生活空间的关注缺失，对人与自然的和谐共生反映不充分

一方面，生态空间人为干扰较少，野生物种丰富，是我国开展生物多样性保护的最主要空间载体，生物多样性就地保护、调查监测和迁地保护等工作几乎都在自然保护地等生态空间内实施，工作与研究经费和人员投入也向生态空间聚集。另一方面，遗传资源流失、转基因生物监管、外来物种入侵等问题多发生在农村和城镇区域，这些区域生物多样性保护长期缺位，管理制度和监测监管体系建设相对滞后。

（三）生物多样性评价体系不完善，现代化监测体系未建立

2011 年原环境保护部制定的《区域生物多样性评价标准》（HJ 623—2011）提出以县级行政单位为评价单元，通过计算物种丰富度、特有性和生态系统类型多样性等指标来评价生物多样性指数（BI），该指标作为综合性指标，能反映区域生物多样性本底情况，但是不能反映种群变化、植被质量以及周边生态环境状况等情况。另外，该指标计算需要大量固定样地调查数据，目前快速调查技术还不成熟，人力调查花费大时间长，难以支撑区域定期评价，因此生物多样性指数（BI）尚未实际应用到生物多样性评价工作中。

（四）生物多样性监管手段单一，技术支撑能力不足

目前我国最成熟的生态保护监管手段是通过遥感手段监测保护区人类活动情况，广泛应用在我国“绿盾”自然保护区监督检查工作中，这项技术可以宏观反映景观格局、生态系统面积情况，但是物种种群数量变化和分布等情况难以获取，监管手段相对单一，精细化和差异化水平不足。COP15 提出了“2020 年后全球生物多样性框架”以及“昆明目标”等新阶段全球性生物多样性保护纲领，对生物多样性保护提出新的目标与要求，也为生态保护监管带来新的挑战和机遇。

三、政策建议

创新构建以生物多样性保护为统领的生态保护监管“1 + 1 + 1”政策体系，提升生物多样

性保护的空间覆盖度和对象完整性，全面推进生态保护监管工作，协同增效提升环境质量改善成效，协同推进绿色发展，实现生物多样性保护和经济高质量发展双赢，最终实现人与自然和谐的现代化。第一个“1”是研究提出生物多样性保护状况指标，基于“生态空间、生产空间和生活空间”开展全省覆盖的生物多样性保护状况量化评估，实现分区县、分年度目标考核，同时提出一套“三生”空间生物多样性管理清单；第二个“1”是基于不同的开发影响类型研究提出生物多样性友好型开发活动指引，明确生态保护监管要求，压实生态保护监管责任；第三个“1”是完善全省生物多样性监测观测、数据共享、评估考核、反馈与宣传教育机制。

（一）基于三生空间提出四川特色生物多样性保护状况评价指标体系，以此总领生态保护监管工作，科学反映生态保护成效

一是基于四川生物多样性特点和生态保护监管需要，研究提出生物多样性状况评价指标体系，如表1所示。将生物多样性作为生态保护工作的核心抓手，以生物多样性状况指标作为评估考核的标尺，形成生态保护监管“首尾抓、两头紧”的工作新格局。指标应涵盖关键种、伞护种以及指示性物种、恢复成效、生态系统服务功能、物种资源经济价值等内容，以期通过指标评价客观反映区域生物多样性保护状况和生态环境变化情况。指标体系应满足数据经济快捷、可量化、可考核评估考核要求，可操作性强。结合全省生态状况调查评估，分析全省重要生态系统和生物类群的分布格局、变化趋势、保护与恢复成效和存在的问题，每五年发布一次生物多样性综合评估报告；开展重大工程建设、资源开发利用、外来物种入侵、生物技术应用、气候变化以及自然灾害等对生物多样性的影响评价，提出应对策略。

表1　生物多样性保护状况指标分解表

指标	内容及意义
关键种丰富度	它们的消失或削弱能引起整个群落和生态系统发生根本性变化的物种
伞护种丰富度	目标物种的生境需求能涵盖其他物种的生境需求，从而对该物种的保护，同时也为其他物种提供了保护伞，这种目标物种的生境需求应综合了其他种类生境需求的信息。以最小的观测成本快速评价区域生态环境的状况
指示性物种丰富度	指一定区域范围内能指示生长环境或某些环境条件的生物种、属或群落。例如，地衣可以反映区域空气质量；海蛙可以反映红树林环境质量等
物种特有性	评价区域内中国特有野生哺乳类、鸟类、爬行类、两栖类、淡水鱼类和维管植物种数的相对数量，表征物种特殊价值
外来物种入侵度	用于表征生态空间和农业空间及其周边外来入侵物种的干扰程度
开发干扰度	用于表征人类开发活动对区域生态系统的干扰程度，用土地利用或土地覆被变化数据计算
景观连通度	景观空间结构单元相互之间连续性的度量，可以反映自然或人工物种栖息地与廊道完整程度
土壤微生物	定量描述微生物群落丰富程度的指标，可以反映农田土壤健康状况

二是依据自然生态空间、农业生产空间和城镇生活空间的差异化管控目标，提出“三生”空间生物多样性管理清单，如表2所示。其中，自然生态空间应注重保护自然生态系统原真性，重点关注保护与恢复关键种、伞护种以及指示性物种种群数量、生态系统完整性等方面，开展长期调查监测。应按照《自然保护区条例》《生态保护红线管理办法》等相关法律法规的管理要求，原则上禁止开发性、生产性建设活动，防止人类开发活动对生物多样性造成影响。农业生产空间应注重保护农业遗传资源，建立地方种质资源库。定期监测土壤微生物等指标，评估耕地质量等级。保护川西林盘等四川特有的乡村风貌，保留生物庇护所。注重防控福寿螺、一枝黄花、飞机草等外来生物风险，完善转基因生物安全管理，做好疫源疫病管控。城镇生活空间应关注城市景观对人类和生物的影响。通过构建生物踏脚石、廊道以及栖息地等，保护恢复城市生物多样性，美化与改善城市人居环境。营造景观优先选择乡土植物，注重保护古树名木、自然湿地等重要资源。加强流浪动物管理，防止对城市生物多样性造成影响。

表2 “三生”空间生物多样性管理清单

空间分类	管控目标	管控措施
生态空间	保护自然生态系统原真性	按照《自然保护区条例》《生态保护红线管理办法》等相关法律法规的要求管理。原则上禁止开发性、生产性建设活动
农业生产空间	维护与改良土壤环境质量	注重保护本土农产品遗传资源；科学合理施用化肥农药，倡导生态化农业生产，改良农田土壤微生物结构，提高肥力；定期监测土壤微生物等生物多样性指标；防范外来物种入侵等
城镇生活空间	美化与改善城市人居环境	城市建设与改造中应采取生态友好型建设开发模式，规划与建设注重构建生物踏脚石、廊道以及栖息地等；制定细化城市建设乡土植物指引；注重保护古树名木、自然湿地等重要资源，加强流浪动物管理

（二）立足生物多样性保护，完善涉自然保护区建设开发、农业生产经营和城镇生活栖居影响差别化的生态保护监管政策

一是根据涉自然保护区建设开发活动对生物多样性的影响，分类提出生态保护监管要求，研究制定生物多样性友好型开发活动指引。历年“绿盾”自然保护区监督检查结果表明我国自然保护区内对生物多样性影响较大的建设开发活动主要包括：矿产资源开发、采石采砂、能源开发生产及水利工程、旅游设施、交通运输设施、居民点、农业垦殖及养殖场（区）等（见表3）。对生物多样性的影响主要体现在生境破坏或破碎、生境退化、环境污染和资源过度利用等方面。例如，水利水电开发项目应科学评估工程实施对鱼类产卵场、索饵场、越冬场和洄游通道的影响，应保障鱼类及其他水生生物完整的栖息空间。线性工程应注意对区域景观格局的影响，识别关键物种的栖息地和生物廊道的分布情况，科学评价工程影响，应提出科学合理的避让方案。旅游开发项目规模不得超过合理环境容量，开发建设应与自然景观和历史文化风貌相协调，禁止毁林毁草、乱采滥挖野生植物、开山取石、挖土采砂、围湖造田、改变自然水系（或岸线）等破坏生态的行为。在一些重要和敏感的生态区域，如自然保护区的核心区和缓冲区、发生严重退化的重要自然生态系统、具有重要科学价值的自然遗迹和濒危物种分布区、水源地保护区等，禁止进行旅游项目开发和旅游服务设施建设。

表 3 建设开发活动生物多样性管理清单

开发活动类型	主要影响	管理措施
矿产资源开发	地表覆被改变、栖息地破坏等	开展矿山修复，实施土地复垦，恢复地表植被，防治泥石流、山体滑坡等次生灾害
采石采砂	改变河床形态、破坏产卵场等	清退非法采石采砂企业，修复受损河床，恢复自然河道等
能源开发生产及水利工程	阻断洄游通道等	应充分调查评估水生生物本底情况，优先避让"三场"一通道，增设过鱼设施
旅游设施	改变自然景观等	避让重要和敏感区，修筑生态友好型设施，开展生态旅游
交通运输设施	阻断生物廊道、噪声影响等	设计施工应预留生物廊道，满足野生动物迁徙，重要敏感点应加装消声降噪设施
居民点	环境污染、人兽冲突等	引导居民从事低污染、生态友好的经营活动，动物肇事补偿或生态移民等
农业垦殖及养殖场（区）	面源污染、疫源疫病风险等	严格实施禁养区相关规定，开展项目环评，做好废物回收处置，做好疫源疫病防控

二是制定生态农业技术指引，倡导生态化、绿色化的生产方式，提升生态功能，以提高农业生态安全为核心加强生物多样性保护。重点关注农村地区生态基底破碎、生态廊道阻隔、外来生物入侵和农业生态效能降低等问题，定期监测土壤微生物和外来物种入侵度，从农业生态系统整体性和空间差异性出发，系统开展农用地整理、农业污染防治、农村环境整治和乡村生态保护修复成效评估。研究制定生态农业技术指引，强化农田重金属、化肥、农药、地膜及环境内分泌干扰物等新污染物的源头管控，鼓励打造规模适度集中连片的耕地、草地、湿地、林地等生态系统复合格局，恢复农地景观和绿隔功能，逐步推动农业绿色发展、农村环境整体改善与生物多样性保护、生态效能提升的协同增效。

三是按照基于自然的解决方案（Nbs）理念进行城市更新，以人与自然的和谐共生为目的加强生物多样性保护，打造高品质生活宜居地。重点针对城市环境污染、地形地貌破坏、水系阻隔、生态空间被挤占、生态功能单一等问题，定期监测与评估指示性物种丰富度和景观连通度，指导城市规划与建设。将城市融入自然，在城市更新中体现生物的平等性，结合"城市双修""海绵城市""生态城市""公园城市"建设等，研究制定自然的解决方案（Nbs）、理念城市规划指南和绿色基础设施建设标准等，构建生态友好型建设开发技术体系，为维护城市生态系统健康，促进城市提供有效的气候调节、洪水调蓄、岸线防护、休闲游憩等生态服务，实现城市空间复合生态系统服务最大化，以可持续策略应对城市发展过程中面临的气候变化等诸多风险与挑战。

（三）完善生物多样性观测监测、数据共享、评估考核、反馈与宣传教育机制

一是注重应用遥感调查数据和移动端物种调查等新型监测数据。一方面，生物多样性遥感调查与观测符合新形势下全球生物多样性保护的要求，遥感技术作为一种可重复对地表进行观测的手段，可提供长期、一致的观测数据，为生物多样性保护目标评估提供了新的信息源。另一方面，我国移动端生物识别已经大量普及，"花伴侣""形色""懂鸟"等应用为公众

科学观察提供了便捷途径，以中国观鸟中心为例已经积累大量野外鸟类观测数据，为实现区域生物多样性快速评估提供了数据保障。

二是建立生物多样性保护与监测信息云平台。加大生态系统和重点生物类群观测设备研制和设施建设力度，加快卫星遥感和无人机航空遥感技术应用，推动生物多样性观测现代化；依托云计算、物联网等信息化手段，整合各类生物遗传资源信息，建立和完善生物遗传资源数据库和信息系统，实现自然资源部门、林业和草原部门、科研机构以及社会公众等数据共享；开发生物多样性预测预警模型，建立预警技术体系和应急响应机制，实现长期、动态监控。

三是深化生态保护监督检查。研究将生物多样性指标纳入全省年度环境质量评价考核范畴，推动将危害野生动植物及其栖息地的行为纳入省级生态环境保护督察以及“绿盾”自然保护地监督检查等专项行动，推动将《中国生物多样性红色名录》的受威胁物种纳入执法范围，开展常态化执法。结合生态保护红线生态破坏监管试点，严肃查处危害生物多样性问题。

四是建立健全四川生物技术环境安全评价与监管技术支撑体系。布局监测站点、建设生物技术环境安全监测网络，完善监测信息报告系统，建立生物安全培训、跟踪检查、定期报告等工作制度，制定风险防控计划和生物安全事件应急预案，强化过程管理，保障生物安全。

五是丰富生物多样性宣传教育形式。与科研机构、高校和社会组织等开展宣教合作，借鉴国外先进经验，引导四川省生物多样性科普教育向“专业化、多元化”转型。定期举行观鸟、植物观察等活动，鼓励公众应用生物多样性保护与监测信息云平台，拓充生物多样性数据监测途径。探索生物多样性公众教育激励机制，设立公益基金，每年奖励一批生物多样性宣传教育方面杰出个人及团体。

关于构建生态保护监管政策体系的思考与建议

刘传秀　刘冬梅　王恒　顾城天
四川省环境政策研究与规划院

【摘　要】强化生态保护监管，构建生态保护监管政策体系，是推动生态保护与修复见成效、提升生态系统质量和稳定性的重要手段。党的十九届四中、五中全会以及《关于加强生态保护监管工作的意见》对健全生态保护监管制度做出了系列安排部署，为构建生态保护监管政策体系、提高生态保护效能提供了思路和行动方向。四川是长江、黄河上游重要生态安全屏障，近年来全省生态保护监管体系不断完善，对于有效管控生态空间、维护提升生态功能发挥了巨大作用，但由于自然生态保护的系统性特征以及涉及面广，生态保护监管在具体实践层面仍面临职责交叉、法规政策体系亟待健全、监管能力有待提升等问题。基于四川实际，本文提出运用系统观念构建生态保护监管政策体系的建议。
【关键词】生态保护监管；政策体系；系统观念

四川近年来扎实推进生态空间优化、国土绿化、生物多样性保护、生态修复和综合治理，截至目前全省已划定生态保护红线 15.1 万 km^2，森林覆盖率达 39.6%，草原综合植被覆盖率达到 85.6%，长江流域全面禁渔退捕，生态脆弱和退化地区生态状况得到改善。但森林系统低质化、结构纯林化、功能低效化问题仍然突出，局部区域湿地退化、草原沙化的趋势尚未得到根本遏制，约 68%的湿地呈萎缩退化状态，退化草原面积占到全省可利用草原面积的 50%以上，荒漠化、石漠化等生态脆弱地区点多面宽、治理难度大，同时因城镇化、工业化加速推进以及资源开发对生态空间的挤占时有发生，生物多样性面临威胁，守住美丽四川生态安全底线的压力日益加剧，优质生态产品供给不足已成为四川省推进人与自然和谐共生现代化建设的重要制约。而强化生态保护监管，构建生态保护监管政策体系，就是遵循生态系统自然规律，按照“山水林田湖草沙冰是一个生命共同体”的系统监管理念，基于提高生态产品供给能力、满足人民群众对优质生态产品的需求为目标，对生态保护全过程进行管理。它是推动生态保护与修复见成效、提升生态系统质量和稳定性的重要手段。

十九届四中全会提出“实行最严格的生态环境保护制度”“健全生态保护和修复制度”，十九届五中全会又在此基础上就“完善自然保护地、生态保护红线监管制度，开展生态系统保护成效监测评估”等做出了系列具体部署。2020 年底生态环境部印发《关于加强生态保护监管工作的意见》，提出“完善生态监测和评估体系”“切实加强生态保护重点领域监管”“加强生态破坏问题监督和查处力度”“深入推进生态文明示范建设”等履行生态保护监管职责的重点任务。这些都为构建生态保护监管政策体系，提高生态保护效能提供了思路和行动方向。

一、四川省生态保护监管体系建立并逐步完善

生态保护监管主体的职能职责逐步明确。生态资源是典型的公共产品，市场无法有效配置这类资源，导致“市场失灵”现象，因此向社会供给生态服务是政府的基本职责。四川自然资源丰富、生态地位重要，过去自然生态的监管职能分散在自然资源、生态环境、林草、农业、水利等多个部门，导致顶层设计不完善、管理体制不顺畅，自然生态空间之间缺少统筹协调，在保护范围、保护内容、保护手段等存在交叉。2018 年按照国家确定的“所有者和监管者分开”“一件事情由一个部门负责”的原则进行了机构改革，由自然资源部门统一行使自然资源所有者职责，生态环境部门统一行使生态和城乡各类污染排污监管与行政执法职责，实现了自然生态管理权利和自然生态监管权力的分离，在顶层制度设计上解决了自然生态保护中的政出多门的问题。

引导生态保护监管的法规政策不断完善。目前作为开展生态保护监管的法规依据主要包括森林、湿地、草原、野生动物等自然资源保护管理的单行法或专门法，自然保护地、生态保护红线等重点领域的政策法规，同时四川还结合实际，在全国率先制定了《四川省生物多样性保护战略与行动计划》《四川省湿地保护修复制度实施方案》《关于落实生态保护红线、环境质量底线、资源利用上线制定生态环境准入清单实施生态环境分区管控的通知》《四川省生态环境监测网络建设规划》等指导性文件，为提高生态保护监管的科学性和执行力提供了政策支撑。

生态保护监管的内容不断丰富。从监管手段来看，全省已建立生态监测站（基地、点）40 个，持续开展全省以及 56 个重点生态功能区、地震灾区生态状况评估，推进“绿盾”自然保护地强化监督和生态环境保护综合行政执法改革等，逐步健全覆盖监测、评估、执法、督察的源头—过程—结果的全过程监管流程。从监管领域来看，已经从以自然保护区人类活动监管，逐步扩展到生态保护红线、自然保护地等生态保护重要领域，从要素监管开始向系统性监管转变。

二、四川省生态保护监管存在的问题

当前随着生态保护监管体系的不断完善，全省生态保护监管的水平和能力也不断提升，对于有效管控生态空间、维护提升生态功能发挥了巨大作用，但由于自然生态保护的系统性特征以及涉及面广，生态保护监管在具体实践层面仍面临一些问题。一是监管职责交叉现象仍然存在。机构改革虽然在制度设计上解决了生态保护“运动员”“裁判员”集一身的问题，但在监测、评估、执法等具体监管工作开展时仍有交叉和重复，且由于部门间的定位不同，对自然生态管理的出发点和落脚点不一致，使得这些监管手段在实现管理目标上存在差距。二是支撑监管的法规政策体系亟待健全。一方面现行的生态环境和自然资源领域单行法、条例和地方性法规，多以单一要素、领域为主，不能支撑山水林田湖草沙冰系统管理方式；另一方面在生物多样性保护、生态保护红线等重点领域还存在立法空白，生态修复、保护成效评估等技术标准亟待制定，此外监测、评估等工作在不同部门间也存在技术规范、评价方法不统一的现象。三是生态保护监管能力有待提升。主要表现在部门间协作机制未建立，生态

保护相关工作尚未形成合力；生态环境部门作为综合监管部门，监管手段还比较单一，技术支撑能力不足，难以满足生态保护现代化监管的需要；卫星遥感、5G、大数据等科技支撑水平有待提升，社会公众参与不足等。

三、国内外推进自然生态监管经验做法

（一）国外经验

一是完善监管机构设置。美国由隶属于传统行政部门的监管机构和独立监管机构共同承担政府监管职能，独立监管机构被同时赋予准立法权、行政权和准司法权。英国实行多元监管体制，英国监管包含了立法机关、行政机关和法院，行政部门、监管机构和法院分享权力，强调各方之间的“合作监管”、企业的“自我监管”以及非政府组织的“第三方监管”，强调不同组织之间的“结构性耦合”，发挥多元监管的作用。

二是健全法律法规体系。以国家公园为例，国外的国家公园法律体系按级别由高到低大致可分为法律、法规和规章 3 个层次。美国、德国、新西兰、日本等国国家公园法律位阶较高，均为法律层级，制定了以“国家公园”命名的基本法，同时有相关配套法律。美国基本实行了“一园一法”，在现行成文法体系中，《美国法典》《联邦法规》等相关法律条款，规定了美国国家公园各项技术标准的基本内容和直接依据，在此基础上，设立了《国家公园管理局组织法》《国家公园管理局一般授权法》《黄石国家公园法》等。日本、德国等国家制定了自然保护的综合性法律，如日本的《自然环境保护法》、德国的《自然和景观保护法》。

三是建立了严格的司法和执法体系。形成了主要运用环境损害司法赔偿手段而不是行政处罚手段解决生态环境问题和纠纷的方式。对生态破坏者实行严格、严厉和公正的环境执法。

四是重视综合技术在自然资源管理中的作用。国外自然资源和生态保护管理机构通常把自己定位成两种角色：自然资源和生态保护的“领导者”和“专家”。如美国内政部认为是“通过综合技术控制或指导来实现自然资源和生态保护的可持续利用和综合保护”，其管理不仅仅是对自然资源的产权管理、权益分配管理、市场监管等，还包括综合自然资源调查、评价、生态系统监测、综合利用指导等各类技术管理。

五是强调以区域为基础的整体管理。国外通常采取系统观念从面的角度来管理自然资源开发利用和生态保护各方面，包括区域资源利用、区域保护、流域管理等，通过以区域为对象来避免点上的问题损害自然资源和生态保护的整体效应。国外资源环境审计的对象也多是以区域为目标。

（二）国内经验

国家层面以生态保护监管为手段推进生态治理提质增效。一是强化源头保护。相继出台《关于加强生态保护监管工作的意见》《自然保护地生态环境监管工作暂行办法》以及生态保护红线、生态状况调查评估等系列技术规范文件。二是压实生态保护政治责任。强化中央生态环保督察、“绿盾”自然保护地强化监督等工作，严肃查处了各类违法违规行为，推动了问题整改和生态修复，侵占和破坏生态的行为得到有效遏制。三是加强重点领域监管。推进划

定并严守生态保护红线，建设生态保护红线监管平台，实施生物多样性保护重大工程，开展生态状况评估和生态文明示范建设。

江西省以体制机制创新推动生态监管改革。一是加强组织领导，省市县全面组建自然资源和生态环境管理机构，制定《关于构建现代环境体系的实施意见》《江西省自然保护地生态环境保护监督实施细则》。二是创新监管机制，率先建立五级林长制并在全国推广，河长制、湖长制形成升级版，开展经济生态生产总值核算试点，在全省范围推行自然资源资产负债表制度。三是推进监管改革，深化监测事权改革，推进赣江流域监管体制改革试点，创新地域与流域相结合的环境资源司法体系，生态环境综合执法、环境资源审判、生态检察等改革全面推开。

福建省在自然保护地监管方面做了许多探索。一是扩大自然保护区督察范围，印发实施《福建省自然保护区延伸监督工作方案》，在已开展的国家级和省级自然保护区遥感监测核查基础上，结合新一轮中央生态环保督察发现的问题线索，将遥感监测核查范围进一步延伸至市县级自然保护区。二是创新自然保护地智慧监管新模式，印发《福建省生态环境监管能力建设三年行动方案（2020—2022 年）》，以生态云平台建设为抓手，把 AI 和遥感技术有机融合，打造天上看、网上查、地上管的“一体防控”闭环监管链条。

四、运用系统观念谱写“美丽四川”生态保护监管新篇章

（一）理清理顺监管权责，构建生态保护监管新格局

按照“三定方案”进一步明晰职责。生态环境部门工作重点是“督政”，主要监督各主体对生态保护法律法规、决策部署的落实情况，以及生态保护修复的合法合规性及保护成效。按照“三定方案”统一行使生态保护监管职责，负责指导协调和监督生态保护修复工作，属于外部监督，是通过健全制度、统一标准等指导并促进生态保护工作。各职能部门工作重点是在一线“督事”，抓具体工作的落实。自然资源部门、林草部门、水利部门、农业农村部门等职能部门，根据各自职责确定自然生态保护目标并开展相关管理、利用和保护工作，其职能范围内的监督管理属于内部监督。

建立生态保护监管联动协作机制。加强“事前严防”，统一编制四川省生态保护修复规划，确立生态保护在综合决策中的优先地位，建立统一的生态监测预警与信息发布机制；做到“事中严管”，建立生态保护监管成效评估机制，推进跨部门生态保护监管综合执法，建立重点领域生态问题台账共享和督办反馈机制；强化“事后奖惩”，建立生态保护的行政执法与刑事司法联动机制，加大对自然生态违法犯罪行为的联合惩处力度，整合各类生态补偿资金向生态保护重点地区、重点领域倾斜，并对保护成效显著的地区或个人进行奖励。

（二）优化完善顶层设计，建立生态保护监管新体系

进一步完善地方性法规标准。法规方面，加强与国家现行生态相关法律法规的衔接与配合，结合国家自然保护地、生态保护红线有关立法，因地制宜推进相关地方性法规规章制修订；推进生物多样性、湿地等重点领域立法，建立纵横相互支撑的四川省生态保护监管法规

体系。完善各领域监管制度措施。标准方面，结合川藏铁路建设、安宁河谷综合开发等重大工程项目，在川西北生态示范区、万达开等川渝毗邻地区等重点区域，研究制定相关生态修复标准；总结提炼广安华蓥山区山水林田湖草沙冰生态保护修复工程试点经验，制定四川省山水林田湖草沙冰系统保护修复技术标准，逐步构建具有区域特色、符合区域特点的四川省生态修复标准体系。

完善重点领域生态保护监管政策。生态保护红线监管方面，因地制宜制定生态保护红线调查、评价技术指南，分区分类指导红线保护和修复。自然保护地监管方面，编制四川省自然保护地规划和各自然保护地总体规划，建立自然保护地优化、调整、监测、评估、修复等技术规范体系，严格落实分区差别化管控。生物多样性监管方面，更新四川省生物多样性保护战略与行动计划，加强四川黄河流域、赤水河、岷江、嘉陵江、雅砻江锦屏大拐弯段等重点流域、重要水体水生生物调查、观测和评估，建立长江（四川段）水生生物多样性调查、评价和监测预警指标体系，研究川藏铁路沿线生态调查及生物监测技术指标体系。

将生态文明示范建设作为落实生态保护监管的重要载体。持续推动国家及省级生态文明建设示范市县、“绿水青山就是金山银山”实践创新基地、环境保护模范城市建设成效评估，建立四川省生态文明示范建设全过程管理体系和“两山”转化技术体系。按照环境更优美、生态更友好的高品质宜居地建设要求建立美丽四川建设评价导则及技术指南，引导地方开展美丽市、县、乡镇、村等地方实践示范。通过以点带面、梯次推进，实现生态保护从“被动监管”向“主动监管”转变。

（三）打通监管全过程链条，探索生态保护监管新思路

建立“上下协同、左右协作”的生态监测体系。综合多源遥感和地面监测，利用卫星遥感、无人机等新技术，构建空天地一体、上下协同的四川省生态监测网络。统筹优化生态监测站点布设，推动一批重点区域、重点流域环境监测站点向生态环境综合监测站点改造，并在成都市白水河等地新建一批生态环境综合监测站点，在生物多样性保护优先区域建立完善野外生态观测与科研站点，统一生态监测技术规范，推动部门间监测站点资源及数据共享，建立四川省生态环境监测遥感应用基地。

发挥“评估 + 考核”指挥棒和风向标作用。建立宏观与微观、空间与时间相结合的多维度生态评估制度，常态化开展省域生态状况 5 年评估，生态文明示范建设 3 年后评估，重点生态功能区、生态保护红线、自然保护地、重点流域及湖库等重要区域年度评估。推动将生态保护监管关键指标纳入高质量发展考核指标体系。强化生态评估和考核结果应用，突出生态保护绩效与领导干部奖惩、提拔任用等挂钩，完善全过程的生态环境损害责任终身追究制度。

强化“督察 + 执法 + 问责”制度刚性约束。将生态保护工作开展、责任落实等情况纳入环保督察范畴，特别是对于生态功能重要区、脆弱区，要针对生态保护修复成效及问题开展机动式、点穴式专项督察，不断压实生态保护责任。推动生态保护综合执法与相关执法的协同联动，形成执法合力，深化自然保护地“绿盾”强化监督，严厉查处各类破坏自然保护地的违法违规问题。严肃追责问责，建立生态问题倒查机制，重点倒查责任人事前预防是否到位、事中处置是否得当、事后整改是否认真彻底以及效果是否明显等。

（四）加强科技支撑和公众参与，注入生态保护监管新动能

推动生态保护监管能力现代化建设。加快建设四川省生态保护红线监管平台，并以此为依托整合自然保护地、生物多样性保护等监管内容以及生态监测站点，形成生态保护监管信息“一张图”。加强非现场监管、大数据监管、无人机监管等新技术应用，强化对破坏湿地、林地、草地、河湖岸线等的开矿、修路、筑坝、建设和采砂等行为进行监督，形成生态状况监测快速响应能力和自动化处理能力。

推动生态保护监管全民参与。健全生态保护与修复重大决策及重大项目公众参与机制，设立曝光平台，完善公众监督和举报反馈机制，鼓励新闻媒体和公众曝光和举报生态破坏违法行为。探索设立生态管护公益岗位，如设立生态公益林护林员、草原湿地生态管护员、沙化土地封禁保护管护员等，探索生态公益岗位“一职多能、一岗多责”模式，制定统一的管护细则和管理办法，实现山水林田湖草沙冰一体化管理。

建设特色鲜明美丽多姿的锦绣家园

关于四川省生态城市建设的思考建议

唐书培　向蔓菁　刘冬梅　王恒
四川省环境政策研究与规划院

【摘　要】城市是我国经济、政治、文化、社会、生态文明建设等方面活动的中心。《中华人民共和国国民经济和社会发展第十四个五年规划和2035年远景目标纲要》首次提出了“全面提升城市品质”这一重要任务，同时还强调了“推进成渝地区双城经济圈建设，打造具有全国影响力的重要经济中心、科技创新中心、改革开放新高地、高品质生活宜居地”。当前四川省已步入城镇化较快发展的中后期，城市人居环境质量不高、“城市病”等问题普遍存在，如何全面提升城市品质、支撑高品质生活宜居地建设、满足人民群众日益增长的美好生活需要是以城市为载体推进生态环境保护工作的重大问题。基于此，本文研究提出用“生态城市”理念引领城市生态、生产、生活各领域品质提升，使人民群众享有更高质量的城市生活。
【关键词】生态城市；评价体系；建设路径

习近平总书记指出，“城市是现代化的重要载体，也是人口最密集、污染排放最集中的地方。建设人与自然和谐共生的现代化，必须把保护城市生态环境摆在更加突出的位置，科学合理规划城市的生产空间、生活空间、生态空间，处理好城市生产生活和生态环境保护的关系，既提高经济发展质量，又提高人民生活品质。”《中华人民共和国国民经济和社会发展第十四个五年规划和2035年远景目标纲要》首次提出了“全面提升城市品质”这一重要任务，同时还强调了“推进成渝地区双城经济圈建设，打造具有全国影响力的重要经济中心、科技创新中心、改革开放新高地、高品质生活宜居地”。本文围绕做好生态环境保护工作、支撑全面提升城市品质和建设高品质生活宜居地这一命题，通过研究提出了用生态城市理念引领城市生态、生产、生活各领域品质提升，使人民群众享有更高质量的城市生活，得到更高层次的需求满足。

一、生态城市：以品质提升为内涵的新模式

生态城市是城市发展的新理念、新形态，由苏联生态学家O.Yanitsy于1984年首次提出。从广义上讲，生态城市是按照生态学原则建立起来的社会、经济、自然协调发展的新型社会关系，是对人与自然辩证关系深刻认识基础上的新的文化观，是有效利用资源环境实现可持

续发展的新的生产和生活方式；从狭义上讲，生态城市就是按照生态学原理进行城市设计，建立高效、和谐、健康、可持续发展的人类聚居环境。根据上述的定义来看，生态城市是一个符合生态规律的城市生态系统，其目的就要实现人与人的和谐、人与自然的和谐、自然系统的和谐。如同生态文明是在工业文明基础上质的提升和飞跃一样，生态城市可以实现在现阶段城市基础上质的提升和飞跃，体现了城市建设在生态、生产、生活的新形态和新特征。

生态城市应具有结构合理、功能高效、关系协调等基本特征。其中结构合理是指适度的人口密度、高品质国土空间、高效的土地利用、宜人的生态环境、有效的自然保护、充足的绿地系统、完善的基础设施；功能高效是指经济的规范繁荣、资源的优化配置、物力的经济投入、人力的充分发挥、物流的畅通有序、信息流的快速便捷；关系协调是指生产生活生态的协调、人与自然协调、社会关系协调、城乡协调、资源利用和资源更新协调、环境胁迫和环境承载力协调。

二、生态城市建设经验

自 20 世纪 60 年代起，随着城市化进程加速导致环境危机深刻化与全球化，公众环境意识不断增强，国际社会就提出了以人与自然和谐相处为目标，积极探索尊崇自然、绿色发展的生态体系与城市规划建设的新模式。在国内，以田园城市、森林城市、低碳城市、智慧城市、绿色城市、园林城市等（见表 1）带有突出生态属性的城市概念、城市形态应运而生并在探索中不断完善。

表 1　国内几种生态型城市建设模式

类型	建设模式
田园城市	“田园城市”被认为是一种兼有城市和乡村优点的理想城市，1902 年霍华德在《明日的田园城市》中首次提出。 田园城市实质上是城和乡的结合体，是解决工业革命带来的城市污染、交通拥堵等“城市病”问题，促进城乡融合的经济生态有机体。江苏太仓、无锡等地提出建设生态型田园城市的构想，浙江衢州、海南琼海等将建设现代田园城市作为城市发展的目标
森林城市	“森林城市”最早源于美国和加拿大的“城市中的森林”，其后德国、芬兰等将其拓展形成森林城市。 森林城市是指城市生态系统以森林植被为主体，城市生态建设实现城乡一体化发展的一种新模式，有利于保护城市生态环境、提升城市形象、促进城市持续健康发展。2004 年我国启动“国家森林城市”创建，截至 2020 年全国有 441 个城市开展国家森林城市建设
低碳城市	“低碳城市”是指以低碳的理念重新塑造城市，通过创新低碳技术，实施绿色交通、绿色建筑等，转变居民消费观念，从而达到最大限度地减少温室气体的排放，实现城市的低碳排放，甚至是零碳排放，最终实现城市可持续发展的目标。 2008 年住房和城乡建设部与世界自然基金会以上海和保定两市为试点联合推出“低碳城市”，之后国家发改委分三批组织开展了国家低碳城市试点工作
园林城市	“园林城市”又被称为“花园城市”，即在城市规划和设计中融入景观园林艺术，使得城市建设具有园林的特色与韵味。 园林城市是我国重要的城市品牌之一，相关部门制定出台了实施办法和标准，从 1992 开始第一批国家园林城市建设至今，国家园林城市数量已超过 300 余个

从国内外生态城市发展来看，目前各类生态型城市多是基于生态城市理念并在某一要素上进行侧重外延，如侧重在森林、园林等，如表 2 所示。而我们现在提出的生态城市，其理念上更加突出人与自然和谐共生，并综合考虑人作为城市重要组成的幸福感、获得感、满足感和安全感，系统考虑城市生态、生活、生产等各环节各方面融入生态系统的整体性。

表 2　国外几种城市生态化建设模式

案例一　温哥华低碳城市建设
案例背景：温哥华市是加拿大西岸最大的港口，是北美西岸水陆路交通的主要枢纽之一。温哥华通过城市规划手段对城市开发进行了合理控制，有效保护了生态资源环境、提升了居民的生活质量，长期以来被公认为加拿大乃至整个北美地区在可持续发展领域表现最突出的城市。2007 年到 2011 年间，温哥华市在经济学人智库举办的“世界最佳宜居城市”调查中连续五次位居城市排行榜榜首。 具体做法：一是制定绿色发展规划。出台《温哥华 2020：一个明亮绿色的未来》，分别在绿色经济和绿色工作、更绿的社区以及人类健康 3 大领域提出了 10 项远期目标，并将目标及相关指标细化分解到每一年度。二是低碳减排行动。成立城市减排特别小组，制定“减少市政府项目的废气排放、减少全市的废气排放”行动规划。设立智慧气候项目，通过信息化手段对温哥华市内的企业进行温室气体排放量集中管理。把包括把重工业企业搬到城郊、在城区禁止燃烧木柴、大力发展水电、强制规定所有港口船舶都改为插电式、提高公共交通比例等
案例二　新加坡花园城市建设
案例背景：新加坡是东南亚的一个岛国，土地资源匮乏，人口密度位居世界第二，是世界第四大金融中心。新加坡坚持“花园城市”理念，通过合理规划、完善管理机制、大力发展城市绿化空间等，给世界提供了一个优良的城市治理模板。 具体做法：一是构建城市规划运作体系。制定了由战略性的概念规划、总体规划和开发指导规划三级构成的城市规划体系。其中概念规划用于指导未来 40～50 年的城市发展；总体规划主要制定土地使用的管制措施，作为开发建设活动控制的法定依据；开发指导规划细化分区和领域，并制定开发指导细则用于控制管理。二是运用先进理念引领城市发展。提出“环状城市和新镇建设”相叠加的空间结构模式，形成“区域中心-次区域中心-新镇中心”的公共服务设施体系；坚持“花园城市”理念，大力发展城市绿化空间，提高城市的绿色植被覆盖率
案例三　北九州绿色城市建设
案例背景：北九州市是日本九州人口规模第二大的城市，过去以煤炭、钢铁、化学等重工业为主，后成功转型发展为一座享誉世界的生态城市，并于 1990 年成为第一个获得联合国环境规划署“全球 500 佳”的日本城市。 具体做法：一是建立多元治理的“北九州模式”。策划并实践了 ECO-TOWN 工程，推行以政府、企业、社区、市民各方联合治理的模式，加强环境教育，并积极推进国际的交流与合作。二是发展循环经济。提出了“从某种产业产生的废弃物为别的产业所利用，地区整体的废弃物排放为零”的生态城市构想，推进生态工业园区工程，培育新兴产业，输出“环境技术”，推进产业转型发展

三、生态城市建设重点

结合生态城市的内涵特征，本文在总结分析国内外生态城市建设实践的基础上，认为生态城市建设需要统筹考虑环境、经济和社会效益，重点关注城市生态安全、生产绿色以及生活宜居 3 个方面。

（一）生态安全——注重城市生态韧性建设

通过污染治理、原生生境保护、生态修复等，改善区域生态环境质量，筑牢区域生态屏障，提升城市韧性，实现维护城市生态安全所带来的综合效益。具体来说，一是通过改善和维护水、空气和土壤等环境因素的质量状况，维护人们生存发展的基本条件，保障居民健康和提高生活质量；二是加强自然生态系统保护与修复，提高城市生态韧性，保障城市可持续发展；三是加强生态安全监测和研判，以及完善多级联动的突发环境事件应急网络，减少灾害的发生，降低人民生命财产损失，保障经济增长和生活宜居。

（二）生产绿色——构建绿色发展体系

城市作为承载高质量发展的核心，要体现其促进形成资源节约、环境友好、绿色经济等方面的发展效益，以平衡因土地性质改变降低生态系统功能的影响。具体来说，一是通过采取清洁生产、环保改造等具体措施，实现生产过程清洁化，提高绿色发展水平；二是通过探索高新技术产业、总部经济等新经济模式，提高绿色发展质量；三是推进城市产业生态化和生态产业化，在城市发展扩张的背景下带动城市资源人口的优化整合，提升绿色发展内在动力。

（三）生活宜居——以满足居民多元化高品质需求为目标

城市发展的最终目的是提供宜居的高品质生活地，因此生态城市建设也必须要考虑改善人居环境、实现均等化公共服务等的综合效益，具体来说，一是满足人民对美好生活的向往，通过建设人性化、有人情味和风光宜人、生活便捷的美丽宜居城市，提高居民生活品质；二是培育引领节俭适度的绿色生活方式，为城市可持续发展提供重要保障。

四、生态城市建设评价体系

生态城市建设评价是综合反映和衡量其建设水平的有效手段，类似于给城市的生态化建设及成效进行“体检”。生态城市建设既涉及城市生态、生产、生活各具体领域，又要综合考虑城市文化内涵、品质提升等精神层面，因此其评价指标既要体现城市本身具有的生态功能及价值，又要突出不同城市发展的特点，引导各地因地制宜推进生态城市建设。

（一）构建方法

在系统梳理现有各类生态型城市建设评价指标体系的基础上，基于生态城市的内涵及特征，确定生态城市评价指标体系的 4 个层次，即系统层、状态层、任务层和指标层。系统层主要通过对生态城市的价值取向、内在涵义、指导思想等进行分解，得到能反映生态城市“生态”“生产”“生活”各领域建设的总目标；状态层则是根据系统层的总目标，得到能反映生态城市建设环境、经济、社会效益的子目标；任务层则结合生态城市具体建设内容，细化实现状态层的具体措施，得到能引导生态城市建设的任务指标；指标层则是在综合生态城市建设标准的基础上筛选出能客观、全面反映任务层的具体指标。

（二）构建原则

人本优先。生态城市建设的主要目的是要增进居民的幸福感、获得感、满足感和安全感，指标内容应与居民日常生活有较强的相关性，以及居民对评价结果的易感知程度。

科学可行。客观真实地反映生态城市建设现状和发展需求，指标应具有典型代表性，简单明了，并充分考虑数据的可获得性，确保指标的可操作性和可比性。

动态发展。生态-经济-社会效益的互动发展需要通过一定时间、空间尺度的指标才能反映出来。评价指标的选择应考虑收集若干年度的变化数值，并体现出动态变化的特点。

（三）评价指标体系

生态城市建设评价指标包括三个方面，一是生态环境保护以及其产生的环境效益评价，二是生产绿色化以及其带来的经济效益评价，三是生活人居改善以及品质提升的社会效益评价，如表 3 所示。

表 3　生态城市建设评价指标体系建议表

系统层	状态层	任务层	指标层
生态安全指数	本底保护	环境质量	地表水水质优良比例、优良天数比例、土壤样本重金属超标率
		森林系统	森林覆盖度、森林自然度
		湿地系统	河湖水面率、本地水生生物数量比例
	生态健康	生态格局	平均斑块面积、生态绿隔区建设用地占比
		生态功能	水源涵养量、土壤保持量、生物多样性保护资金投入占比
	风险防范	能力建设	监测网络覆盖率、生态环境保护投入比例
		应急措施	突发环境事件应急预案及备案率、防灾救灾演练次数
绿色发展指数	资源节约	循环利用	一般工业固体废弃物综合利用率、工业用水重复使用率、农业废弃物综合利用率
		资源效率	万元 GDP 能耗降低率、单位 GDP 工业用水降低率、单位 GDP 建设用地面积下降率
	环境友好	绿色改造	企业绿色改造率、园区绿色改造率
		环境效率	工业废水排放达标率、单位工业产值废气排放量降低率
	绿色经济	产业优化	第三产业比重增长率、高新技术产业比重增长率
		经济效率	GDP 全省排名增长率、人均 GDP 全省排名增长率、绿色认证产业产值贡献率
	发展潜力	营城聚人	高层次人才落户增长率、城市建成区人口密度增长率
		共享发展	恩格尔系数降低率、基尼系数降低率
幸福人居指数	绿色生活	卫生整洁	城镇污水处理率、生活垃圾无害化处理率、公共厕所覆盖率
		绿色出行	30 min 通勤时间人数占比、慢行交通路网密度、新能源汽车保有量占比
		绿色建设	城镇新建绿色建筑比例、城市地下空间开发强度
	诗意栖居	景观优美	多样美、特色美、公众对城市园林绿化的满意度
		人景互动	公园共享指数、河道亲水生态带覆盖率
	健康安全	环境健康	上呼吸道慢性疾病发病率、建设用地安全率
		饮食安全	城市管网水水质年综合合格率、安全农用地占比
		安静宜居	噪声达标区覆盖度、公园绿地应急避险场所实施率、人体舒适度指数

（1）环境效益评价，表征生态城市建设在生态保护和修复以及污染防治等方面开展的工作，通过改善局部生态环境、筑牢城市生态屏障、提升城市韧性、维护地方生态安全带来的环境效益；可以从本底保护、生态健康、风险防范 3 个方面量化评估环境质量、生态格局、生态功能、森林生态系统、湿地生态系统、生态安全预警机制等方面取得的成效。

（2）经济效益评价，体现生态城市建设成果与经济高质量发展形成的良好互动，表征城市建设在培育高新技术、总部经济等新经济，资源节约、清洁低碳等新业态以及创建环境友好、社会和谐的生态城市和营城聚人推进城市化进程等方面所产生的效益；可以从资源节约、环境友好、绿色经济、共享发展 4 个方面量化评估。

（3）社会效益评价，表征生态城市建设在培育绿色低碳的生活方式、提供健康安全的城市环境、优美舒适的生活环境，以及富有人情味的城市公共设施等方面所产生的综合效益；可以从绿色生活、诗意栖居、健康安全 3 个方面量化评估在打造高品质宜居地，增进居民幸福感、获得感、满足感和安全感方面取得的成效。

五、生态城市建设路径建议

《四川省国民经济和社会发展第十四个五年规划和二〇三五年远景目标纲要》提出到 2035 年美丽四川建设目标基本实现，届时生态空间水碧天蓝、生产空间低碳高效、生活空间舒适宜居的美丽城市景象也将逐步形成。生态城市建设是各地提升城市品质，建设美丽城市的重要手段，我们结合 21 市（州）城市环境资源特征和发展定位，提出 4 种类型生态城市建设的路径建议。

（一）综合创新型

综合创新型生态城市是践行创新、协调、绿色、开放、共享新发展理念，实现更高质量、更有效率、更加公平、更可持续发展战略载体的城市发展模式。该模式下良好生态环境是其重要的内在组成部分，以绿色理念和技术创新为突破口，推进城市生态环境高水平保护和经济高质量发展。坚持人与自然和谐共生理念，加大现存自然生态系统的原生态保护，尽量较少对其进行人为景观化改造；引入基于自然的解决方案，建设绿色基础设施；创新城市生态环境管理模式，将绿色产业发展同生态环境保护有机融合，形成人、城、境、业良性互动，实现城市生态循环。

成都、德阳、眉山、资阳 4 市可围绕同城化目标，以综合创新为方向进行生态城市建设。

（二）环境友好型

环境友好型生态城市是遵循可持续发展理论，在资源最小利用的前提下，使城市经济朝更富效率、稳定和创新方向演进的城市发展模式。该模式涉及工业生产排放与环境质量、经济生态化与发展综合效益以及生态环保知识法规普及与公众对城市生态环境满意度等多个方面。作为城市治理模式的一次转变，环境友好型城市改变过去单一或主要追求经济高效益发展的片面做法，让多元主体、多元途径以及多样方式参与到城市治理中来，降低污水、固废、有害气体等污染物和废弃物排放，以增进生态环境保护与经济发展的协同。

自贡围绕推进老工业基地改革创新和转型升级，内江建设成渝特大城市功能配套服务中心，广安探索跨省域一体化发展，达州建设东出北上综合交通枢纽、巴文化传承创新和旅游发展高地，可从环境友好方向探索生态城市建设。

（三）绿色生产型

绿色生产型生态城市是指在城市建设发展过程中按照有利于保护生态环境的原则组织生产过程，通过绿色创新，创造绿色产品，最终实现高经济增长、低生态痕迹、低环境影响的城市发展模式。该模式是践行绿色发展的城市形态，注重效率、和谐、持续的经济增长和社会发展方式，涵盖绿色农业、绿色工业、绿色服务业等多个产业。总体上应加快构建绿色低碳循环经济体系，在绿色农业方面可加大政策扶持、强化科研投入、健全食品安全监测评价体系，绿色工业方面可重视市场调节、优化财税激励、增强宣传引导，绿色服务业方面可建立综合服务平台、鼓励绿色金融、重视资源回收与低碳循环研发等。

绵阳围绕建设具有国际影响力的中国科技城和国家国防科研生产基地，宜宾围绕建设国家创新型现代产业发展示范区和国家产教融合示范市，乐山打造以光伏产业为重点的“中国绿色硅谷”，泸州建设长江上游航运贸易中心和区域医药健康中心，凉山、攀枝花打造国家级战略资源创新开发试验区和国际阳光康养旅游目的地，巴中建设成渝地区绿色产品供给地和产业协作配套基地，阿坝、甘孜打造国家全域旅游示范区和国际生态文化旅游目的地，这些城市的产业发展特色鲜明，可从绿色生产方向探索生态城市建设。

（四）绿色生活型

绿色生活型生态城市是指推行绿色生活方式的城市发展模式。随着城市现代化的不断推进，构建可持续发展和绿色生活型城市越来越受到社会关注，城市被期望成为绿色与艺术的完美融合。该模式主要从节能、节水、节地、节材等方面入手，重点关注绿色建筑、绿色公路、绿色食品等具体城市建设内容。总的来看，需要加快构建绿色供需产业链以及倡导绿色消费与加大绿色发展创新投入等。

南充建设成渝地区北部中心城市，遂宁围绕建设成渝发展主轴绿色经济强市，雅安建设成都都市圈重要功能协作基地，广元打造生态康养旅游目的地，可借鉴绿色生活方向展开生态城市建设。

“十四五”时期四川省新型城镇化绿色发展路径建议

黄庆　马丽雅　张豇浜
四川省环境政策研究与规划院

【摘　要】新型城镇化建设是实现国家现代化的必由之路，对促进国民经济各环节在开放环境下顺畅衔接、进而加快形成以国内大循环为主体、国内国际双循环相互促进的新发展格局意义重大。四川省作为长江黄河上游重要生态屏障、全国绿色发展示范区，以及全国新型城镇化发展的重要阵地，构建绿色城镇化和城乡发展建设的四川道路和四川方案，有利于支撑“美丽四川”战略目标的实现。本文基于四川省城镇化发展现状，剖析了新型城镇化进程中可能产生的生态环境问题，梳理了新型城镇化绿色发展目标，并结合四川省城镇特点，提出了城镇新型城镇化绿色发展路径和重点任务。

【关键词】城镇新型化；绿色发展路径；重点任务

城镇是能够处理与城市相关的大量失衡问题的最大单元。这些失衡问题涉及建造、社会、经济与政治领域，也涉及自然资源与环境利用以及对现代世界的破坏。另外，城镇是“可通过综合、主题、可持续的方式合理解决这类问题的最小框架体系”，1994 年欧洲各国在丹麦的奥尔堡（Aalborg）签署的“奥尔堡宪章”对城镇的作用进行了这样的描述。我国城镇承载了 63.9%的人口，消耗了 80%左右的能源，产生排放了 85%以上的大气污染物和 50%以上的水污染物，应该说城镇是我们解决资源环境问题，建设美丽家园的最直接、最有效、最合理的切入点。

2013 年 12 月，习近平总书记主持召开了改革开放以来首次中央城镇化工作会议，首次系统提出了新型城镇化理念，开启了我国城镇化转型发展的新征程。新型城镇化是以城乡统筹、城乡一体、产业互动、节约集约、生态宜居、和谐发展为基本特征的城镇化，是大中小城市、小城镇、新型农村社区协调发展、互促共进的城镇化。我国在国民经济和社会发展第十四个五年规划和 2035 年远景目标纲要中明确提出了“完善新型城镇化战略 提升城镇化发展质量”的战略任务，新型城镇化建设是实现国家现代化的必由之路，对促进国民经济各环节在开放环境下顺畅衔接、进而加快形成以国内大循环为主体、国内国际双循环相互促进的新发展格局意义重大。

对于如何全面提高城镇化发展质量，以习近平同志为核心的党中央敏锐判断我国城镇化发展的新趋势新特征，提出以“创新、协调、绿色、开放、共享”新发展理念为引领的中国特色新型城镇化道路，其中绿色成为新型城镇化发展的重要底色，同时在“碳达峰、碳中和”等国家重大战略引领下，新型城镇化发展应坚持走绿色低碳发展道路。四川省作为长江黄河上游重要生态屏障、全国绿色发展示范区，以及全国新型城镇化发展的重要阵地，在“十四五”以及今后更长一个时期，应将新型城镇化的绿色发展当作一项重要任务。如何将绿色发展理念贯彻落实在四川新型城镇化和城乡发展建设的全领域和全过程中，构建绿色城镇化和城乡发展建设的四川道路和四川方案，支撑“美丽四川”战略目标的实现，是一项重要与紧迫的研究内容。

本文基于四川省城镇化发展现状，剖析了新型城镇化进程中可能产生的生态环境问题，梳理了新型城镇化绿色发展目标，并结合四川省城镇特点，从推进区域城市整体协同性、提升城镇空间格局的相宜性、开发建设绿色低碳转型、提高污染治理水平、筑牢公民生态文明意识、拓展生态产品价值转化途径等 6 个方面提出了城镇新型城镇化绿色发展路径。同时针对四川省不同类型的典型城市，列出了对应城镇新型城镇化绿色发展的重点任务。

一、四川省新型城镇化发展现状

四川省城镇化水平不断提高，但部分城市依然处于低位。2019 年，全国城镇化率达到 60.60%，较上年末提高 1.02%；四川省城镇化率为 53.79%，较上年末提高 1.5%，城镇化率仍低于全国 6.81%，城镇化率增速高于全国平均水平。其中，成都、攀枝花、绵阳、自贡、德阳城镇化率超全省平均水平，成都市达到 74.41%，攀枝花市、绵阳市位居第二和第三，分别为 66.77%、54.13%。南充市、雅安市、眉山市、广元市、达州市、资阳市、巴中市、广安市、阿坝州、甘孜州城镇化率不足 50%，其中甘孜州城镇化率最低仅 32.94%。总体而言，随着“一干多支”发展战略深入实施，四川省新型城镇化水平将持续提升，但各市（州）发展水平不平衡且空间两极分异显著，城镇化水平目前仍处于较低水平。

城镇基础设施水平稳步提升，但部分指标依然较低。城镇基础设施、公共服务和人居环境持续改善，2019 年全省供水、燃气普及率为 95.9%、95.0%。2015—2019 年，人均绿地面积由 11.96 m^2 提升至 14.03 m^2，建成区绿化覆盖率由 38.7%上升至 41.9%，城镇教育、生态环保、医疗卫生、养老等公共服务供给能力进一步增强。但在全国相比较，四川的城镇基础设施水平特别是在生态环境治理方面仍然较低，与经济大省、人口大省的地位严重不符。如四川 2019 年城市污水和城市垃圾的日均处理能力为 0.32 m^3/人，低于 0.4 m^3/人的全国平均水平，在全国排名 29 位；生活垃圾无害化处理能力为 14.5 t/万人，低于 19.8 t/万人的全国平均水平，在全国排名 28 位；污水处理率为 95.3%，低于 96.5%的全国平均水平，在全国排名 27 位；生活垃圾无害化处理率 99.8%，高于 98.4%的全国平均水平，在全国排名 18 位。同时，《中国新基建竞争力指数白皮书（2020）》指出，四川的新基建竞争力指数得分为 76.6 分，在全国 31 个省区市中名列第 11 位，与北京、上海、江苏、浙江、福建、广东等省市相比存在较大差距。

资源利用水平逐步提高，但距先进省份依然差距巨大。节约集约用地有所提升，2015—2019 年，全省单位 GDP 建设面积下降 4.9%。能源利用效率不断提升，“十三五”期间，全省单位 GDP 二氧化碳排放累计下降 26%左右，单位 GDP 能耗累计下降 17.44%。资源利用水平不断提高，2015—2019 年，单位地区生产总值水耗下降约 30%，人均综合用水量累计下降 7%。但与沿海发达省份相比，四川的资源能源利用水平还较低。2020 年，四川的农业单位农耕面积产值仅为北京的 0.39、福建的 0.41、广东的 0.56、浙江的 0.57、上海的 0.81、江苏的 0.88。四川的工业水耗是北京的 3.64 倍、浙江的 1.59 倍、广东的 1.18 倍。四川的单位 GDP

全社会用电量是北京的 1.87 倍、上海的 1.45 倍；工业 GDP 电耗是北京的 1.13 倍、上海的 1.12 倍、广东的 1.06 倍。2019 年，四川的人均用水量是北京的 2.26 倍、浙江的 1.53 倍、上海的 1.77 倍。

生态文明建设取得积极成效，但公民生态文明意识尚不牢固。生态环境质量明显改善，2020 年全省优良天数比例为 90.8%，较 2015 年提高 5.6%，全省 87 个国考断面优良率达 98.9%，较 2015 年上升 26.4%；全省森林覆盖率由 36.02%提升至 40%，新增治理沙化土地 9.7 亿 m^2 亩，荒漠化恶化趋势得到初步遏制。生态文明建设成绩突出，全省共建成国家生态文明建设示范县 14 个、“绿水青山就是金山银山”实践创新基地 4 个，生态文明示范创建西部领先。公民对生态文明意识已经有了一定的认同度和知晓度，但仍然存在政府主导、企业主责、社会参与体系尚未健全，相关责任主体内生动力尚未有效激发，部分地方和部门生态文明宣传教育工作开展不到位、公民对生态环境保护不了解不关注、公民生态保护活动践行不足等问题。

二、新型城镇化进程中面临的生态环境压力

（一）资源能源消耗加速，生态空间被挤占

一是土地资源消耗过快。2019 年末，全省城镇建设用地面积为 4 049.87 km^2，较 2015 年增加 16.67%，全省耕地面积为 673.61 亿 m^2，较 2015 年减少 0.20%，即每提高 1%城镇化率，增加 2.73%的建设用地（110.56 km^2），减少 0.022%的耕地面积（0.15 亿 m^2），预计到 2025 年，将较 2019 年增加 16.4%的建设用地（663.37 km^2），减少 0.13%的耕地面积（0.89 亿 m^2）。到 2035 年，增加 41.0%的建设用地（1 658.42 km^2），减少 0.33%的耕地面积（2.22 亿 m^2）。二是用水总量大幅增加。随着城市人口的增加，城市总用水量将随之增加，加之城镇居民生活习惯、生活水平的不断提高，人均用水量也有小幅增加，对水资源有限的地区城市发展产生制约。2019 年，全省城镇人口 3 346.8 万人，较 2015 年增加 20.2%，城市人均日用水 208.24 L，较 2015 年增加 2.01%，城市用水总量较 2015 年增加 24%，相当于每提高 1%城镇化率，增加 3.93%城市年用水总量（1.00 亿 t）。三是能源消费总量先增后降。在城镇化快速发展的中前期阶段展，伴随着工业化的快速发展，以及人口集聚、大量基础设施建设、大量交通工具使用等因素，推进新型城镇化建设会导致能源消费总量显著增加，但长期来看，由于城镇产业结构、生产方式、技术水平、生活方式等的不断提升，加之城镇化的集聚效应，能源利用效率将大幅提升，城镇化发展的后期能源消费总量增速逐年放缓，并最终实现下降。四是大量生态空间被挤占。在城镇化快速推进过程中，随着农村人口逐渐向城镇转移，为了满足生活需求，城市中的住宅、商场、道路等基础设施不断增加，而原有绿地、公园、水体等生态空间被挤占，生态服务功能逐渐被削弱，城镇生态系统平衡关系受到破坏，城镇生态环境系统的自我恢复能力逐步削弱。

（二）污染物排放增加，环境风险隐患凸显

一是城镇生活污水排放量大幅增加。城镇化率的提高势必带来城市人口的增加，对应的污水产生量也随即增加。2019 年，全省城市污水排放量为 23.61 亿 m^3，较 2015 年增加 26.71%，

相当于每提高1%城镇化率，城市污水排放量增加4.38%，虽然从整体角度讲，由于城市污水收集率较农村高，城镇化率提高对改善水环境质量具有正效益，但局部流域污染负荷将会增加。二是移动源污染排放量显著增加。城镇化的快速推进，城市机动车保有量快速增加，机动车尾气污染日益明显。以成都市为例，2015—2019年，成都市城镇化率由71.47%增加至74.41%，汽车保有量提升了33.55%，即将成为全国第一大机动车保有量城市，与此同时移动源污染排放量大幅增加，根据最新大气污染物源解析，成都市移动源已远超过工业源成为成都市大气污染的首要污染源。三是施工扬尘的面源污染突出。城镇化的发展将带来大规模的城市基础设施建设，工程建设、土地平整、旧房拆除等带来的扬尘、非道路移动机械废气污染更加突出，运用"SMEI"模型分析得出2020年成都市施工扬尘产生的颗粒物占全市总颗粒物产生量的37.8%，高于工业源与移动源。四是生活垃圾产生量大幅增加。从农村转移至城市后，由于生活及消费习惯的改变，导致人均垃圾产生量大幅提高。根据相关研究，生活垃圾产生量主要受到GDP、城市建成区、城镇化率等指标的影响，这三大指标每增加1%，生活垃圾产量平均增加0.11%、0.68%、2.15%。五是土壤环境风险隐患凸显。城镇化的迅速发展，促使传统行业"退城入园"，大量原工业企业用地将调整为商住用地，若不做好原有工业企业场地土壤污染的调查与修复，这些污染场地将给快速发展中的新型城镇化埋下巨大的环境和健康风险。六是环境风险隐患突出。受历史原因，四川省早期重点产业靠城发展，随着城镇化推进，城市向外扩张，不少以往的工业企业将难以避免地置身于城镇中间，不仅带来了环境污染和安全隐患，也在一定程度上制约了企业发展。

三、四川省新型城镇化绿色发展目标

根据《四川省国民经济和社会发展第十四个五年规划和二〇三五年远景目标纲要》，四川省提出要全面提升城市品质，建设韧性城市、绿色城市、智慧城市、人文城市，同时在《四川省人民政府关于深入推进新型城镇化建设的实施意见》中，也从城镇布局和形态、城镇可持续发展能力、城镇生态环境等方面提出了城镇绿色发展的要求。故四川省新型城镇化绿色发展目标应着重从以下几个角度考虑，从而达到城镇化发展实现生态生活生产平衡统一，人城境业深度相融，人、自然、城市和谐共处的目的。一是实现以人为本的价值遵循。主要体现在以人为核心的城镇化建设理念不断深入，城乡群众的福祉在城镇建设中得到更多惠及，适应居民需求的公共产品和公共服务供给不断增加，群众身边关心的环境问题得到有效解决，人民群众获得感和幸福感不断提升，"人城和谐"的格局基本形成。二是实现天蓝水清的生态环境。主要体现在城镇环境质量持续改善，生态系统质量和稳定性全面提升，优质生态产品供给逐步增加，绿色生态成为城镇最优质的资产和最鲜明的底色，让人民群众在天蓝、地绿、水清的优美生态环境中生产生活，让人民群众望得见山、看得见水、记得住乡愁。三是形成绿色高效的开发模式。主要体现在城镇的高质量发展、绿色发展、循环发展、低碳发展更加突出，生产空间高效安全，生活空间舒适宜居，生态空间山清水秀，土地、水、能源等资源实现高效集约利用，城镇绿化、污水处理、垃圾无害化处理等领域环保基础设施建设不断完善。四是形成绿色多元的金融体系。主要体现在有利于绿色发展及生态环境保护的金融体系逐步完善健全，生态价值转化的路径更加多元，城市生态价值、人文价值、经济价值、生活价值、社会价值持续提升，良好生态环境成为经济社会持续健康发展的有力支撑。五是形成低碳节约的公民意识。主要体现在习近平生态文明思想更加深入人心，公民生态文明意识普遍提高，“人与自然和谐共生”的社会共识基本形成，在全社会形成人人关心、支持、参与生态环境保护工作的局面，绿色低碳、文明健康、勤俭节约生活理念和生活方式基本形成。

四、四川省新型城镇化绿色发展任务

根据四川省新型城镇化现状、问题，以及绿色发展目标，结合四川省特有的战略发展定位、经济社会条件、资源环境禀赋等，本文因地制宜地提出四川省绿色发展任务。

（一）推进区域城市整体协同性发展，提高城市群绿色协调发展水平

以成渝地区双城经济圈、成都都市圈、川南渝西融合发展、川东北渝东北协同发展、万达开、内自一体化等重大发展战略为契机，构建以城市群为主体、国家中心城市为引领、区域中心城市和重要节点城市为支撑、县城和中心镇为基础的现代城镇体系，推动大中小城市和小城镇协调发展。一是强化中心城市的极核功能，有序推动一般性制造企业向中心城区以外区域和周边城市疏解，引导产业项目向资源环境承载力强、发展潜力大的近郊功能区布局，缓解中心城区环境压力。二是持续推进以县城为重要载体的新型城镇化建设，加快补齐县城公共服务设施、环境基础设施、市政公用设施、产业配套设施短板弱项，有效承接中心城区功能外溢和人口疏解，提高资源环境承载力。三是有效衔接乡村振兴，统筹推动供水、供电、污水处理、垃圾处置等公共设施向乡村延伸，着力打造美丽宜居乡村，以乡村优美的生态环境吸引更多资源要素的聚集，实现城市反哺农村。

（二）提升城镇空间格局的相宜性，提高城镇人居环境品质

城镇空间格局是城镇建设的骨架，空间要素布局的基础，是影响人们生活优质度、舒适度、便捷度、丰富度的重要因素，也是坚持“以人为本”新型城镇化建设中的重要关注点。因此，提升城镇空间格局的相宜性应结合人民群众对美好生活的向往，着重从城市规模、形态结构、土地利用结构等方面提出优化任务。一是控规模，坚持以水定人、以水定城、以水定产，根据资源环境承载能力合理确定城市发展规模，推动城镇市群建设向资源集约与高效利用方向转变。二是优结构，加强对城市现有山体、水系等自然生态要素的保护，构建大尺度生态廊道和网络化绿道脉络，合理引导城市空间布局和产业经济的空间分布，以生态空间连通生活空间，以生态空间缓冲生活空间与生产空间。三是强功能，提升生态空间数量、面积及功能，强化生态空间生物多样性保护及生态价值的提升，加强生活空间的集约化、低碳化建设，提高生产空间安全、清洁化水平。

（三）实施开发建设绿色低碳转型，提高城镇可持续发展水平

城镇的绿色开发建设是一个较为广泛的概念，不仅是开发建设活动本身，还涉及产业结构、交通结构、能源结构以及绿色建筑、绿色低碳设施等各个方面，是从源头实现城镇化绿

色建设的重要手段，比如城市规划格局的形成，决定了这座城市的基本交通行为以及交通能耗和污染排放的基本水平。其任务主要包括：一是在产业结构方面，要加快发展以“低碳”为特征的节能环保、数字信息、新能源、生物医药、新材料、生态旅游等新兴产业，着力推进传统行业企业清洁化、循环化、低碳化改造进度，提升资源能源利用效率、削减污染物和温室气体排放。二是在交通结构方面，要着力构建多种出行方式无缝衔接的绿色公共交通网络，提高绿色出行比例；优化城镇道路规划布局及行进方式，合理制定城区停车收费政策，缓解噪声、尾气、扬尘对沿线居民的影响；制定鼓励新能源汽车使用的差异化政策措施，加快充电设施建设，加大新能源汽车使用比例。三是在能源结构方面，要加强提升城镇电网安全和智能化水平，增强电网清洁能源接纳能力以及对新型终端用电的保障能力；优先保障城镇燃气，加快天然气管网覆盖范围，提升居民和公共设施用气质量；逐步扩大电能替代范围，在工业生产、交通运输、餐饮娱乐、家居家电等领域推进电能替代。四是在绿色建筑、绿色低碳设施方面，要积极开展绿色建筑行动，鼓励使用绿色建材，大力推动既有建筑开展节能改造；在城镇建设过程中树立节水型城市建设理念，新建公共建筑安装节水器具，在城市供排水基础设施建设中考虑将非常规水的收集以及中水回用设施；推动清洁能源在建筑和城市的广泛使用，在有条件的地区加快屋顶光伏发电等设施建设。

（四）提高新型城镇化污染治理水平，改善区域生态环境质量

结合城镇发展所产生污染物的情况，为实现新型城镇化的绿色发展，改善城镇环境质量，应从以下几个方面提高污染治理水平。一是开展环境基础设施补短板行动，推进城镇“污水零排区”建设，加快污水处理设施建设，强化老旧城区和城乡结合部污水截流、收集，实施雨污分流改造；严格生活垃圾分类管控，推进生活垃圾中有害垃圾收集与处置，加强餐厨垃圾、建筑垃圾资源化利用。二是深化污染源治理，深入实施工业企业污水处理设施升级改造，全面实现工业废水达标排放，进一步提升废水资源化利用率；强化“一园一策”“一厂一策”废气治理，加快钢铁、水泥、平板玻璃等重点行业超低排放改造，深入开展锅炉综合整治；加强固体废物源头削减，提高综合利用率，加快固体废物、危险废物、医疗废物处置、综合利用设施的建设，并将其纳入城镇总体规划中。三是严控环境风险，以拟开发为住宅、公共管理与公共服务用地的地块为重点，依法开展地块土壤污染状况调查和风险评估，严格土壤修复与治理，确保土壤安全；强化流域、区域环境风险防控，加强城市环境风险应急体系建设，确保城市环境安全。

（五）筑牢公民生态文明意识，形成绿色低碳生产生活方式

良好的公民生态文明意识是一个城市先进、文明、富裕的重要标志，城镇的绿色发展不仅要靠党委领导、政府主导，很大程度还是要企业、公众的广泛参与、监督、执行，形成政府、企业、公众共治的环境治理体系，进而推动全社会广泛形成绿色低碳生产生活方式。一是要扎实做好习近平生态文明思想理论研究、广泛宣传，推动和指导城镇、乡镇形成各具特色的生态文明宣传品牌，加强生态文明建设新闻宣传，主动回应社会关切。二是用好新媒体平台及各方面社会资源开展线上线下宣传，引导公众自觉履行环境保护责任，力戒奢侈浪费，从绿色消费、绿色出行、垃圾分类等多个方面践行简约适度、绿色低碳、文明健康的生活理

念和生活方式。三是结合城镇化建设，推进各社区、街道积极开展生态文明建设示范区创建宣传，整合区域生态建设亮点工程，引导公众共同参与生态文明建设。

（六）拓展生态产品价值转化途径，培育城镇经济高质量发展新动力

城镇经济的高质量发展，不光是中高速发展，更是高品质、可持续、绿色发展，不能只依靠传统的商品贸易、资源开发、资产投资、社会消费，还需要更多如新基建、生态环境保护、文化建设、旅游发展等拉动经济发展的新动力。其中“绿水青山就是金山银山”就是对生态环境保护拉动经济发展的最好诠释。而生态产品价值转化则是绿水青山转化为金山银山的核心关键路径，拓展生态产品价值转化途径是新型城镇化绿色发展的本质。具体任务包括：一是建立生态产品价值评价体系，制定生态产品价值核算规范，鼓励地方先行开展以生态产品实物量为重点的生态价值核算，推动生态产品价值核算结果在生态保护补偿、生态环境损害赔偿、经营开发融资、生态资源权益交易等方面的应用。二是健全生态产品经营开发机制，推进生态产品供需精准对接，带动广大农村地区发挥生态优势就地就近致富、形成良性发展机制，让提供生态产品的地区和提供农产品、工业产品、服务产品的地区同步基本实现现代化，人民群众享有基本相当的生活水平。三是拓展生态产品价值实现模式，深入挖掘地方特色资源，从生态附加值溢价、生态产业发展、生态产品开发、环境资源交易等维度，推动生态优势转化为经济优势，以生态环境高水平保护助推经济高质量发展。

基于自然与社会双重影响空间识别的四川省农村生活污水治理适宜路径研究

罗彬　任春坪　黄田　林佳丽　杨继雄
赵磊　杨庆　孔茹芸　郑淋峰
四川省环境政策研究与规划院

【摘　要】《中共中央关于制定国民经济和社会发展第十四个五年规划和二〇三五年远景目标的建议》对农村生活污水治理做出部署，强调“因地制宜推进农村改厕、生活垃圾处理和污水治理”。农村生活污水治理仍是当前四川省农村人居环境整治突出的“短板”，其治理成效直接关系着“美丽四川”建设进程和“高品质生活宜居地”目标的实现，影响着全省 3 800 多万农村常住人口的生活“幸福指数”。为积极探索农村生活污水治理适宜路径，本文以两地 8 个县（区、市）农村生活污水治理技术方案和专项规划编制为基础，总结提炼建立了一套基于自然与社会双重影响空间识别的农村生活污水治理规划专利技术，实现对农村生活污水因地制宜、因人制宜、因财制宜、因时制宜的精准治理。

【关键词】农村生活污水治理；自然与社会双重影响；空间识别；专利技术

四川是典型的农业大省，农村经济发展与生态环境保护不协调问题长期存在，其中农村生活污水治理问题成为农村人居环境整治突出的“短板”。加之，四川幅员面积大，气候差异大，高寒、高海拔地区分布广，涵盖平原、丘陵、山地、河谷、高原等复杂地形地貌，污水处理设施及管网建设和管护难度高、资金需求量大，因地制宜推进农村生活污水治理迫在眉睫。

四川省委、省政府高度重视农村生活污水治理，先后出台《四川省农村生活污水治理五年实施方案》和《四川省农村生活污水治理三年推进方案》等文件，提出到 2022 年，力争全省 65%的行政村农村生活污水得到有效治理，农村人居环境质量明显提升，农村生态环境有效改善。

为积极探索四川省农村生活污水治理适宜路径，本文以阿坝州和自贡市两地 8 个县（区、市）农村生活污水治理技术方案和专项规划编制为基础，总结提炼建立了一套基于自然与社会双重影响空间识别的农村生活污水治理规划专利技术，实现对农村生活污水因地制宜、因人制宜、因财制宜、因时制宜的精准治理。

一、农村生活污水治理规划专利技术

四川省农村环保底子薄、基础差，农村生活污水治理点多面广，投资高，编制治理规划需要科学选择治理模式，准确把握治理时序，做到既尽力而为又量力而行。

农村生活污水治理与农村聚居区的分布状态（聚集程度、地形地貌、与环境敏感位置关系等）密切相关，分布状态不同，生活污水治理模式、建设时序应有所不同。农村聚居区识别是农村生活污水治理的难点，也是关键点。传统的聚居区识别方法多通过人为调研进行，费时费力，且受主观因素影响较大。定量遥感方法也可以识别聚居区，但由于广大农村地区植被覆盖度高、地形条件复杂、居民点分布分散，其在实际应用过程中也受到一定限制。

本文探索总结出了一套基于自然与社会双重影响空间识别的农村生活污水治理规划专利技术（见图 1），具有识别精准、高效、系统的特点。主要包括以下三步。

第一步：聚居区空间识别。一是农村居民聚居区识别，基于自然地理数据（国土地理数据、地理空间数据云、遥感影像）以及社会化数据（常住人口数据等），利用 GIS 软件处理后，建立居民点“点对点”距离模型，合理设置空间阈值，得到农村居民聚居区、分散居住点矢量图。二是聚居区地形特征分析，基于 DEM 数据，获取农村居民聚居区在不同地形地貌上的分布特征和坡度关系。三是环境敏感区识别，建立重要水体、饮用水源地、风景名胜区等敏感目标空间图层，划分环境敏感区和一般区域，建立居民聚居区与环境敏感区空间矢量关系。四是结果验证，通过遥感影像、现场调研方式等方式校验空间识别和划分结果，建立“农村居民点—农村聚居区—地形地貌—环境敏感区”空间对应关系，最终精准“画像”农村不同区域的居民聚居区分布状况。

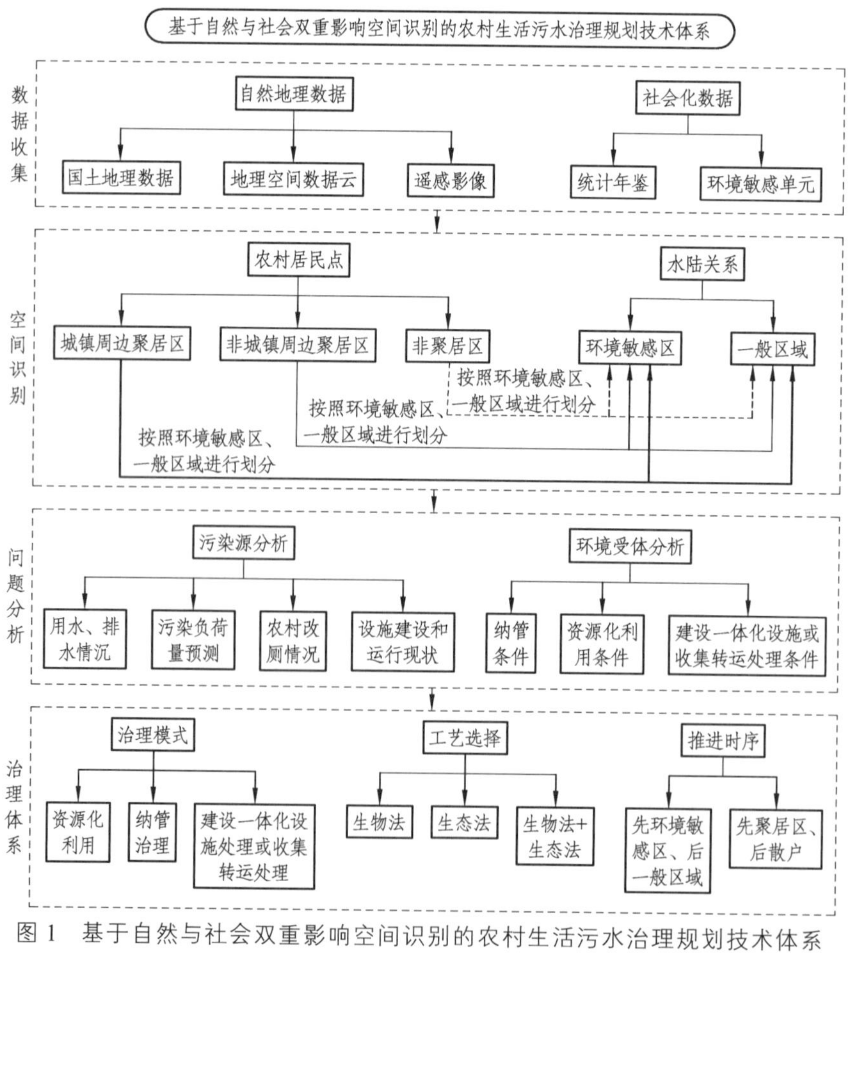

图 1　基于自然与社会双重影响空间识别的农村生活污水治理规划技术体系

第二步：污染现状调研分析。从农村生活污水的“污染源头”以及受纳环境的“承受度”进行双向调查分析，为后期精准治理提供依据。一是开展污染源分析，深入调查农村生活用水、排水、农户改厕普及情况等，测算农村人均生活污水产生量和污水水质状况，估算人均主要污染物负荷量。二是开展环境受体分析，综合考虑当地的区位条件、自然条件（地形地貌特征、土地资源、林地、草地等）、环境敏感区域（饮用水水源保护区、自然保护区、风景名胜区、重要河湖沿岸以及水质需改善控制单元）特征等因素，分析农村生活污水资源化利用条件、纳管条件、建设一体化设施集中处理等条件。

第三步：治理模式选择。一是按照“环境敏感区优先推进、聚居区重点治理”的要求，优先治理饮用水水源保护区、自然保护区、风景名胜区、重要河湖沿岸以及水质需改善控制单元内的村庄，制定合理的年度实施计划。二是对于县城和乡镇周边且具备纳管条件的聚居区，在一定范围内采取纳管方式进行处理。三是对于一定规模的聚居区，采用建设一体化污水处理设施进行处理，有条件的地区，也可以统一收集转运后集中处理。四是对于非聚居区的分散型农户，优先考虑结合“厕所革命”，通过资源化利用方式进行消纳，对于少量位于环境敏感区域内的散户，也可以采取建设集中式一体化设施或收集转运方式进行处理。

二、加强农村生活污水治理的工作建议

（一）分区分类逐次推进农村生活污水治理

根据环境敏感区域特征（主要包括饮用水水源保护地、自然保护区、风景名胜区、重要河湖沿岸以及水质需改善控制单元等），将农村居民聚居区按照环境敏感区、一般区域进行划分，综合考虑地形地貌特征（平原、丘陵、河谷、山地等）、经济发展等情况，按照“环境敏感区优先推进、聚居区重点治理”的要求，坚持“资源化利用优先、集中处理为辅”的原则，因地制宜确定治理目标、采取合理的治理模式，确定合理建设时序，切忌“一刀切”“齐步走”。

（二）坚持资源化利用优先，借助自然地理条件、环境消纳能力等进行有效治理

对于散户或者位于一般区域内且具备资源化利用条件（周边有农田、林地、草地、果树种植）的聚居区，可充分利用坑塘生态化改造、农田生态系统，通过农田利用或建设植物隔离带，实现生活污水资源化利用。对于使用旱厕的地区，宜采用自然生态降解法处理（见图2），旱厕粪污经过自然降解后用于草地和林地消纳、农作物施肥、果蔬种植等。对于使用水冲式厕所的地区，可采用三格式化粪池 + 资源化利用的方式进行处理（见图 3），黑水与灰水分开收集，黑水排入三格式化粪池，在厌氧微生物作用下，有机物及悬浮物得到降解后用于草地和林地消纳、农作物施肥、果蔬种植、庭院绿化等。上述两种情景的灰水可直接用于农业生产，不得直接排入河（湖、库），如确实需要排入河（湖、库），应经过过滤（石头、沙子等）、人工湿地、生态沟渠、稳定塘等处理后排放。

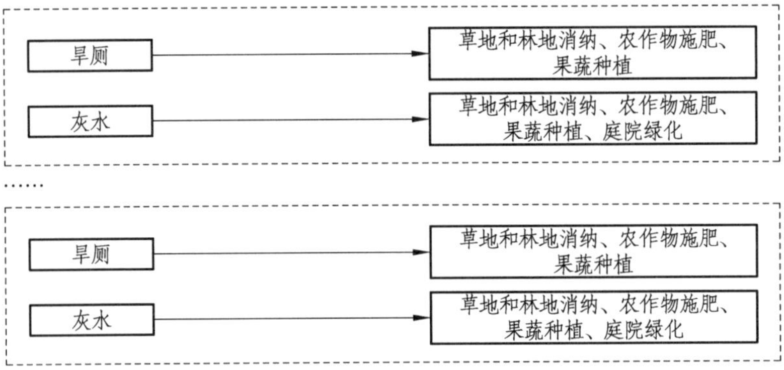

注：涉及农家乐经营的农户，厨房排水口须设置隔油池。

图 2　自然生态降解法示意图

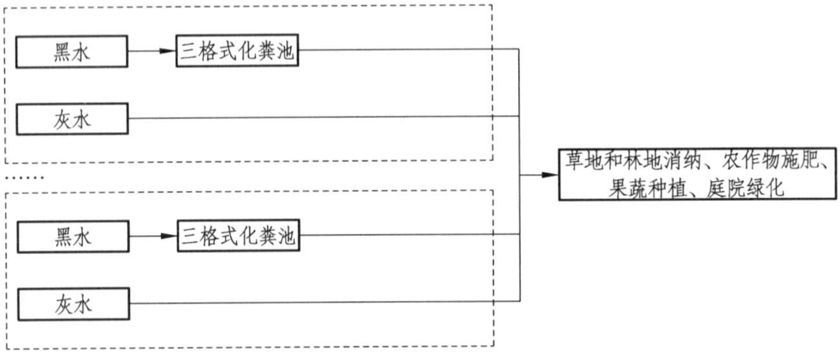

注：涉及农家乐经营的农户，厨房排水口须设置隔油池。

图 3　三格式化粪池＋资源化利用示意图

（三）鼓励城镇近郊村庄污水纳管处理

对于不具备资源化利用条件，位于城镇周边且具备纳管条件的聚居区，可通过敷设管网，将污水统一收集到县城、乡（镇）集中式污水处理设施进行处理（见图 4）。污水在进入县城、乡（镇）污水管网前，应经过前端管网收集和化粪池预处理，黑水与灰水分开收集。如图 5 所示。

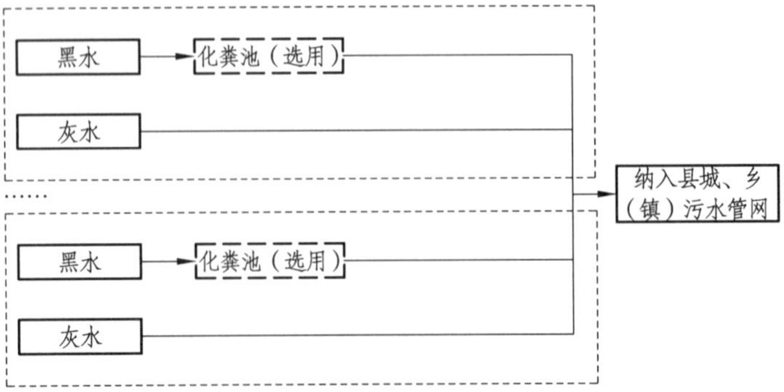

注：（1）涉及农家乐经营的农户，厨房排水口须设置隔油池。
（2）入户管道坡度较大时，可以不设置户用化粪池，厕所污水可以直接进入污水管网，并应适当增加入户管道直径，缩短管道检查井距离。

图 4　纳入城镇污水管网处理示意图

注：涉及农家乐经营的农户，厨房排水口须设置隔油池。

图 5　收集转运处理示意图

（四）因地制宜实施集中式生活污水处理

对于不具备资源化利用及纳管条件的聚居区，主要通过建设集中式一体化生活污水处理设施的方式进行处理（见图 6），有条件的地区，也可以将农村生活污水统一收集后输送至集中式生活污水处理设施，经处理达标后排放。条件适宜的地区，可在集中式生活污水处理设施后端，增设小型人工湿地、稳定塘、土壤渗滤等进行生态强化处理，如图 7 所示。

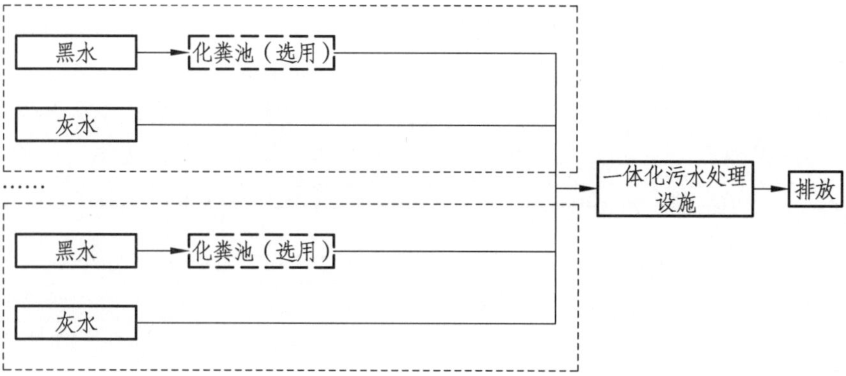

注：（1）涉及农家乐经营的农户，厨房排水口须设置隔油池。
（2）入户管道坡度较大时，可以不设置户用化粪池，厕所污水可以直接进入污水管网，并应适当增加入户管道直径，缩短管道检查井距离。

图 6　建设一体化设施处理示意图

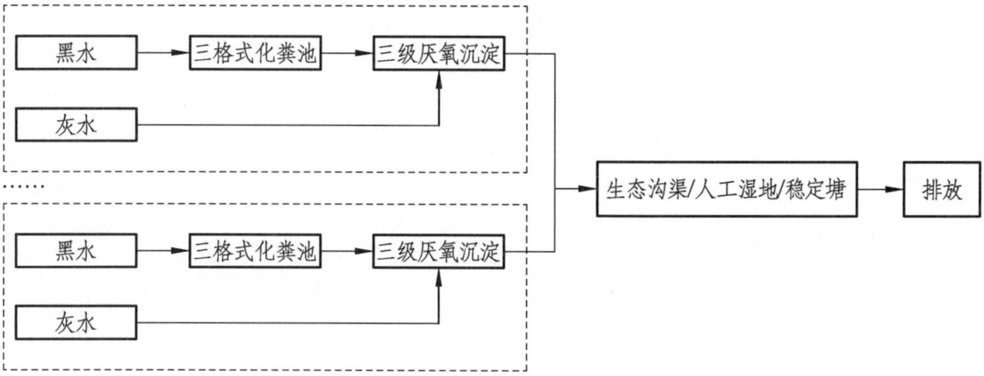

注：涉及农家乐经营的农户，厨房排水口须设置隔油池。

图 7　生态法处理示意图

（五）结合地方实际加强污水管网建设

一是逐步完善以分流制为主，截流式合流制为辅的排水体制，逐步推进雨污分流改造，提高污水收集效率。二是加强管网配套建设，各地在推进农村生活污水处理设施、新农村建设等过程中，要统筹考虑配套管网建设，做到同步推进，避免多头施工、重复建设。三是加强管网工程建设管理，要充分考虑当地气候、地形条件等因素，优化管网设计和施工，保证管网工程建设质量。

（六）强化资金保障与运维管护

一是落实用电、用地等优惠措施，在电价、用地等方面，给予适当优惠政策。另外，在太阳能丰富的地区，建议出台相关政策鼓励农村生活污水处理设施采用太阳能，降低运行成本。二是强化资金保障，农村生活污水处理设施的运行维护，包含药剂、电费、人工、设备设施维护等，建议纳入财政预算来保障，同时加强各项涉农资金统筹，打好政策资金“组合拳”，建立完善政府扶持、群众自筹、社会参与的资金统筹机制。三是明确运维主体，在地域面积较广的地区实行片区化管理，并提升现有设施自动化程度，减少人工成本投入。鼓励有条件的地区可购买第三方服务，由第三方运营公司进行运维，地方政府纳入预算保障，确保稳定运行。四是明确责任强化监管，农村生活污水处理涉及部门多，按照“政府主导、乡镇实施、部门监管”的原则，强化部门统筹，统筹安排资金，有效推进农村生活污水治理项目顺利实施。

发展清洁高效低碳循环的绿色经济

“双碳”引领下的四川省晶硅光伏及动力电池产业发展政策建议

陈明扬　罗彬　马丽雅　向柳　周鑫
四川省环境政策研究与规划院

陈尧　王卓　兰岚
四川省生态环境厅

【摘　要】碳达峰、碳中和已经成为全球广泛共识，谁先实现低碳转型，谁就能在未来竞争中占据主动。晶硅光伏、动力电池已成为全球许多国家和地区经济社会发展的优势产业。四川省是全国最大的清洁能源基地，提升晶硅光伏、动力电池产业全链条绿色用能，合理扩大晶硅光伏、动力电池产业产能规模，提升绿电就地消纳能力，有效控制碳增量已成为“十四五”乃至未来更长一段时间全省优势产业发展的重要方向。

【关键词】晶硅光伏产业；动力电池产业；碳排放；碳约束

一、产业发展情况

（一）晶硅光伏产业

产业规模位居全国前列。2020 年，四川省晶硅产业营业收入达 600 亿元，其中多晶硅产能 6.2 万 t、居全国第二，实际生产 5.2 万 t、占全国 13.3%。拉棒切方、电池片产能分别为 10 GW、21 GW，居全国第一，实际产量分别为 12 GW、16 GW。目前，四川省多晶硅正加快向单晶硅升级，预计 2021 年底将达到 20 GW，2023 年底达到 70 GW，居全国前列。

行业骨干企业集聚成势。目前全球前 10 强光伏企业中已有 5 家落户四川，包括通威永祥、协鑫集团、晶科能源、隆基、天合光能等行业龙头企业，部分企业正在考虑进一步扩大在四川省的产能。这些企业主要布局在乐山、眉山、成都等地区，成眉乐成为四川省晶硅光伏产业集聚发展的核心区域。

晶硅光伏核心竞争力较强。四川省晶硅光伏产业起步较早，在材料、设备、大生产工艺、服务等方面居行业领先水平。晶科已建成国内首条自动化硅块加工和 1 GW 高效金刚线切割生产线；通威太阳能研发的异质结构电池片光电转换率达 24.63%，居世界先进水平；通威永祥高纯多晶硅生产成本从 80 多万元/t 降到 4 万元/t，居全国最低水平；通威新能源在川建设的光伏电站上网电价已降至 0.26 元/（kW·h），成本优势明显。

（二）动力电池产业

产业链完整成势。受益于新能源汽车的快速发展，在相关政策的引导下，动力电池产业的发展速度和产业规模均得到大幅提升。四川省引进培育了宁德时代、中航锂电等一批龙头企业，初步形成了从锂资源开发到终端应用的全链条布局态势，根据已签约项目情况，2025 年将实现产能规模 270 GW·h，其中宜宾贡献产能约 200 GW·h。

“一点多核”构架初显。围绕宁德时代打造宜宾世界最大动力电池生产基地，以此为核心，川西地区锂矿原料、万-达-开锂钾资源、成都及其他市（州）锂材料加工为配套的产业版图正加速形成，全省动力电池产业已步入发展快车道。在资源开采端，将促进资源富集区有序开发锂矿石资源，把当地的资源优势更好转化为发展优势，有效减少四川省动力电池碳足迹；在加工配套端，将支撑遂宁、乐山等相关市锂材料、隔膜、壳体、结构件加工等新型产业加快发展；在下游应用端，将显著降低“四川造”新能源汽车生产成本，加速成都、宜宾、南充等市新能源汽车、自动驾驶、先进储能、移动互联能源管理等应用场景培育和商业化运用，全方位带动各区域协同发展。

二、碳排放现状及减排潜力

（一）晶硅光伏产业

据测算，以原料硅砂为起点，到制成光伏发电系统，全程制造每瓦耗电约 0.4 度左右。按照中国太阳能有效峰值时数年平均发电为 1 300 h 计算，每瓦光伏电池一年约可发 1.3 度电，光伏产品的能量回收期仅需 3 ~ 4 个月。从全生命周期来看，在之后的 25 ~ 30 年中都是零能耗、零排放，贡献 20 余年的清洁电力。从碳排放角度分析，每万吨多晶硅大约产出 3.5 GW 的光伏系统，整个生命周期的耗电量约 6.5 亿 kW·h，按照四川电网平均二氧化碳排放因子 0.103 1 kg/（kW·h）来算，碳排放为 6.5 万 t，按照 2023 年 70 GW 的产量预测，全省光伏系统碳排放峰值预计为 130 万 t。而 70 GW 的光伏发电系统整个生命周期可清洁发电 2.7 万亿 kW·h，减少碳排放近 20 亿 t。

（二）动力电池产业

动力电池在现阶段大力推广新能源车替代传统燃油汽车的背景下，将为降低交通运输领域碳排放做出巨大贡献。据统计，交通运输领域二氧化碳排放量占总量的 16%左右。而纯电动汽车则依靠电力驱动，无直接二氧化碳排放。以全省 1 300 万台汽车全部更换为纯电动车初步测算，每年将减少二氧化碳排放约 4 200 万 t。

三、问题与挑战

（一）晶硅光伏产业

全产业链能耗大，二氧化碳间接排放增量 200 万 t。四川省现已投产的晶硅产能仍主要是多晶硅，单位能耗产值约为 2.96 元/(kW·h)。作为迭代升级且附加值相对较高的单晶硅片，单位能耗产值可达到 6.1 元/(kW·h)。由于使用的电力在生产时有部分化石能源消费，按照“十四五”规划建设的晶硅项目预计将新增间接二氧化碳排放近 200 万 t。

废气产生量较大，环境风险隐患大。当前多晶硅生产主流技术主要有改良西门子法、硅烷流化床法和物理（冶金法）。不同的生产工艺污染物产生和处置措施对环境的影响程度有所不同，但多晶硅生产存在的普遍环境问题在于废气产生量较大，主要污染物有氯化氢、氯气等。据测算，使用改良西门子法，1 kg 多晶硅的产出需要消耗 0.9 ~ 3.4 kg 的氯气，末端处理要求较高。多晶硅或高纯晶硅的生产为化工提纯过程，涉及的危险化学品较多，工艺复杂，环境风险隐患较大。副产品四氯化硅产生量大，1 t 晶硅约产生 10 ~ 20 t 四氯化硅，回收成本高。

（二）动力电池产业

产业发展面临能耗指标约束。锂电池生产过程中，正负极材料、电芯制造等工序需消耗较多的能源，相关项目能耗指标压力较大。宜宾锂电池生产基地近 30 个配套项目正陆续落地，目前尚有 350 万 t 标煤的能耗指标亟待解决。遂宁锂电产业同样面临约 300 万 t 标煤的能耗指标缺口，相关项目难以落地。

新能源汽车生产及推广应用滞后。四川省新能源汽车产量 2.86 万辆、仅需装配动力锂电池 1.43 GW·h（按平均 50 kW·h/辆车测算）。新能源汽车产业发展已远滞后于现有动力锂电池 102 GW·h 产能，产需不匹配情况明显。四川省新能源汽车推广应用支持力度不够，公交、出租、环卫、公务、物流等领域车辆电动化水平与北京、广东、江西等省市相比整体偏低，充换电基础设施建设不足，2020 年全省新能源汽车市场渗透率仅 3.9%、低于全国平均水平 1.3%。

储能市场应用开发不够。锂电储能主要应用于电源侧可再生能源上网、电网侧调峰调频、用户侧峰谷套利与备用等领域。四川省在“三州一市”建设的风光水储一体化新能源基地，储能需求仅约 3.2 GW·h。现有储能锂电池技术对解决四川省季节性弃水弃电从规模上、经济上尚不具备实现条件。同时，用户侧因峰谷电价差较小，目前市场应用吸引力不够。

四、碳约束下高质量发展思路

（一）总体思路

充分发挥四川省清洁能源和资源优势，围绕 2030 年前碳达峰、2060 年前碳中和目标愿景，坚持生态优先、绿色发展，坚持市场化配置资源，坚持系统推进全产业链集群化发展，提升产业核心竞争力，大力实施“电动四川”工程，更好发挥晶硅光伏和动力电池产业在能源转型变革中的作用，推动经济社会高质量发展。

（二）基本原则

晶硅光伏和动力电池产业发展应坚持规划引领，明确建设规模及时序，具体遵循以下原则：

一是夯实基础支撑，推动产业集聚发展。依托龙头企业打造产业集群，培育细分领域领军企业，提升四川晶硅和锂电产业影响力。二是坚持应用导向，促进光伏和新能源汽车生产推广及储能应用。加快光伏发电有序发展，发展新型储能技术，推进实施“电动四川”工程，以动力电池带动新能源汽车产业发展。三是集聚创新要素，增强产业核心竞争力。搭建创新平台，创新发展模式，鼓励采用先进技术，推动产业共性技术攻关，强化人才队伍建设。

（三）主要目标

“十四五”期间，四川省晶硅产能预计可达 20 万 t 左右[①]，建成光伏发电装机容量 1 000 万 kW 以上。提升晶硅光伏产业全链条绿色用能，晶硅新增用电 228 亿 kW · h，间接碳增量在 120 万 t 左右。全省动力电池产能规模 380 GW · h，新增用电 388 亿 kW · h，间接碳增量在 180 万 t 左右。

五、晶硅光伏产业低碳发展重点任务

（一）加快完善产业发展相关规范

一是加强规划和产业政策指导。根据国家晶硅光伏产业发展规划和本地区发展需要，编制四川省光伏产业发展相关规划及实施方案。完善光伏电站和分布式光伏发电项目建设管理制度，促进光伏发电有序发展。二是推进标准化体系和检测认证体系建设。探索建立四川省晶硅光伏材料、电池及组件、系统及部件等标准体系，完善光伏发电系统及相关电网技术标准体系。三是加强市场监管和行业管理。制定完善并严格实施光伏制造行业规范条件，规范光伏市场秩序，促进多晶硅落后产能退出市场，提高产业发展水平。加强光伏发电电网接入和运行监管。

（二）积极打造四川省绿色能源高地

一是晶硅提质增效。协调推动通威永祥高纯晶硅扩能改造、协鑫集团硅烷硫化床法颗粒硅等高品质多晶硅项目建设，支持企业加大技术创新力度，转型发展单晶硅。二是大力发展储能产业。积极支持宁德时代等在川储能企业发展，同时加强招引阳光电源、格林美等储能系统龙头企业，推动光伏、储能企业强化协作，打造世界级能源产业集群。三是区域协同发

① 数据来源：《绿色低碳优势产业参阅资料（清洁能源、锂电、钒钛、晶硅光伏）》——“中国绿色硅谷”建设情况。

展。充分发挥攀枝花、阿坝、甘孜、凉山的光热资源优势，“十四五”期间在“三州一市”加快推进光伏电站建设，到 2025 年新增光伏装机 1 000 万 kW 以上。积极对接国际国内光伏市场需求，大力推广“四川造”晶硅光伏产品。

（三）构建“延链—补链—强链”机制

一是延链。坚持应用拉动，拓展四川省“光伏 +”各领域应用场景，积极推进光伏 + 储能、光伏 + 制氢、光伏 + 5G 通信等试点示范。围绕产业链上下游环节、产供销体系，推动产业链同城采购，帮助企业推广新产品新技术，确保产业链供应链稳定。二是补链。推动通威永祥 1 000 t 电子级多晶硅中试项目建设，建立中试验证平台，加快中试熟化，尽快实现产业化。支持协鑫集团积极引进鑫华电子级多晶硅项目落户四川。引导企业加强电子级多晶硅生产过程中的整体化工工艺机理性研究，进一步提升产品稳定性。三是强链。支持通威永祥等骨干企业和四川大学、电子科技大学等高校加快突破 12 英寸大硅片用电子级多晶硅材料、设备、工艺、质量控制等关键核心技术。

（四）降低环境污染风险隐患

一是严控多晶硅项目无序上马。严格多晶硅项目选址和布局，集中资源优势，利用眉山、双流、乐山等工业园区电子信息、新材料、新能源产业聚集的优势，打造联接上下游产业链的电池片及组件集群及光伏配套产业。二是加强环评安评指导。确保排污处理落实，减少对生态环境的损害；高度重视多晶硅生产企业的环境风险防控措施，减少突发环境事件发生。三是严格执行各项环保措施。提高工艺技术水平减少污染物源头产生。推广冷氢化技术，提高四氯化硅的转化率和循环利用率，有效减少废气、废液、废渣的产生。降低能耗、物耗，促进资源全面节约利用。

（五）完善相关配套政策

一是增加用户侧应用场景。支持和鼓励企业、机构、社区和家庭安装、使用光伏发电系统。鼓励专业化能源服务公司与用户合作，投资建设和经营管理为用户供电的光伏发电及相关设施。二是完善电价和补贴政策。根据资源条件和建设成本，制定光伏电站分区域上网标杆电价，通过招标等竞争方式发现价格和补贴标准。综合考虑光伏发电成本变化等因素，合理调减光伏电站上网电价和分布式光伏发电补贴标准。三是完善金融支持政策。金融机构要继续实施“有保有压”的信贷政策，支持具有自主知识产权、技术先进、发展潜力大的企业做优做强，对有市场、有订单、有效益、有信誉的光伏制造企业提供信贷支持。

六、动力电池产业低碳发展重点任务

（一）研究制定产业规划及专项政策

一是制定产业专项发展规划。分析研究动力电池产业现状和发展趋势，深入研判发展动力电池产业面临的机遇与挑战，自身存在的优势与短板。科学制定产业发展规划，明确发展方向，推动宜宾动力电池产业优先发展，带动全省打造万亿动力电池产业集群。二是出台产业专项政策。结合四川省发展万亿动力电池产业发展实际，针对性地制定支持动力电池产业发展专项政策，注重动力电池产业发展政策与其他政策协调配合，进一步完善支持动力电池产业发展的政策体系，采取重点倾斜、优先扶持重点产业发展的措施，推动四川省动力电池产业快速发展。

（二）深挖资源优势，做强全产业链

一是充分发挥锂矿资源优势。促进本地动力电池企业参与四川省内锂矿资源开发利用，保障宁德时代在川项目锂矿原料供应链稳定，完善从矿产资源开发到锂电材料加工再到新能源电池产品制造的锂电全产业链，做到采产在四川，服务全世界，更好地促进四川经济发展。二是充分发挥各链条优势。按照原材料开采（矿石）—关键材料加工（四大电池材料）—电芯制造—电池应用的产业链结构，梳理产业链上下游资源，围绕薄弱和缺失环节，发挥以宁德时代为龙头的“链主”优势，进行“稳链、补链、强链、延链”全链招商。在纵向上引进上下游企业，在横向上引进关联性企业。在产业内部，以宁德时代等龙头企业为依托，引进更多合作配套企业；在产业之间，加强宜宾与其他市（州）、四川与省外的产业合作对接与区域协调发展，推动一批新项目落地，以集群化发展思路提高产业的集中度和竞争力。

（三）打造“双碳”四川示范区

一是加强试点示范。在能源供给侧，打造一批新能源发电 + 储能示范工程，从行政引导和经济手段两方面深入研究，出台专项政策，在新能源项目竞配、电价核定、接入电网、优先消纳等方面对锂电储能相关企业予以鼓励支持，促进储能产业健康发展。二是聚焦重点领域。在能源消费侧，聚焦交通领域，优先采购“四川造”产品，推动全面电动化，加快充换电基础设施建设，鼓励发展储能充电和“车电分离”新商业模式，实施绿色低碳能源消费方式，推进四川能源绿色化、清洁化、智能化转型。三是推动形成零碳发展指标体系。发挥政府引导、企业主导作用，制定零碳发展指标体系，制定与零碳发展相关的配套政策措施，吸引优秀人才和优质生产要素聚集，形成良性的创新产业生态。

四川省重点行业绿色化改造路径研究

黄庆　马丽雅　谢怡　陈是吏
四川省环境政策研究与规划院

【摘　要】2015 年 3 月 24 日，中央政治局审议通过《关于加快推进生态文明建设的意见》，首提“绿色化”概念。党的十九届五中全会提出“推进重点行业和重要领域绿色化改造”重要任务，为四川省产业绿色转型、积极培育新动能、助推经济高质量发展指明了方向。本文基于大量数据资料的分析，梳理了四川省重点行业绿色化现状和存在的问题，并提出有关建议。

【关键词】绿色发展；重点行业；绿色化改造；路径

绿色发展是进入新发展阶段、贯彻新发展理念、构建新发展格局的一个重大任务，也是满足人民不断增长的优美生态环境需要的必然要求。在党的十九届五中全会通过的《中共中央关于制定国民经济和社会发展第十四个五年规划和二〇三五年远景目标的建议》中，提出了“推进重点行业和重要领域绿色化改造”重要任务。“十四五”期间，四川省正面临“一带一路”建设、长江经济带发展、新时代西部大开发、成渝地区双城经济圈建设等国家重大战略交汇叠加的发展历史机遇，同时肩负着巩牢长江、黄河上游生态屏障的重要使命。如何实施四川省重点行业的绿色化改造，提升四川省绿色化生产水平，对推动四川省产业转型升级、促进经济高质量发展，实现生态环境持续改善具有重要意义。

一、重点行业绿色化水平现状

（一）工业总体不强，绿色化水平总体不优

2019 年，四川省 GDP 为 46 615.8 亿元，位于全国第 6 位，同比上年增长 7.5%。其中工业增加值 13 365.66 亿元，位于全国第 8 位，同比上年增长 7.9%，工业总体不强。根据经济统计数据以及环境统计数据，对比分析四川省与工业产值靠前的其他各省份以及全国单位工业产值（每亿元）下达的污染物排放量、水耗、电耗等指标，可知四川省氨氮、COD、总氮、烟粉尘、二氧化硫等污染物排放强度与发达省份依然有较大差距，其中二氧化硫、烟粉尘排放强度为浙江省的 3 倍。具体指标对比情况如表 1 所示。

表 1 工业行业污染物排放强度与水耗、电耗对比分析表

地区	2019 年工业增加值/亿元	污染物排放强度对比							工业水耗	工业电耗
		COD	氨氮	总氮	总磷	SO_2	NO_x	烟粉尘		
广东省	39 398.46	0.76	0.74	0.70	2.30	0.30	0.60	0.42	0.85	1.06
江苏省	37 825.32	0.95	0.83	0.94	2.40	0.40	0.69	0.58	2.31	1.02
山东省	22 985.13	1.01	0.80	1.34	2.73	0.87	1.26	0.91	0.49	0.53
浙江省	22 840.53	0.97	0.45	1.09	1.71	0.32	0.50	0.35	0.63	1.12
河南省	18 413.21	0.60	0.51	0.64	1.43	0.36	0.64	0.53	0.87	0.91
福建省	16 170.45	0.59	0.48	0.56	1.67	0.37	0.70	0.76	1.22	0.83
湖北省	16 087.33	0.69	0.68	1.22	1.66	0.33	0.66	0.57	2.00	0.75
四川省	13 365.66	1.00	1.00	1.00	1.00	1.00	1.00	1.00	1.00	1.00
全国	—	0.97	0.87	0.98	2.18	0.84	1.16	1.24	1.36	1.72

注：（1）除第二列外，其他各列数值 = 对应省份该项指标情况/四川省该项指标情况，该倍数值低于 1 表明该指标表现优于四川省，高于 1 表明低于四川。

（2）本文通过计算 2019 年各地区单位工业增加值污染物排放量得到各地区污染物排放强度；通过计算 2019 年各地区单位工业增加值用水量以及用电量得到工业水耗与电耗。

（二）重点行业发展势头良好，但也是污染的主要来源

2019 年，四川省“5 + 1”产业增加值超万亿，占全省工业总产值 80%以上。其中，非金属矿物制品、黑色金属冶炼加工、造纸和纸制品行业、化学原料及化学制品制造业和酒、饮料和精制茶制造业等传统重点行业发展势头不减。以水泥、钢铁、制浆造纸、白酒等为代表，2019 年产能分别达到 13 748.7 万 t、4 379.3 万 t、469.22 万 t 和 366.7 万 kL，其工业总产值达 2 681.67 亿元，约占全省工业总产值 20%。

从污染物排放贡献来看，废气污染物排放贡献较大的行业为非金属矿物制品、黑色金属冶炼加工业；废水污染物排放贡献较大的行业为造纸和纸制品行业、化学原料及化学制品制造业、酒、饮料和精制茶制造业。

非金属矿物制品、黑色金属冶炼加工业的废气排放量占全省工业废气排放量的 60%以上。其中，非金属矿物制品行业的 SO_2、NO_x、烟粉尘、VOC 排放量分别占全省工业废气污染物排放量的 30%、53.4%、43.4%、21.2%。

造纸和纸制品行业、化学原料及化学制品制造业、酒、饮料和精制茶制造业的废水排放量占全省工业废水排放量的 40%以上。其中，化学原料及化学制品制造业的废水排放量占全省工业废水排放量的 21.57%，其 COD、NH_3-N 排放量分别占全省工业废水污染物排放量的 18.43%、9.57%；造纸和纸制品行业的废水排放量占全省工业废水排放量的 19.06%，其 COD、NH_3-N 排放量分别占全省工业废水污染物排放量的 18.43%、9.57%。

（三）重点行业绿色化水平参差不齐，部分行业、部分指标与发达省份尚存在较大差距

通过对比四川省与上海、浙江、广东、重庆、江苏省同类行业单位工业总产值污染物排

放水平，可以知道在废气方面，全省废气污染物 SO_2、NO_x、颗粒物、VOCs 排放绩效高于上海、浙江、重庆地区；在废水方面，酒类、饮料制造业是四川省的优势产业，且经济附加值较高，其废水污染物排放绩效低于广东、江苏地区，但造纸行业、化工行业废水污染物排放绩效高于浙江、广东、江苏地区。重点行业废水、废气排放绩效比较情况，如表 2、表 3 所示。

表 2　重点行业废气污染物排放绩效对比表

省（市）	非金属矿物制品 /（kg/万元）			黑色金属冶炼和压延加工业 /（kg/万元）			电力、热力生产和供应业 /（kg/万元）			化学原料和制造业 /（kg/万元）		
	SO_2	NO_x	颗粒物	SO_2	NO_x	颗粒物	SO_2	NO_x	颗粒物	SO_2	NO_x	颗粒物
四川省	4.712	7.518	5.304	3.849	3.588	2.905	1.260	1.618	3.972	2.719	3.277	3.294
上海市	2.564	5.546	2.295	0.049	0.186	0.458	1.115	1.541	0.784	0.086	0.546	0.756
浙江省	1.210	2.554	5.057	0.673	0.954	—	0.688	1.159	—	0.188	0.404	2.000
重庆市	2.770	6.078	4.094	5.646	2.785	3.398	3.480	0.102	1.635	0.560	1.538	0.533

注：以上数据来源于省（市）第二次全国污染源普查《公报》《统计年鉴》等。

表 3　重点行业废水污染物排放绩效对比

省（市）	造纸及纸制品业 /（kg/万元）		化学原料和化学制品制造业 /（kg/万元）		纺织业 /（kg/万元）		酒、饮料和精制茶制造业 /（kg/万元）	
	COD	NH_3-N	COD	NH_3-N	COD	NH_3-N	COD	NH_3-N
四川省	2.201	0.098	0.411	0.017	0.905	0.093	0.281	0.017
浙江省	0.561	0.013	0.092	0.004	0.574	0.012	—	—
广东省	0.125	0.006	0.045	0.005	0.288	0.028	0.359	0.015
江苏省	0.479	0.015	0.106	0.008	0.261	0.007	0.744	0.177

注：以上数据来源于省（市）第二次全国污染源普查《公报》《统计年鉴》等。

二、存在问题

（一）布局性不合理的现象依然存在

受历史原因，四川省重点产业靠江发展、靠城发展等不合理的现象依然存在。目前，尚有 24 家化工企业分布于长江干流两岸 1 km 范围内，如达州钢铁有限公司、四川乐山和邦股份有限公司、泸州鑫福化工股份有限公司、四川天齐锂业股份有限公司等重点企业紧邻城镇边界。重点企业布局的不合理，不仅会带来环境污染和安全隐患，也在一定程度上制约了企业的发展。而江苏省在全国率先制定了《江苏省长江经济带发展实施规划》《〈长江经济带发展负面清单指南〉江苏省实施细则（试行）》等规定，探索形成了一批长效机制，目前，江苏已关停沿江 4 100 家化工企业，占所有化工企业的六成，其中南京长江二桥至三桥之间 35 km 内所有化工企业全部退出，实现了区域产业布局优化。

（二）重点产业结构亟待优化

近年来，按照中央和省级环保督察的要求，四川省坚持关小促大、保优压劣的调结构工作，部分行业结构有了较大的优化，但是部分领域推进相对缓慢，以钢铁为例，2017 年以来，四川省计划退出炼钢产能 1 151 万 t，目前已退出炼钢产能 403 万 t，但尚有 748 万 t 炼钢产能置换项目未实施。而我国重工业基地之一的河北省，在其出台的《河北省重点行业去产能工作方案（2018—2020 年）》的有力推动下，累计压减退出炼钢产能 8 212 万 t、煤炭 5 571 万 t、水泥 1 194.9 万 t、平板玻璃 4 999 万 t、焦炭 3 144.4 万 t、火电 234 万 kW，超额完成去产能目标。

（三）技术管理水平绿色化程度不高

“十三五”以来，四川省重点行业管理技术水平有了较大提升，但由于在政策约束、财政补贴、市场机制等方面的不足，其绿色化水平以及企业绿色化改造意愿较于发达地区依然存在差距。如上海、浙江、广东等地在国家现有要求的基础上，针对性区域发展特点，又相继出台了推动绿色发展的《上海市绿色发展行动指南（2020 版）》《浙江省经济和信息化厅关于加快制造业绿色发展的指导意见》等地方性政策，从原料选取、工艺技术、运行管理等各方面，推动地区行业绿色发展。深圳通过出台《深圳市关于实施技术改造倍增计划扩大工业有效投资的若干措施》，对于实施绿色化改造的企业，给予不少于 80%技改固定资产投入资金比例（单个企业年度资助最高不超过 1 000 万元）的补助，极大促进了企业的绿色化改造意愿。

（四）末端治理水平有待提升

一方面是重点行业提标改造进度较为迟缓，以钢铁企业为例，截至 2020 年年底四川省钢铁企业超低排放改造率仅为现有产能的 10%，而河北、江苏等省已基本完成钢铁行业超低排放改造。另一方面是地方标准滞后，目前四川省尚未针对重点行业出台地方污染物排放标准，而京津冀、长三角、珠三角等地区省份，针对自身重点行业出台了严于国家标准的地方标准，如广东省新修订的《锅炉大气污染物排放标准》中，其颗粒物、二氧化硫、氮氧化物等三项污染物的特别排放限值分别为国家特别排放限值标准的 50%、75%、33%，安徽省 2020 年颁布的《安徽省水泥工业大气污染物排放标准》中，有组织排放的颗粒物、二氧化硫和氮氧化物分别为国家特别排放限值标准的 50%、50%、31.2%，极大地降低了污染物排放指标。

（五）产品附加值低、产业链延伸性不足

目前四川省钢铁、水泥、造纸等行业高端产品占比率低，截至 2019 年年底，造纸行业中低端的瓦楞纸产能占全省总产能的 50%以上，而高端特种纸产能不足 10 万 t/年，占比不到 2%，水泥行业中特种水泥产能占比不到 3%，“六朵金花”等高端白酒产能占比不到 8%，钢铁行业中高端产能比重低于 27%，不仅低于国外平均水平，也大大低于国内其他区域。比如，河北省钢铁企业产品中，钢铁中厚板、专用板占板材等中高端产品产能占比达 60%以上，浙江省特种纸产能达到了近 200 万 t/年，产量占全国特种纸行业的 25%以上。

三、重点行业绿色化改造路径的建议

（一）布局及结构绿色化

一是优化重点产业布局。加强区域协调联动发展，落实以“三线一单”为核心的生态环境分区管控制度，统筹优化产业转移与布局，将资源环境承载力、环境风险接受度等作为重点产业选址的重要前提条件，参照浙江省出台的《加快推进浙江省长江经济带化工产业污染防治与绿色发展工作方案》，出台相关指导政策，从宏观战略层面引导优化重点产业布局。二是优化园区企业布局。强化项目及规划环评的指导性作用，结合园区、企业周围敏感点分布、工艺技术路线，在环评审批阶段充分考虑主要污染及风险单位与敏感点的距离，合理布局厂区各生产单元及公辅设施位置，在进一步减轻对外环境影响的同时，降低企业物耗、能耗。三是优化产业结构。严格按照 2020 年六部委印发《关于做好 2020 年重点领域化解过剩产能工作的通知》的要求，结合四川省实际，制定具体实施方案，加快钢铁、水泥、酿造等行业的产能置换、结构调整、兼并重组，推动发展一批效益好、低污染、低能耗的规模化企业。

（二）源头绿色化

一是提高原料利用率。充分发挥市场配置资源的决定性作用，调动企业主体作用，提高单位物料利用率、成品产出率，减少原料消耗，从源头减少“三废”产生。以钢铁为例，尽快出台引导四川省电弧炉短流程炼钢发展的指导政策，大力发展以废钢为原料的电弧炉短流程，其能耗与碳排放量可较长流程削减 2/3，废气、废水、废渣产生量可较长流程削减 95%、33%、65%。二是实施绿色原辅料替代。进一步推进有毒有害原料替代，引导企业在生产过程中使用无毒无害或低毒低害原料，在重点行业推广低 VOCs 原料替代或减量化技术，从源头削减或避免污染物的产生。例如，按照《2020 年挥发性有机物治理攻坚方案》要求，在装备制造、汽车制造行业使用高固体分、粉末涂料、水性漆等低挥发性有机物含量涂料使用比例达 50%以上，预计可相应减少 VOCs 产生量 20%～35%。三是加强资源能源集约节约利用。提高电网、输气管线覆盖范围，强化资金补助，加快煤改气、煤改电进度，提高清洁能源使用占比；实施差异化水价制度，倒逼重点行业实施全过程节水管理，将火力发电、钢铁、石油炼制、皮革、食糖等高耗水行业工业用水定额控制在先进值及以上。

（三）工艺设备绿色化

一是鼓励使用节能设备。支持重点高耗能行业应用高效节能设备，大力推广应用高效节能锅炉、余热回收锅炉、余压发电机组等高效节能、低碳环保、利于资源循环综合利用的成套技术装备。二是推广绿色工艺技术。采用政策约束、经济补贴的方式，引导企业对标国际先进技术，提升工艺技术绿色化、自动化、智能化水平，加快升级改造进度。如湖北省人民政府办公厅出台的《支持新一轮企业技术改造若干政策》，就从资金补助、奖金奖励、融资渠道、简化审批程序等方面，推进以智能化升级、绿色化转型、安全化管控为重点的企业技术改造。三是优化物料运输工艺。推广先进运输组织方式及清洁高效运输装备，推广使用新能源和清洁能源车船，减少能耗、物耗的损失。如通过采取厂内运输粉料、液体物料全封闭廊道转运方式，可减少约 2‰的无组织排放造成的物料损失。

（四）运行管理绿色化

一是强化全过程数字化管理。加强政府引导，推动企业主动开展智能化升级，实现研发设计、原材料供应、加工制造和产品销售等全过程精准协同，做到生产资源优化整合和高效配置，减少运输、库存成本，实现产供销一体化。如浙江省通过出台《浙江省数字经济促进条例》，促进大型企业开展研发设计、生产加工、经营管理、销售服务等集成创新，极大地提高资源利用效率。二是强化生产过程智能化管控。鼓励云计算、人工智能、物联网等技术在电子制造、机械制造、纺织服装、钢铁化工等产业中的创新运用，对全流程相关的生产过程和检测数据进行挖掘分析，实现精准控制，减少损耗。以攀钢集团有限公司为例，通过与阿里巴巴合作，引入 AI 系统，对提钒、脱硫、转炉炼钢、精炼、连铸等炼钢全流程生产过程和检测数据进行挖掘分析，可有效降低钢铁料的吹损和喷溅，减少废品次品，一年可节省 400 万 kg 炼钢原料。三是创新供应链机制。参照广州市工业和信息化局印发的《关于印发广州市中小企业智能化数字化赋能三年行动方案（2020—2022）的通知》，鼓励有条件的大企业立足中小企业共性需求，搭建资源和能力共享平台，在重点领域实现设备共享、产能对接、生产协同。

（五）末端治理绿色化

一是提升深度治理水平。充分利用市场机制，完善有利于绿色发展的价格政策及差别化管理政策，鼓励企业引进污染物先进治理技术，升级改造治污设施，进一步降低污染物排放量。为推动钢铁企业超低排放改造进度，山西省出台了《关于钢铁企业试行超低排放差别化电价政策的通知》，对于未完成超低排放改造的，每千瓦时电价加价 0.01 ~ 0.06 元，通过价格杠杆引导，推动行业高质量发展。二是提高资源回收利用率。落实并完善《国家发展改革委关于创新和完善促进绿色发展价格机制的意见》，鼓励企业使用先进的综合利用技术，拓宽废水、废渣、废热等综合利用渠道，实现变废为宝、价值再生，同时进一步降低污染物排放量。以 10 万 t/年制浆造纸企业为例，通过实施纸机白水回收和纤维利用技术，可将造纸废水重复利用率提升至 90%以上，企业每年可节约 350 万元的新水取水费用。三是强化科技支撑。围绕重点行业的污染治理，开展关键核心技术攻关，推广出一批治理效果突出、建设投资合理、运行维护简单的污染防治技术。如浙江省通过印发《浙江省生态环境科技发展三年行动计划（2020—2022 年）》，促进和扶持环保技术与设备的发展。

（六）进一步挖掘产业链内部价值

一是推进产品绿色化。参照浙江省市场监管局、发改委、经信厅、财政厅、科技厅、自然资源厅等 14 个部门联合印发《关于加快推进绿色产品认证工作的意见》，加快构建四川省绿色产品认证体系，发挥行业主管部门职能作用，通过财税手段，引导与鼓励绿色产品的生产与使用，提高绿色产品的市场竞争力。二是延长产业链。加强政策引导，加快产品多元化、高端化的步伐，面向国内、国际市场，提高产品附加值，实现产业高质量发展。如河北省通过出台《河北省钢铁工业精品化行动计划》，加快发展高端精品钢材、延伸钢铁产业链条，广东省通过印发《关于提升产品质量标准水平支持企业“走出去”的若干政策措施》，促使产品由价值链中低端迈向中高端。三是推动生态环境导向的开发模式（EOD）试点项目。通过采取联合经营、组合开发等方式，推动公益性较强、收益性较差的生态环境治理项目与收益较好的关联产业有效融合，统筹推进，一体化实施，实现生态环境治理的价值转化。目前浙江丽水、四川遂宁等城市已开始编制《生态环境导向的开发（EOD）模式试点实施方案》，探索建立产业收益补偿生态环境治理投入的良性机制。

（七）强化环境风险底线

一是加强环境风险常态化管理。强化环境安全与风险事前协同防范，实行重大环境风险源生态环境、应急、公安、交通、卫生计生等多部门联合监管。二是强化区域开发和项目建设的环境风险评价。将环境风险评价作为项目审批的重要内容，严格执行环境保护一票否决制度，对有高风险、高污染隐患的项目予以坚决否决。三是加强环境安全隐患排查和整治。开展重点行业环境安全隐患排查整治专项行动，对检查过程中发现的环境安全隐患进行有针对性的整改，必要时采取转产、停产、搬迁等措施。四是加强环境应急信息化管理体系建设。全面推进环境风险企业“一源一事一案”及风险信息登记制度，强化化工园区“四级”环境风险防范体系建设，完善跨部门、跨区域环境应急协调联动机制。

生态系统固碳增汇：四川实现碳中和的绿色途径

潘哲　刘冬梅　王恒　陈明扬
李甜甜　唐书培　何蓉　张豇浜
四川省环境政策研究与规划院

【摘　要】在全球碳循环中，生态系统作用巨大，生态系统固碳增汇作为一种高效可行、绿色可持续的减碳方法，是我国 2060 年前实现碳中和目标重要途径。四川省是长江黄河上游重要生态屏障，自然生态系统类型多样，森林和草原面积均居全国前列，碳汇资源丰富，碳中和潜力较大。基于对全国及四川省生态系统的碳汇本底和管理现状的分析，提出四川省实现碳中和的绿色途径的相关建议。
【关键词】生态系统碳汇；碳汇潜力；固碳增汇

一、生态系统碳汇现状

（一）全国生态系统碳汇现状

根据调查，我国自然生态系统（未统计农田和聚落生态系统）的碳储量为 162.88 ~ 166.84 亿 t（森林生态系统仅计算植被碳储量，荒漠生态系统仅计算土壤碳储量），年碳汇量为 5.37 ~ 5.47 亿 t，占 2020 年全国碳排放量的 5.42% ~ 5.53%。如表 1 所示。

表 1　中国生态系统碳储量与年碳汇量明细表

生态系统类型	碳储量/（亿 t）	年碳汇量/（亿 t）
森林	92.00	4.34
草原	56.26	0.08 ~ 0.11
海洋（海岸）	1.39 ~ 3.49	0.04 ~ 0.11
湿地	5.39 ~ 7.25	0.91
荒漠	7.84	—
合计	162.88 ~ 166.84	5.37 ~ 5.47

其中，森林生态系统是我国最重要的生物碳储存库，根据第九次全国森林资源清查结果显示，我国森林碳储量约为 92 亿 t，年碳汇量为 4.34 亿 t，碳储量连续 30 年保持增长①；草地生态系统作为我国面积最大的生态系统，其碳储量为 56.26 亿 t，年碳汇量为 0.08 ~ 0.11 亿 t②；湿地生态系统是巨大的碳库，依据第二次全国湿地普查（2014 年）结果，我国现有湿

① 《人民日报》（2021 年 01 月 14 日第 14 版）。
② 方精云，郭兆迪，朴世龙，陈安平. 1981 ~ 2000 年中国陆地植被碳汇的估算[J]. 中国科学，2007(06)：804-812.

地生态系统碳储量为 5.39 ~ 7.25 亿 t，海岸不统计在内的湿地生态系统年碳汇量约 0.91 亿 t[①]；海洋（海岸）生态系统碳汇潜力巨大，研究表明我国海岸生态该系统碳储量为 1.39 ~ 3.49 亿 t，年碳汇量为 0.04 ~ 0.11 亿 t[②]；农田生态系统是碳循环的重要组成，据资料显示 1982—1999 年全国农田生态系统碳储量增加 0.19 亿 t，但由于人类耕作管理和气象灾害等因素影响，农田生态系统增加的碳储量在短期内经分解又释放到了大气中，因此农田生态系统年碳汇量接近为零；荒漠生态系统虽然在碳汇方面也有十分重要的作用，但相关研究较少，数据缺乏。

（二）四川省生态系统碳汇现状

四川省自然资源丰富，生态家底厚，森林面积有 1 945.84 亿 m^2，森林蓄积为 19.16 亿 m^3，全国第三；森林覆盖率为 40.03%；草原面积为 949.33 亿 m^2；湿地面积为 174.78 亿 m^2。综合四川省公布的相关数据，结合方精云等研究的核算方法，截至 2020 年年底四川省自然生态系统（未统计农田和聚落生态系统）的碳储量约为 31.76 亿 t，年碳汇量约为 0.72 亿 t，其中全省森林生态系统碳储量达 30.15 亿 t[③]，占到 95%左右。如表 2、表 3 所示。

表 2　四川省生态系统碳储量与年碳汇量明细表

生态系统类型	碳储量/（万 t）	年碳汇量/（万 t）
森林	301 500	7 000
草原	5 153	117
农田	5 814	—
湿地	5 178	44
合计	317 645	7 161

表 3　四川省历次森林资源清查结果[④]

清查时间	森林面积/（亿 m^2）	森林覆盖率/%	森林蓄积/（万 m^3）	每公顷蓄积/[m^3/（10^4 m^2）]	碳储量/（亿 t）
1975	746.00	13.30	124 148.00	173.88	19.54
1979	681.08	12.00	104 880.42	163.13	16.50
1988	1 087.21	19.21	127 300.87	129.39	20.03
1992	1 153.18	20.37	130 531.09	126.16	20.54
1997	1 330.15	23.50	144 621.65	120.75	22.76
2002	1 464.34	30.27	149 543.36	135.50	23.53
2007	1 659.52	34.31	159 572.37	136.94	25.11
2012	1 703.74	35.22	168 000.04	141.92	26.44
2017	1 839.77	38.03	186 099.00	139.67	29.28
2020	1 945.84	40.03	191 600.00	—	30.15

① 中国工程院生物碳汇扩增战略研究课题组. 生物碳汇扩增战略研究[M]. 北京：科学出版社，2015(3).
② 周晨昊，毛覃愉，徐晓，方长明，骆永明，李博. 中国海岸带蓝碳生态系统碳汇潜力的初步分析[J]. 中国科学：生命科学，2016，46(04)：475-486.
③ 光明网，https：//m.gmw.cn/2021-06/22/content_1302372394.htm.
④ 国家林业和草原局. 2014—2018 中国森林资源报告[M]. 北京：中国林业出版社，2019(6).

二、四川省生态系统碳汇工作进展

（一）生态碳汇项目全国领先

四川是国内较早发展生态碳汇的省份。2004 年，四川实施了第一个碳汇造林示范项目。2009 年，大渡河造林局、香港低碳亚洲有限公司、北京山水自然保护中心共同签署四川首个、全国第二个国际注册森林碳汇项目，同时还是全球第一个基于气候、社区、生物多样性标准的森林碳汇项目，实现全省首笔生态碳汇交易。另外，四川还开发了第一个由外资企业提前支付用于造林的清洁发展机制造林项目以及第一个熊猫标准碳汇造林项目。截至目前，全省已实施 17 个碳汇造林项目。2018 年，成都市举行第二届国际城市可持续发展高层论坛“碳中和”项目启动仪式，启动四川首个国际会议“碳中和”项目。

（二）谋篇布局释放四川碳汇潜力

2019 年，省林业和草原局印发《关于大力发展林草碳汇推进林草高质量发展的意见》，提出到 2025 年林草碳汇有效参与国内外碳排放权交易，基本形成林草碳汇多元化发展格局；并按照区域特点，确定川西南、川西、川东北、川南、川中五大片区林草碳汇主攻方向和发展重点。2021 年，省林业和草原局印发《四川林草碳汇行动方案》，提出到 2025 年，基本建立林草碳汇高质量发展体系，基本形成林草碳汇多元化发展格局，全省森林蓄积量达到 21 亿 m^3，草原综合植被盖度达到 87%，湿地保护率达到 57%。据测算，全省可供开发造林碳汇、竹林碳汇、森林经营碳汇项目的土地面积分别达 51 亿 m^2、70 亿 m^2、680 亿 m^2，未来 30 年可分别增加碳汇 1.3 亿 t、1.2 亿 t、8.0 亿 t。

三、生态系统碳汇存在的问题

（一）职能分工尚不明确

生态系统碳汇是我国实现碳中和的重要举措，其具体工作主要涉及生态环境、自然资源和林业与草原等部门，各部门结合各自职能职责已经在生态系统碳汇长期监测、评估等方面有较好的工作基础（见表 4）。但是目前关于生态系统碳汇详细的管理内容和职能机构尚未明确，缺乏系统推进的顶层设计，与碳汇管理目标存在差距和空白。

表 4　我国生态系统碳汇管理部门职能清单

部门	职能范围
生态环境	（1）牵头应对气候变化工作；（2）负责监督生态系统保护修复
自然资源	（1）自然资源资产所有者职责和所有国土空间用途管制职责；（2）调查监测评价；（3）自然资源确权登记；（4）自然资源资产有偿使用；（5）自然资源合理开发利用；（6）统筹国土空间生态修复
林业和草原	（1）林业和草原火灾病虫害等风险管控；（2）林业和草原生态保护修复和造林绿化；（3）森林、草原、湿地资源的监督管理

（二）调查核算标准不统一，不同来源的数据差异大

一是目前生态系统碳储量和碳汇核算需要的底层数据来源缺乏统一标准，导致各类生态系统面积底数存在差异。以森林生态系统为例，我国现行的生态系统调查与监测主要分为两类，一类是林草部门主导的自然资源清查类调查，以固定样地和数理统计连续抽样技术为基础；另一类是以中国科学院主导的生态系统监测评估，以遥感解译获取的土地利用/土地覆盖数据为基础。通过对比，这两类调查在森林分类、界定阈值确定等方面都存在差异（见表 5），造成不同数据来源公布的森林底数不一致（见图 1）。此外，由于森林、草原和湿地等生态系统基础调查次数和调查周期不一致，导致全国生态系统调查数据的时效性差别较大，难以形成科学统一的底层数据。

表 5　森林调查技术指标对比表

类别	国家森林资源连续清查	生态系统监测评估
有林地	森林植被郁闭度≥20%的林地	指郁闭度>30%天然林和人工林
疏林地	郁闭度为 10%～19%的林地	郁闭度为 10%～30%的林地
灌木林地	指郁闭度>30%、胸径<2 cm	指郁闭度>40%、高度在 2 m 以下的矮林地和灌丛林地
苗圃地	固定的林木和木本花卉育苗用地	指定为其他林地
无立木林地	采伐迹地、火烧迹地等	—
宜林地	宜林荒山荒地、宜林沙荒地等	—

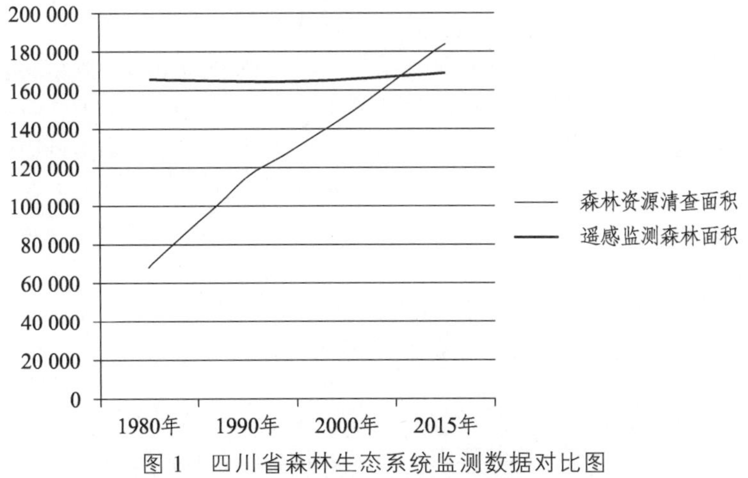

图 1　四川省森林生态系统监测数据对比图

二是碳储量及碳汇核算标准体系尚未建立。我国生态系统碳储量及碳汇核算相关技术标准和规程较少，地方性核算标准研究匮乏。由于核算标准尚未出台，在实际生态系统碳汇核算过程中，不同单位在数据统计口径、核算方法没有统一标准，导致核算结果可能存在较大差异。以森林生态系统为例，我国历次森林资源清查采用材积源生物量法来估算森林碳储量，该方法的核算内容只包括了乔木林，未涵盖灌木林、竹林、疏林地、散生林木以及森林土壤等，导致森林碳汇能力被低估。2021 年四川省林业和草原局公布全省森林蓄积量为 19.16 亿 m^3，碳储量为 30.15 亿 t，分别占全国同期森林蓄积量和碳储量的 10.95%和 32.77%，数据存在不匹配。

（三）局部生态系统脆弱，碳汇潜力有待提升

一是森林生态系统质量有待提升。四川省森林生态系统，普遍面临林种和林龄结构不合理的问题，人工林面积大森林质量不高，局部森林病虫害风险较高。以松材线虫病为例，采用气象及相关环境数据模拟的四川省松材线虫病风险等级结果显示四川东部及南部低海拔森林松材线虫病风险较高，这些区域气温较高，人工林较多，纯林比例高，林分结构相对单一，稳定性较差，固碳潜力受到抑制。2021 年，贡井区、宣汉县和屏山县等 42 个区县被国家林业和草原局列为松材线虫病疫区，森林病虫害问题严峻。

二是局部湿地退化趋势尚未遏制。对比 1980 年、2000 年和 2020 年三期四川省土地利用现状遥感监测数据，除森林面积增加了 1.69%以外，草原、湿地和农田面积均不同程度减少。调查显示若尔盖 80%沼泽湿地发生不同程度的退化，沙化土地约占区域面积的 5.77%，且沙化势头尚未遏制。湿地生态系统的逆向演替使得湿地植被和泥炭中储存的大量有机碳分解成温室气体释放到大气，“碳汇”转变为“碳源”。

四、完善生态系统管理，促进固碳增汇

（一）形成高效互通的生态系统碳汇合作机制

进一步梳理自然资源、林业与草原、生态环境等相关职能部门的生态系统碳汇事权，建立生态系统确权登记、调查经营、评估监管“三位一体”的管理体系。自然资源部门是生态系统的要素管理部门，以第三次全国国土调查数据为基础，建立生态系统碳汇基础数据库，完善互联共享管理系统；健全国土及森林、草原、水、湿地等自然资源信息更新机制，为定期生态系统碳汇核算提供基础数据保障。林业与草原部门是森林、湿地、草原等生态系统的直接管理者，负责造林、植草、保护、经营和调查监测等工作，承担基础数据调查和维护生态系统健康的职责。生态环境部门牵头承担生态系统碳汇核算、碳汇交易组织与信息发布的职能，建议将生态系统碳汇状况纳入四川省生态环境质量状况公报中，并建立碳汇信息公开和定期发布制度。

（二）构建科学统一的生态系统碳汇核算体系

在国家统一标准规范指导下，研究制定地方性森林、草原和湿地等调查监测技术标准或规程，增补碳汇核算调查内容与技术要求；加强现有基础调查监测数据衔接，建立以第三次全国国土调查结果为本底数据的四川省生态系统碳汇数据体系。在 IPCC 国家温室气体清单指南基础上，出台符合四川实际的核算指南，并配套出台森林、草原、湿地等生态系统碳汇核算标准体系，进一步规范核算方法。

（三）应用基于自然的解决方案（Nbs）实现固碳增汇

坚持贯彻山水林田湖草沙冰生命共同体理念，应用基于自然的解决方案保护修复生态系统，实现固碳增汇。优化四川省国土保护空间，高质量推进大熊猫、若尔盖国家公园为主体

的自然保护地体系建设，建立生态系统保护的新体制新机制新模式，确保重要自然生态系统得到系统性保护，提升碳汇生态服务。系统推进重要生态系统保护和修复重大工程，落实《四川林草碳汇行动方案》，提升林草气候适应性和气候韧性，加强火灾、病虫害等风险防控。加强总结与凝练，形成一批四川省可复制、可推广的生态系统固碳增汇技术与模式。

（四）注重生态系统固碳增汇关键技术与转化

将生态系统固碳增汇等关键技术列入四川省重点科研计划予以支持，围绕生态系统固碳增汇目标，改进提升固碳生物资源收集与利用、脆弱生态系统增汇减排技术、退化生态系统碳汇功能修复、生态防控防治与预测预报等关键技术。建设生态系统固碳增汇关键技术集成攻关平台，鼓励科研院所、高校、科技企业联合建立生态系统固碳增汇技术研发中心、产业研究院、产教融合创新平台，开展从基础研究、技术创新到产业化的全链条攻关，促进跨行业、跨领域、跨区域生态系统固碳增汇技术集成耦合，加快创新链与产业链深度融合。

（五）推进生态系统碳汇项目发展与交易

鼓励国有林保护局、国有林场（草场）先行先试，采取自主开发、合作开发等多种方式推进生态碳汇项目开发实施。充分依托国土绿化、生态修复、国家战略储备林和竹林风景线等生态建设工程，发展自愿核证减排（CCER）等林业碳汇项目。加强凉山州乡村振兴、宣汉森林经营、天全大熊猫栖息地恢复、龙泉山城市森林、若尔盖湿地等生态碳汇项目示范。推动四川生态碳汇参与国内外碳排放权交易，加快探索四川林草碳普惠机制，依托四川联合环境交易所构建区域性生态碳汇自愿市场，积极推动建立包括“碳惠天府”在内的区域碳减排机制。

涵养内涵深刻和谐文明的生态文化

四川省公众生态环境保护行为调查评估

张豇浜　王恒　刘冬梅
四川省环境政策研究与规划院

王忠
四川省生态环境厅

【摘　要】“坚持全社会共同建设美丽中国的全民行动观”是习近平生态文明思想的八个核心要义之一，在推进生态文明建设和治理体系现代化的过程中，公众参与至关重要。为了解四川省公民生态环境保护意识与行为的基本状况，本文通过线上问卷和实地调研的方式，开展了四川省公众生态文明意识与行为模式调查研究，并提出相关政策建议。

【关键词】问卷调查；公众生态文明意识；公众参与

生态文明和美丽中国建设离不开全社会共同参与，习近平总书记多次强调“生态文明建设同每个人息息相关，每个人都应该做践行者、推动者”“美丽中国建设离不开每一个人的努力”“要强化公民环境意识”“努力把建设美丽中国化为人民自觉行动”。2020 年中共中央办公厅、国务院办公厅印发《关于构建现代环境治理体系的指导意见》提出“构建党委领导、政府主导、企业主体、社会组织和公众共同参与的现代环境治理体系”的目标，将全民行动体系同领导责任体系、企业责任体系等并列，体现了公众参与在现代环境治理体系中越来越重要的地位。

为了解四川省公民生态环境保护行为的基本状况，本文参考全国公民生态环境行为调查，结合四川省实际制定了四川省公众生态文明意识与行为模式调查问卷，采取线上为主、实地调研相结合的方式开展调查，以期为健全环境治理全民行动体系提供科学参考，营造全民参与的良好氛围，助力美丽四川建设。

一、问卷调查主要观点

本次问卷调查覆盖全省 21 市（州），调查内容包括调查人员基本信息、对环境状况的感知和获得感、生态环境知识和意识、环境信息关注、环保公众参与、绿色消费、环保支付意愿以及对政府工作力度的评价 8 个方面共 38 道题目，收集有效问卷 646 份。经统计分析得出以下结论。

（一）公众对政府生态环保工作认可度较高

61.3%公众认可污染防治攻坚战成效，认为近三年当地生态环境质量明显改善；73.1%公众认为近三年政府对生态环境保护工作力度明显增强。

1. 公众对生态环境状况的评价

调查显示，有五成受访者对所在城市生态环境质量较满意，其中 61.3%受访者认为近三年所在城市生态环境有明显改善（见图 1）。就具体要素来看，公众对森林、湿地、绿地等自然生态环境改善感受最明显，人数占 70.1%，其次是空气质量和水环境质量，人数占比分别为 68.7%和 62.4%；就具体地域来看，雅安、内江的受访者对环境质量改善认可度最高，分别达到 84.3%和 83.3%。

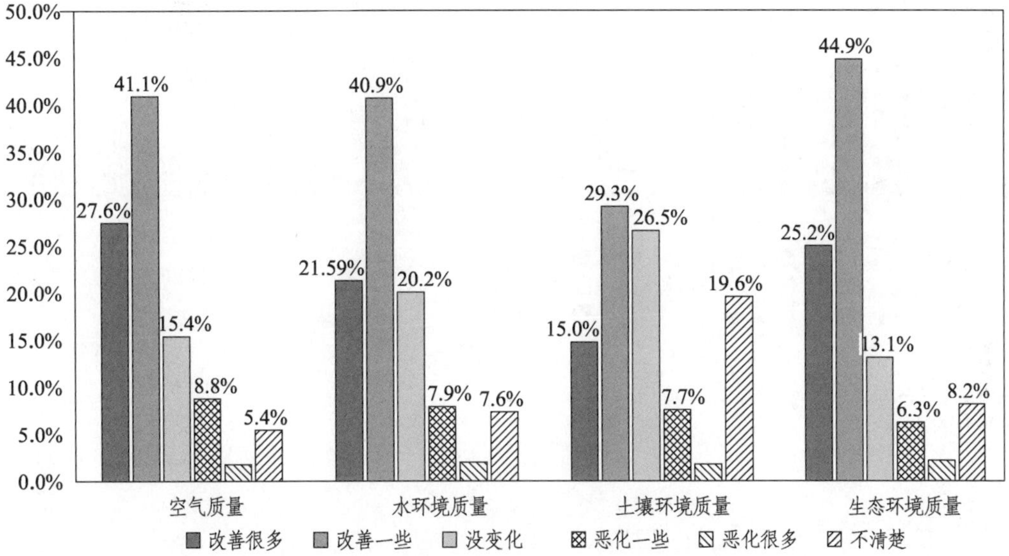

图 1　受访者认为过去三年所在城市环境质量改善的人数占比

从全省层面来看，21.5%受访者认为当前城市生态环境问题比较严重。但就具体地域来看，有三成的成都受访者认为成都市生态环境问题比较严重，高于全省平均水平。在具体环境问题类型上，受访者认为所在地突出环境问题依次为空气污染（31.2%）、垃圾废弃物污染（18.4%）、水污染（14.5%）、噪声污染（12.8%）。如图 2 所示。

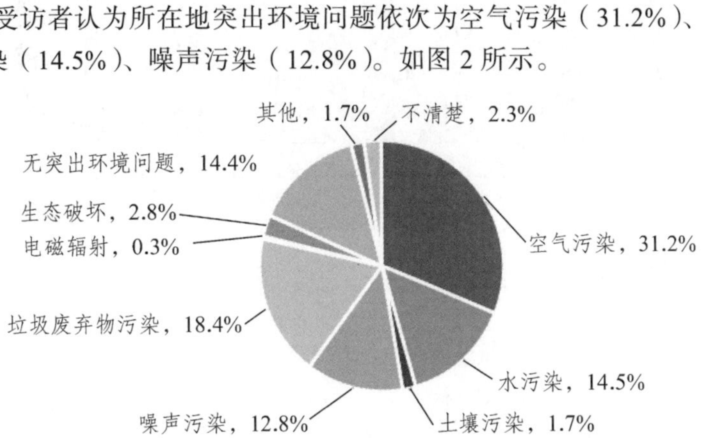

图 2　受访者认为所在地最突出的环境问题类型调查情况

不同受访者对生态环境问题的感知存在差异。城镇受访者认为所在地区空气污染是最突出环境问题，乡村则是水污染问题（见图 3）；成都平原区和川南地区以“空气污染”问题占比最高，川东北地区“水污染”问题最突出，川西北和攀西地区则是“垃圾废弃物污染”“生态破坏”问题占比较大，如图 4 所示。

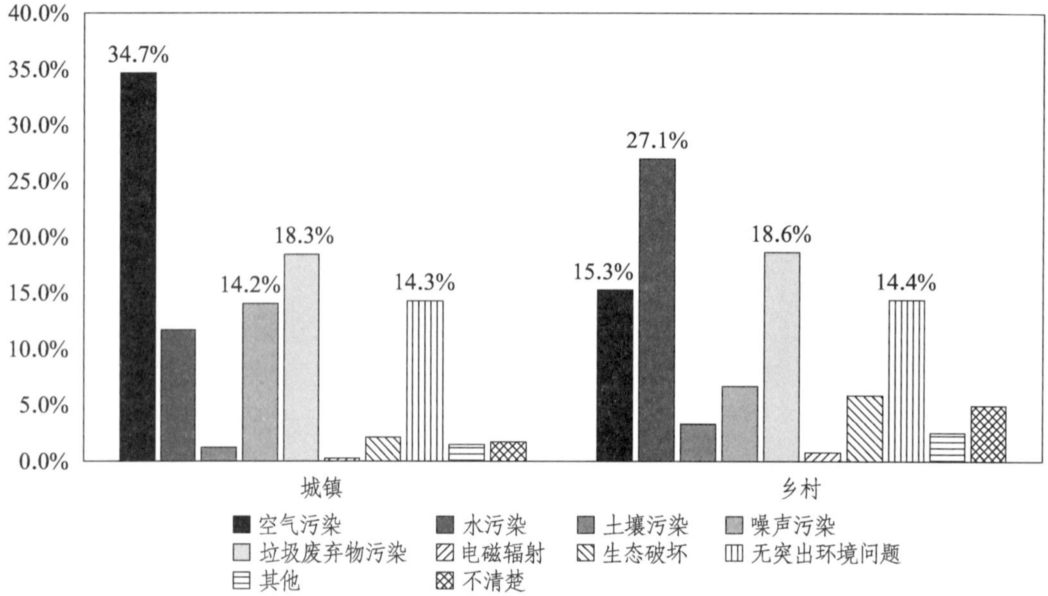

图 3　不同居住地类型受访者认为所在地最突出的环境问题的人数占比

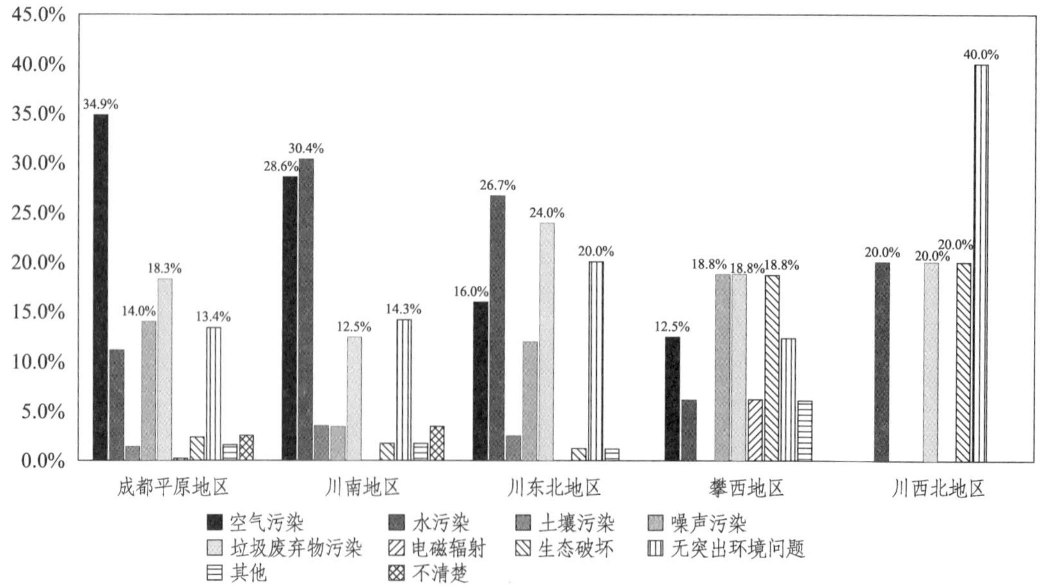

图 4　不同地区的受访者认为所在地最突出的环境问题的人数占比

2. 公众对政府生态环保工作力度的评价

超五成受访者认为政府在生态环境保护方面的工作力度较强，73.1%的受访者认为政府在生态环境保护方面的力度与一年前相比有所增强，如图 5、图 6 所示。

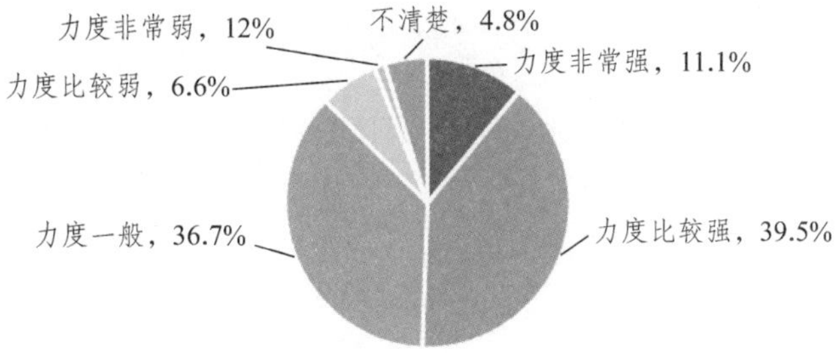

图 5　受访者对于政府在生态环境保护方面的工作力度评价

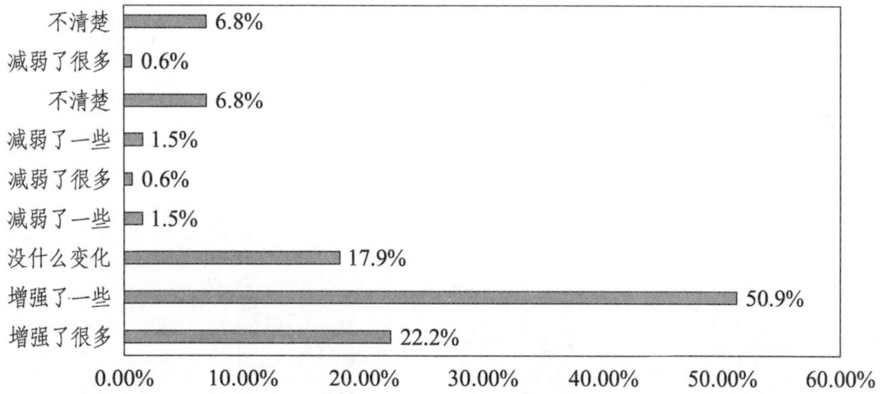

图 6　受访者对政府在生态环境保护方面的工作力度与上一年变化评价

受访者对政府工作力度的评价与其对所在城市生态环境改善认可程度相一致，即受访者认为过去一年生态环境保护工作力度越大的地区，其生态环境问题相对不突出，生态环境改善越好，如图 7 所示。

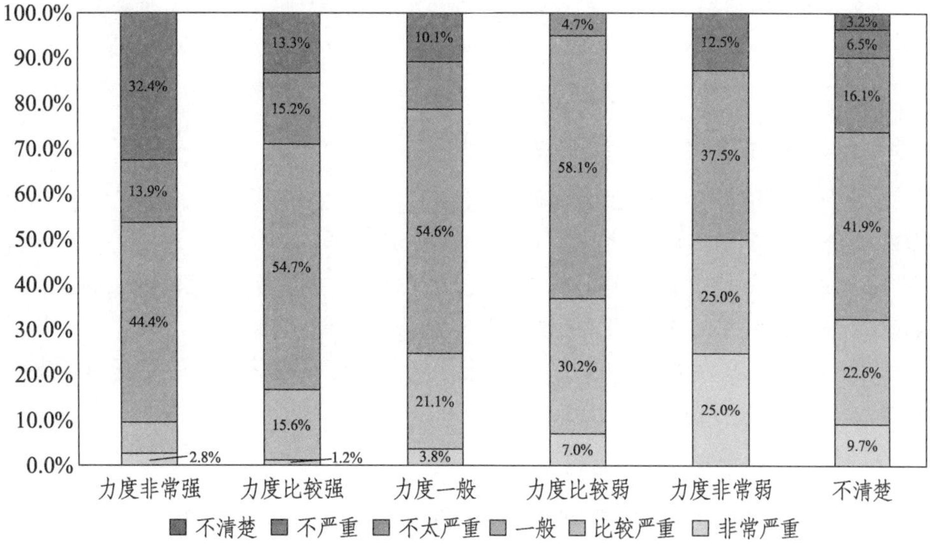

图 7　认为政府在生态环境保护方面的工作力度不同的受访者对其所在地生态环境问题的感受及人数占比

（二）公众的生态环境保护意识总体较好

公众普遍对环保工作的重要性、长期性、艰巨性有较为理性科学的认知，且 72.8%的公众愿意为保护生态环境承担一定的成本和代价；对生态环境知识掌握情况总体良好，正确率为 72.9%，高于全国平均水平；近九成公众认同关注环保信息、环保监督举报和参与环保志愿活动等环保参与行为的重要性。

1. 公众对生态环保理念的认知情况

受访者普遍表现出较高的生态环境保护意识。95%以上的受访者认同“践行环保理念才能实现长远可持续发展”“大气污染治理不会一蹴而就，需长期努力”，有 89.2%的受访者认同“煤改气、煤改电政策既改善了环境质量又改善了人们生活条件”，说明绝大多数受访者对生态环境工作有较为理性、科学的认知，达到或高于全国平均水平，如图 8 所示。另有 92.4%的受访者认为绿色消费对保护生态环境很重要，且 68.9%的受访者认同“为了保护环境，我愿意降低生活享受的标准”。

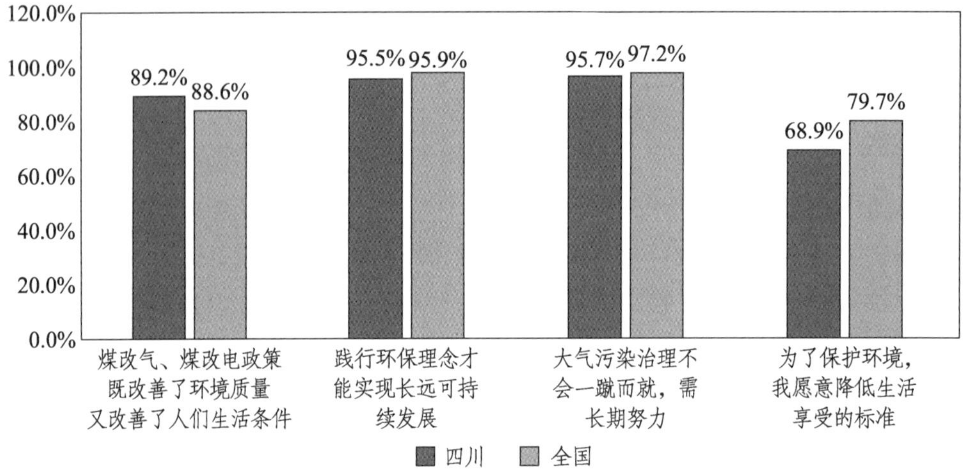

图 8　四川省与全国受访者认同生态环境保护理念人数占比对比情况

2. 公众对生态环境保护的支付意愿情况

受访者对生态环境保护的支付意愿普遍较高，72.8%的受访者愿意为了保护环境承担一定的成本和代价。从受访者收入情况来看，20 000 元以上的高收入人群（75%）的环保支付意愿更高，2 000 ~ 20 000 元的中间收入阶段受访者环保支付意愿相对较低（66.5%）。从具体支付金额来看，受访者平均愿意最高支付 27.5 元/月用于解决生态环境问题，其中超 4 成受访者愿意最高支付超 100 元/月。从解决环境问题来看，更多的受访者愿意把费用花在空气污染治理和水污染治理，与受访者认为最突出的生态环境问题相一致。如图 9 所示。

3. 公众对生态环保知识的掌握情况

总的来说，受访者对生态环保知识的掌握较好，正确率为 72.9%，高于全国平均水平（68.6%）。其中对气候变化、生物多样性保护等热点类环境知识的了解程度高于基础性、实操性知识，如表 1 所示。

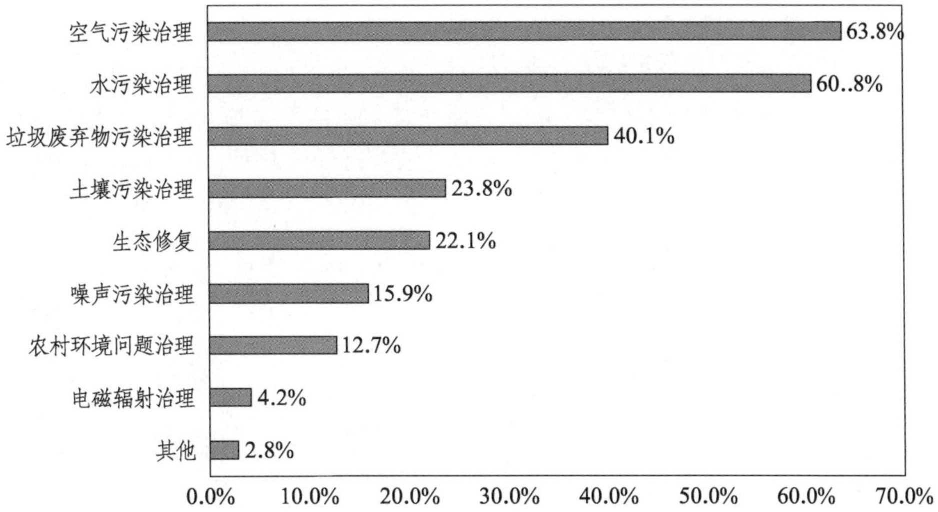

图 9　同意支付的受访者更愿意花费的领域及人数占比

表 1　受访者生态环境知识判断题答题情况

题目	四川正确率	全国正确率
气候变化不会对生物多样性造成影响	90.9%	89.6%
高空臭氧能阻挡紫外线、保护地球生物，而近地面臭氧则对生态环境构成污染	72.0%	64.2%
节能灯平均比白炽灯省电一半以上	84.2%	85.5%
空气质量报告中，二级空气质量意味着比一级空气质量好还是差	69.0%	66.3%
依照我国地表水环境质量标准，Ⅴ（5）类水质比Ⅰ（1）类水质好还是差	50.9%	38.7%
拨打 12369 可以举报环境问题	70.6 %	67.5%

4. 公众对参与环保行为的认可情况

从关注环境信息的行为来看，90%以上的受访者认为个人关注生态环境信息对保护生态环境很重要，且认为所在地生态环境问题越严重，个人对生态环境信息关注行为越重要。

从参与环保监督举报行为来看，92.1%的受访者认为个人参与监督举报对保护生态环境较重要，高于全国平均水平（89.8%）。

从参与环保志愿活动行为来看，86.1%的受访者认为参加环保志愿活动对保护生态环境是重要的，略低于全国平均水平（89.5%）。

（三）公众参与生态环境保护情况

公众普遍认为自身环境行为对保护生态环境很重要，但在不同领域的实际参与方面却存在明显差异性，特别是在绿色消费、关注环保信息以及参与环保监督、环保志愿等行为方面普遍存在“认知度高、践行度低”。

1. 公众的日常生态环保行为表现

总的来说，超七成受访者在日常生活中有较好的生态环保行为习惯，特别是在随手关灯、及时关闭电器电源，不购买、不使用、不食用珍稀野生动植物或其制品，外出就餐时适度点餐或餐后打包以及步行、骑自行车或乘坐公共交通工具出行等方面，总体高于全国平均水平，但仅42.2%的受访者“总是”“经常”进行垃圾分类，践行度相对偏低，如图10所示。

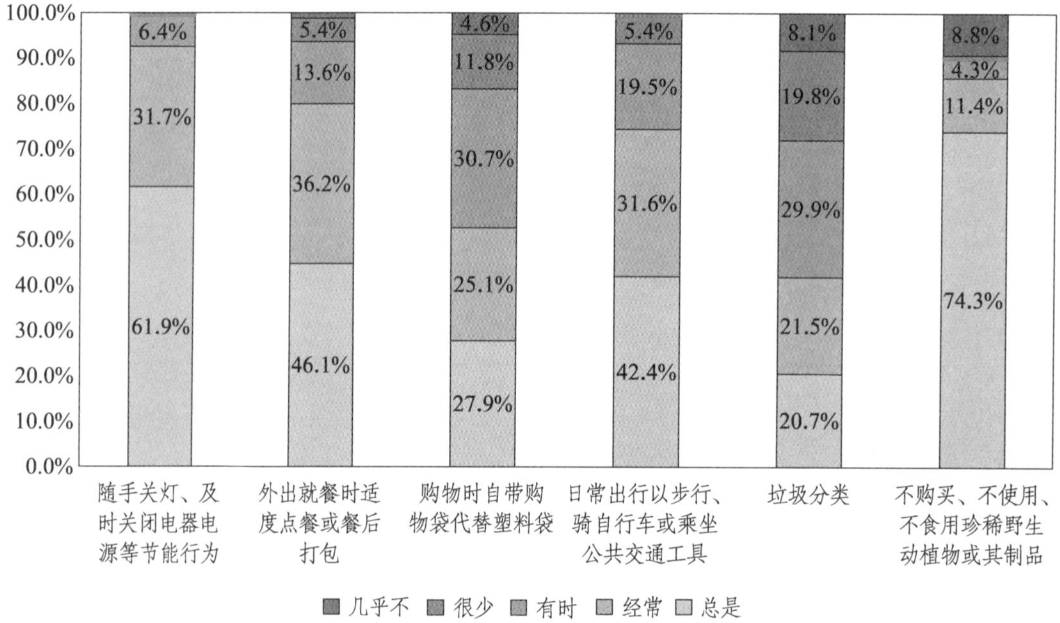

图10 受访者对生态环境保护行为践行的人数占比

受访者认为影响其日常生态环境保护行为的主要原因是制度措施不健全、基础设施不完善，其中制度措施不健全因素占比达到52.5%，基础设施不完善因素占比为30.3%，如图11所示。

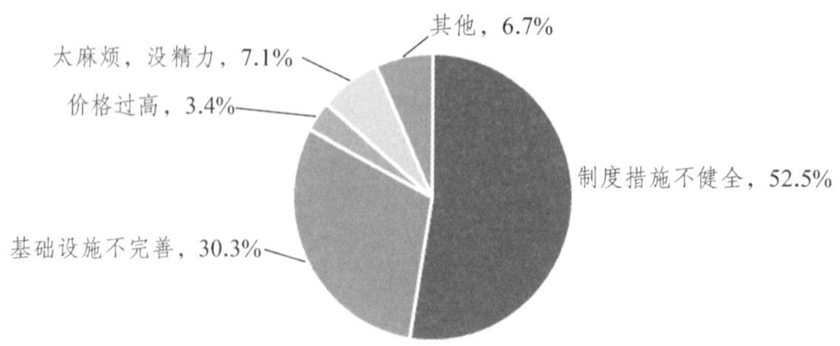

图11 受访者认为影响生态环境保护行为的主要原因的人数占比

2. 公众在绿色消费行为的表现

超九成受访者认可绿色消费的重要性，但只有63.6%的受访者认为自己做得比较好，绿色消费意识和行为存在较大的差距。在影响公众绿色消费行为的因素中，“无法识别绿色产品”“产品质量没保证”“缺乏认证标准体系”“价格高”等是主要原因，如图12所示。

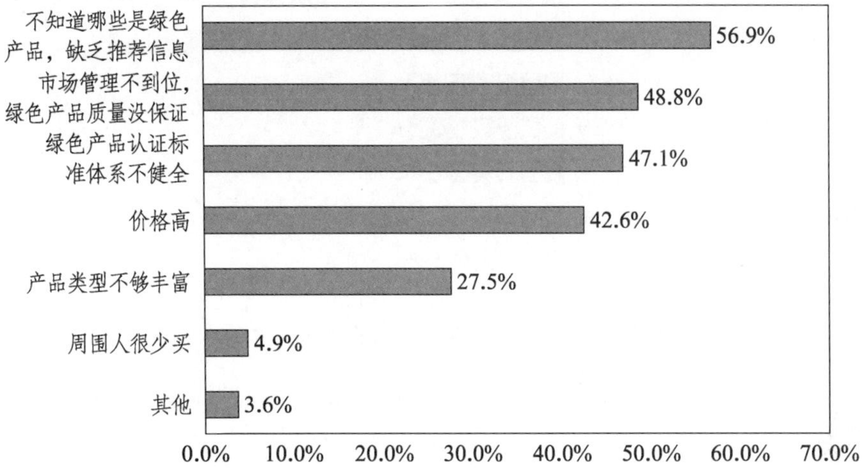

图 12　阻碍受访者选购绿色产品的主要原因情况统计

从不同收入人群的调查情况来看，低收入人群认为“周围人很少买”和“价格高”是阻碍其选购绿色产品的主要原因；而高收入人群选择“不知道哪些是绿色产品，缺乏推荐信息”“市场管理不到位，绿色产品质量没保证”“绿色产品认证标准体系不健全”的较多，说明随着收入的提高，人们会对绿色产品自身的质量、品质以及管理规范有更高的期待，如图 13 所示。

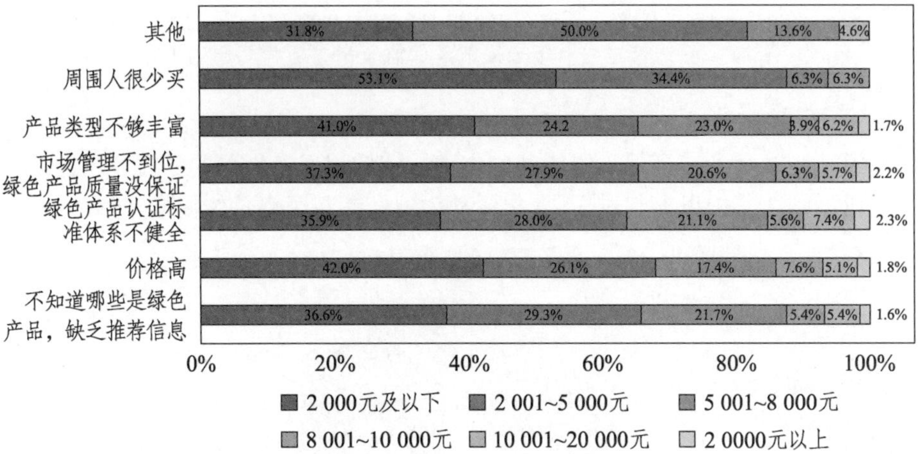

图 13　阻碍不同收入受访者选购绿色产品的主要原因及人数占比

3. 公众参与环保监督举报的情况

调查显示，受访者参与环保监督举报的积极性总体不高，仅 42.1%的受访者在过去一年采取过环保监督举报行为，低于全国平均水平（55.6%）。受访者更倾向于选择制度化渠道自下而上的举报或反映问题，其中以“向当地街道、居委会或村委会反映情况”的方式最多，占 20.4%，其次是“向当地政府相关部门投诉举报”，占 17.7%，如图 14 所示。

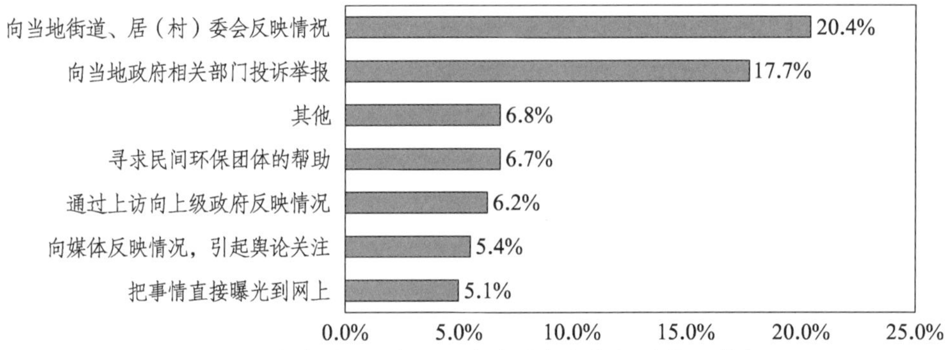

图 14　受访者过去一年采取各类监督举报行动的人数占比

受访者认为阻碍其监督举报的原因在于不了解举报途径或投诉举报效果不理想。在未采取过监督举报行为的受访者中有 36.8%认为“试图采取行动，但不知道怎么做”，认为“投诉举报了也没用”和“投诉举报渠道不畅通”分别为 24%、20.4%，如图 15 所示。

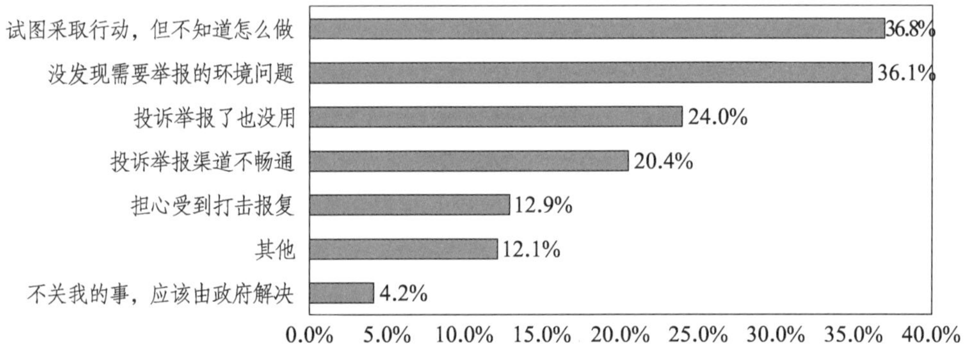

图 15　受访者过去一年未采取环保监督举报行为的原因占比

4. 公众参加环保志愿活动的情况

总的来说，受访者参加环保志愿活动的主动性较低，仅 54.6%的受访者在过去一年中参加过环保志愿活动，其中以参与过 1～2 次活动为主，参与频率总体偏低，如图 16 所示。

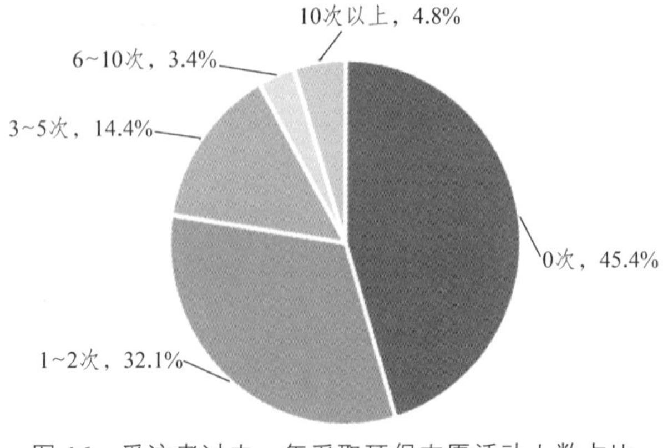

图 16　受访者过去一年采取环保志愿活动人数占比

受访者参与最多的活动类型为“环保宣传教育”“清理垃圾等日常环保实践”，参与比例分别为 68.8%和 60.8%，其他专业性较强的活动如“自然资源和动植物多样性保护类活动”“具体环境问题调查活动”“促进环保科学技术的应用”“为环境污染受害者提供咨询、诉讼服务”“促进环保国际交流的活动”等则相对较少，如图 17 所示。

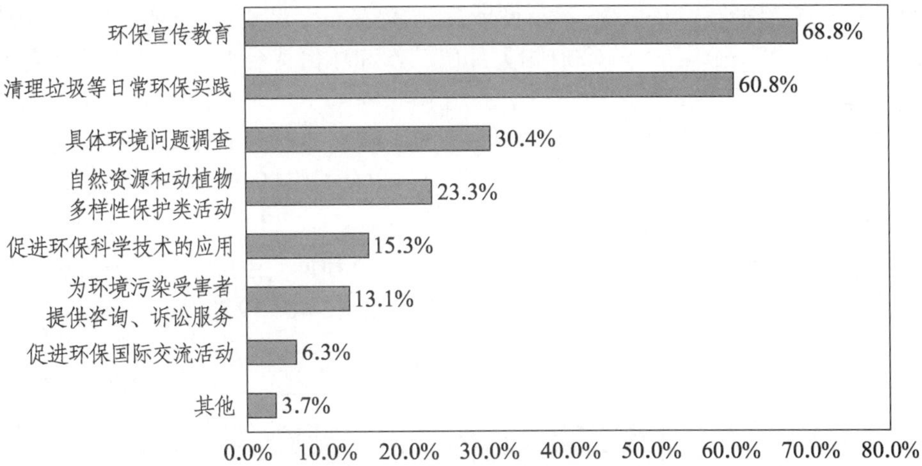

图 17　受访者参加不同类型环保志愿活动的人数占比

受访者认为“为社会贡献”“提升个人知识、能力和社会阅历”是吸引其参与环保志愿活动的主要理由，而“很难获取活动信息”“时间地点不方便”是阻碍其参与环保志愿活动的主要原因，比例分别达到 59.6%和 56.3%，此外超三成受访者认为“活动组织不规范”“缺乏必要的培训”是其不愿意主动参与环保志愿活动的主要原因，如图 18 所示。

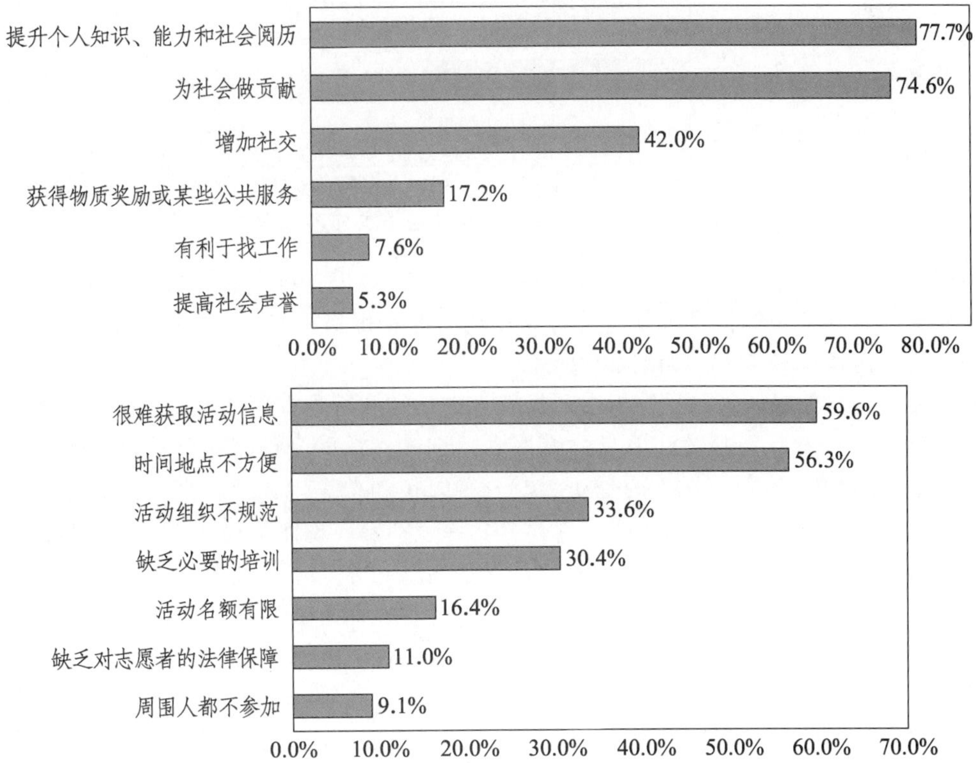

图 18　受访者认为参加志愿活动和阻碍其参加志愿活动的原因统计

5. 公众关注生态环境信息的情况

总的来说，受访者对于生态环境信息的关注行为同主动参与环保监督举报、环保志愿活动的表现高度一致，即“认可度高，参与度低”。调查显示，仅 49.7%的受访者经常关注生态环境信息。相对来说，高学历、在政府相关部门工作和环保社会组织的受访者更关注生态环境信息。

就具体形式而言，受访者更喜欢关注图文并茂、有翔实数据支撑类的信息以及主要观点鲜明的环保短文，人数占比分别为 67.3%、58.2%、44%。就具体内容而言，近七成受访者最想了解的是环境质量状况，此外超五成受访者愿意更多关注“环境污染的来源和成因”“环境状况对人类生活、健康的影响”“个人生活和消费行为对环境产生的影响”等信息，说明受访者希望了解环境与个人之间的关系以及相互影响等信息，如图 19 所示。

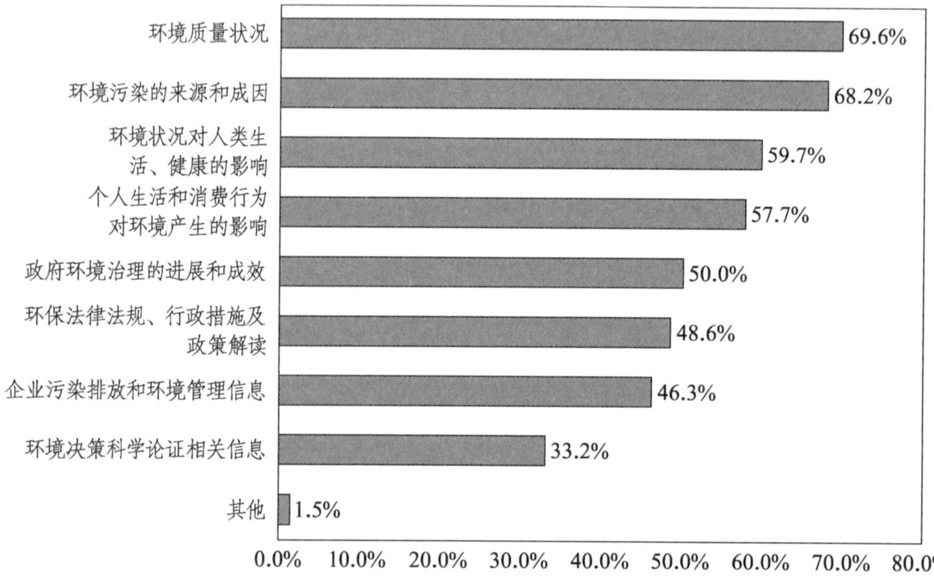

图 19 受访者更想关注的生态环境信息内容人数占比

通过对比“关注生态环境信息”的频率与公众环境意识、行为的关系来看，经常关注环境信息的受访者对环境知识掌握情况更好，平均答题正确率（82.2%）明显高于不经常关注环境信息的受访者（62.7%），如图 20 所示。

经常关注生态环境信息的受访者在环保行为的认知和行为方面都表现较好。具体来说，从绿色消费行为来看，经常关注信息的人群中，有 96.7%的受访者认可公民绿色消费对生态环境保护很重要，且超 74.6%的受访者对自我绿色消费表现评价较高，而不经常关注生态环境信息的人群中，仅 41.7%的受访者对自我绿色消费表现评价较高。从环保监督举报行为来看，经常关注信息的人群中，有 97%的受访者认可个人参与监督举报对生态环境保护很重要，且超五成的受访者在过去一年里采取过行动，而不经常关注生态环境信息的人群中，仅有三成的受访者过去一年里采取过行动。从环保志愿活动行为来看，在经常关注生态环境信息的人群中，93%的公众认可个人参与环保志愿活动对于保护生态环境很重要，且 65.4%的公众在过去三年中参加过环保志愿活动，人数占比高于不经常关注环境信息的受访者（41.24%）。

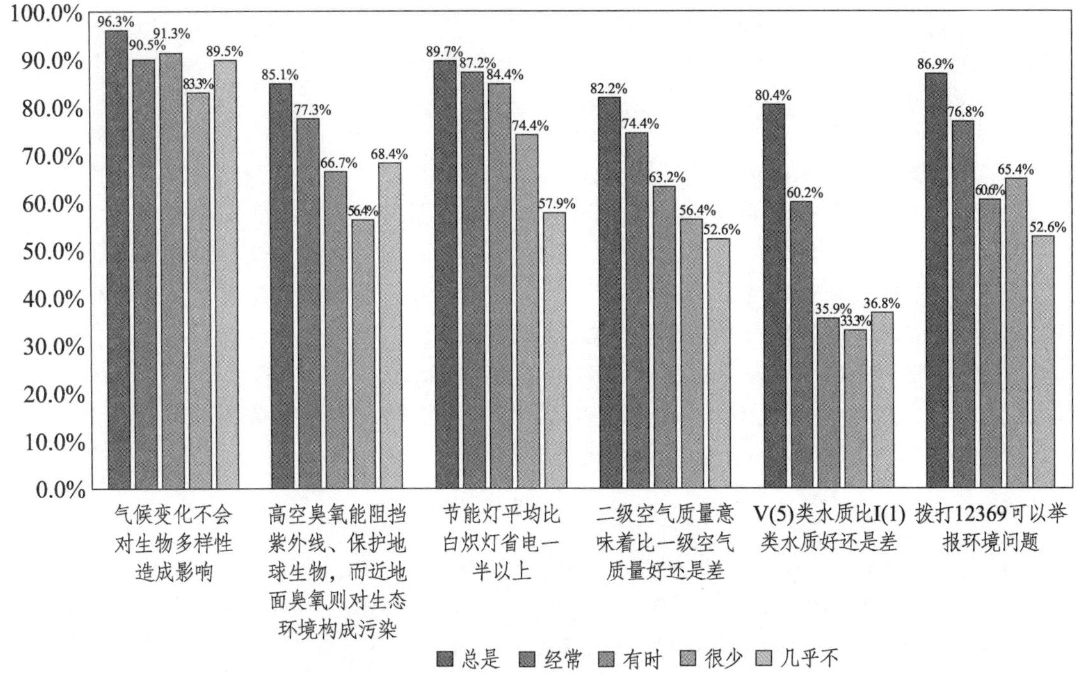

图 20　不同环境信息关注程度人群环境知识答题正确率的情况

6. 公众对生态环境保护的知行合一情况对比

通过对不同受访者的生态环境保护的“知行合一”表现分析显示，受访者的教育程度、工作性质等对其环保意识和行为有着较大的影响。例如，从受访者教育程度来看，本科及以上的受访者更能意识到环保行为的重要性，积极参与环保志愿活动的人数占比也高于低学历受访者。从工作单位类型来看，在环保社会组织、环保相关部门工作的受访者的环保意识和行为的一致性远高于其他行业的受访者；而 82.8%的学生认可环保志愿活动的重要性，但 80.3%的学生在过去三年里几乎没有参与环保志愿活动，说明有条件的学校应积极鼓励或引导组织学生参与环保志愿活动。

二、提升四川省公众生态文明意识的建议

根据本次调查的结论和问题，结合四川的实际情况，为进一步提升全省公众生态文明意识和行动力，助力构建美丽四川建设全民行动体系，我们提出以下建议。

（一）加强公众参与生态环境保护的“顶层设计”

一是围绕《“美丽中国，我是行动者”提升公民生态文明意识行动计划（2021—2025 年）》总体要求，实施“十四五”时期四川省提升公民生态文明意识行动，研究制定《四川省公众绿色生活创建行动方案》《四川公众生态文明公约》等政策文件，引导和鼓励公众主动参与和践行生态文明建设，凝聚美丽四川建设社会合力。二是健全生态环境保护的公众参与机制，持续强化公众参与环境重大决策、公益诉讼、信访投诉、监督举报等领域制度建设，畅通公众参与生态环境保护渠道，为公众参与提供制度保障。三是常态化开展公众生态文明意识与

行为调查，跟踪评估公众生态环境意识及行为状况，掌握公众对生态文明建设的满意度变化情况，为更有针对性地制定环境政策、开展环境宣传提供科学支撑。

（二）加快完善环境信息公开制度，主动回应社会关切

一是持续加强政府环境信息公开能力建设，细化完善环境信息公开相关名录，明确各类环境信息公开内容，探索拓展环境信息公开的领域和范围，加大对生态文明建设政策举措、进展成效、实时环境质量的信息公开力度，保障公众知情权，维护公众行使知情权、参与权和监督权。二是加大企业环境信息的公开，严格落实环境信息依法披露制度，依法依规公开企业的环境守法、环保管理、生态保护、社会责任等信息，推进企业环保设施、环保基础设施等向公众开放，有效纾解公众对项目环境污染问题的疑虑，减少“邻避效应”。三是建立环境信息公开的社会反馈机制，探索建立圆桌对话机制，以社区为单元搭建环保公众信息交流平台，建立政府、企业、公众三方定期沟通工作机制。

（三）加快绿色生活配套设施建设，培育绿色低碳生活方式

一是围绕垃圾分类、绿色餐饮等日常环保行为，研究制定相关政策文件，完善配套基础设施建设，全面推进衣、食、住、行等领域绿色化。二是落实《绿色出行创建行动方案》，优化公共交通设施及布局，广泛动员公众出行优先选择公共交通、自行车和步行等绿色出行方式。三是建立绿色生活服务和信息平台，积极推广环境标志产品、有机产品等绿色产品，帮助公众获取新能源汽车、高能效家电、节水型器具等节能环保低碳产品信息，为公众提供绿色消费渠道。

（四）加强生态环保宣传，广泛传播生态价值理念

一是继续推进环境政务新媒体矩阵建设，充分发挥报刊、广播、电视等传统媒体和微博、微信、微电影等互联网新媒体平台，不断创新生态文明宣传形式，拓展生态文明社会化宣传渠道。二是丰富环保宣传形式，例如借助“6.5”环境日、“6.6”低碳日、“5.22”生物多样性日等重要环保主题日，发布短视频、科普公众号、生态环保宣传卡通形象等，以更加亲近友好的形式或形象传播生态环境保护价值观。三是加强舆论监督，以开设“生态文明曝光台”等形式综合运用媒体监督和社会监督手段，及时主动曝光各类破坏生态环境问题、突发环境事件、环境违法行为，并对问题整改过程和结果进行反馈。四是挖掘生态文明建设和绿色发展的典型人物和先进事迹，持续开展“绿色先锋”等评选活动，充分发挥榜样力量，讲好四川生态文明故事，营造“全民参与、共建共享”的生态文明建设良好氛围。

（五）强化生态文明教育，夯实美丽四川建设基础

一是继续扩大“四川环境教育 $1+N$ 联盟”影响力，充分发挥教育基地的示范作用、纽带作用、凝聚作用，进一步做细做实生态环境教育工作。二是鼓励建设特色鲜明、形式多样的生态文明教育基地，持续开展生态环境教育基地创建活动，推进生态体验示范基地建设，打造生态环保主题公园等载体。充分发挥生态环境教育与服务功能，为公众学习生态文明知识、参与环保实践提供平台和载体。三是整合政府、科研院所、企业、民间环保组织等力量，针对不同职业、文化程度的公众展开不同形式、不同内容的生态环境保护教育，提升公众尤其是乡村居民、学生、低收入人群的生态文明意识和环保科学素养。四是规范推动环保社会组织发展，探索成立环保社会组织联盟，大力发挥环保志愿者作用，探索设立生态环保公益小额资助项目，支持鼓励环保组织在宣传教育、公众参与、调研实践等方面实施公益项目。

四川公民生态环境与健康素养的培育途径调查研究

付思文　潘静　林佳丽
四川省环境政策研究与规划院

杨浩
四川省生态环境厅

陈继春
攀枝花市仁和生态环境监测站

【摘　要】公众是生态环境治理中的重要主体之一，公众的环境行为是生态环境问题的重要影响因素。习近平总书记多次强调“生态文明建设同每个人息息相关，每个人都应该做践行者、推动者”“要强化公民环境意识”。为进一步提升公民生态与健康素养，2020 年，我国修订发布《中国公民生态环境与健康素养（试行）》。为更好地支撑四川省生态环境宣传教育工作，推进生态文明建设，本文通过问卷调查、实地调研等方式，对四川公民生态环境与健康素养的培育途径开展相关研究，并提出相关政策建议。

【关键词】问卷调查；公民生态环境与健康素养；培育途径

公众是生态环境治理中的重要主体之一，公众的环境行为是生态环境问题的重要影响因素。习近平总书记多次强调“生态文明建设同每个人息息相关，每个人都应该做践行者、推动者”“要强化公民环境意识”。为进一步提升公民生态与健康素养，引导公民正确认识人与自然的关系，树立生态环境与健康息息相关的理念，普及现阶段公民应具备的生态环境与健康基本理念、知识、行为和技能，2020 年，我国修订发布《中国公民生态环境与健康素养（试行）》。为了解四川公民生态环境与健康素养水平，探讨分析公民生态环境与健康素养培育途径，本文通过问卷调查、案例分析等方式，对四川公民生态环境与健康素养的培育途径开展相关研究，以期为四川省生态环境宣传教育工作提供有力支撑，为推进生态文明建设提供有价值的参考。

一、公民生态环境与健康素养概况

本次调查共收回生态环境与健康素养问卷 944 份，有效问卷 942 份，有效率 99.79%，具体情况如表 1 所示。

（一）四川公民对生态环境质量满意程度高

从本次问卷情况来看，有 93.01%的人对四川生态环境质量持“比较满意”以上的态度，其中，“非常满意”占比为 26.69%，“满意”占比为 34.96%，“比较满意”占比为 31.36%，如图 1 所示。

表 1　调查对象基本情况

人口社会学特征		调查人数	构成比/%
性别	男	489	51.91
	女	453	48.09
年龄	18～25 岁	126	13.38
	26～45 岁	126	13.38
	46～60 岁	674	71.55
	60 岁以上	128	13.59
地区	城市	843	89.49
	农村	99	10.51
职业	环保系统以外的其他党政机关或政府事业单位人员	185	19.64
	从事环保工作的党政机关或政府事业单位人员	465	49.36
	环保社会组织或团体工作人员	30	3.18
	非环保领域的社会组织或团体工作人员	40	4.25
	社区基层工作机构（如居委会、村委会）工作人员	5	0.53
	有污染排放的企业工作人员	25	2.65
	无污染排放的企业工作人员	40	4.25
	自由职业或个体工商户	52	5.52
	学生	61	6.48
	务农	16	1.7
	其他	23	2.44
收入	≤2 000 元	125	13.27
	2 001～5 000 元	545	57.86
	5 001～10 000 元	232	24.63
	10 001～20 000 元	29	3.08
	≥20 000 元	11	1.17

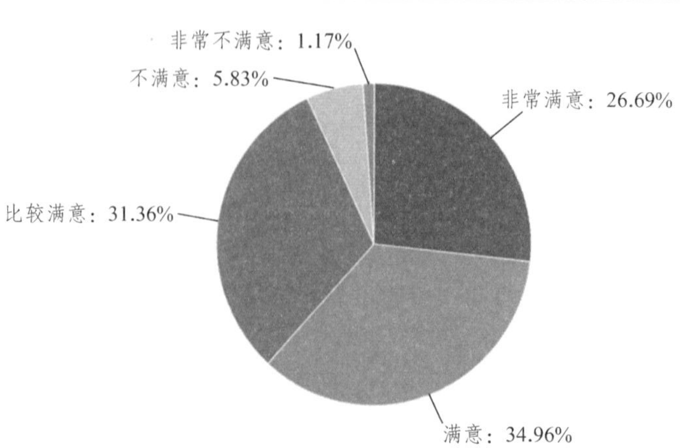

图 1　公众对目前生活所在地的生态环境质量满意程度

从人口特征分析，公民对生活所在地生态环境质量满意程度可以发现，性别、年龄、城乡分类、职业都对生态环境质量的满意度呈现差异性。从性别特征来看，男性对生态环境质量更满意。从年龄特征来看，中年人对环境质量更满意，年龄在 46 ~ 60 岁“非常满意”的比例 32.81%，明显高于平均水平（26.65%）；18 ~ 25 岁选择“不满意”的比例也较高，为 11.90%，高于平水平（5.84%）。从城乡分类来看，城镇人口对生态环境质量的满意程度更高，城镇“非常满意”的比例 28.11%，明显高于农村的 14.14%；城镇人口选择“比较满意”以上选项的有 94.06%，高于农村的 83.83%。从月收入来看，总体呈现出“两头小中间大”的特征，月收入在 2 001 ~ 10 000 元的居民对生态环境质量的满意程度高，月收入在 2 000 元以下及 20 001 元以上的人群对生态环境质量较为不满意。从职业分布来看，务农人员对生态环境质量的满意程度最高，其次为从事环保工作的党政机关或政府事业单位工作人员、环保社会组织或团体；学生及无污染排放的企业对生态环境质量的满意程度相对较低。如图 2 所示。

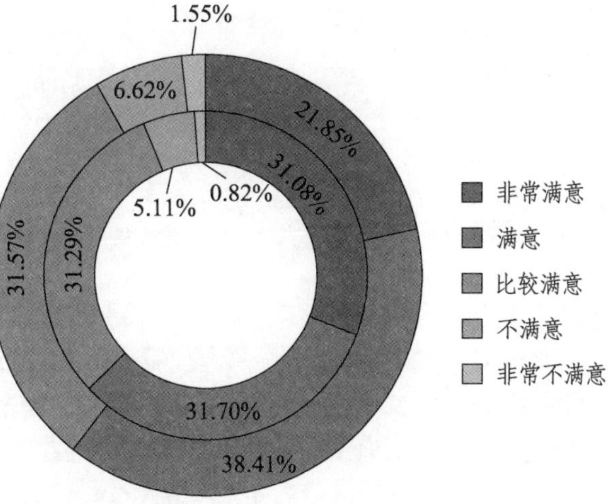

（a）不同性别生态环境质量满意程度

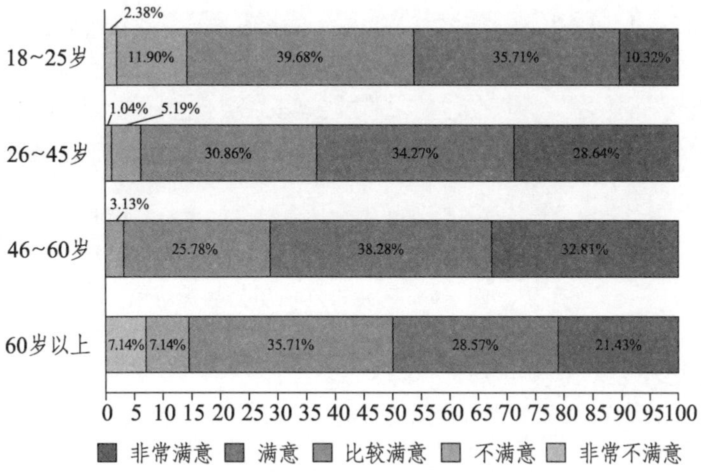

（b）不同年龄段对生态环境质量的满意度

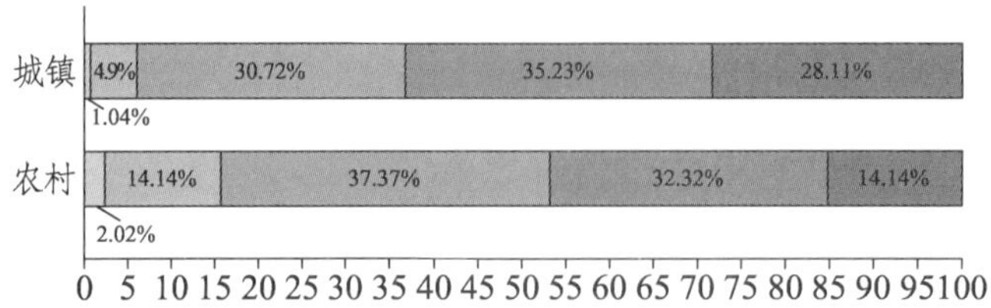

（c）不同生活所在地对生态环境质量的满意度

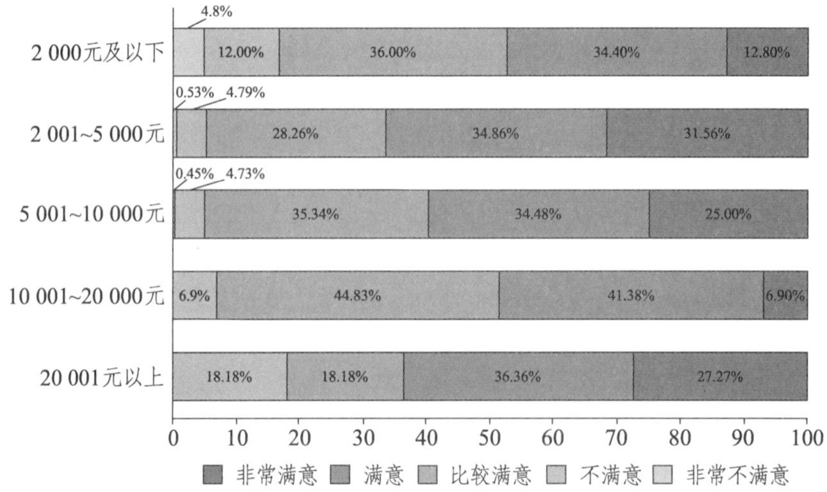

（d）不同收入群体对生态环境质量的满意程度

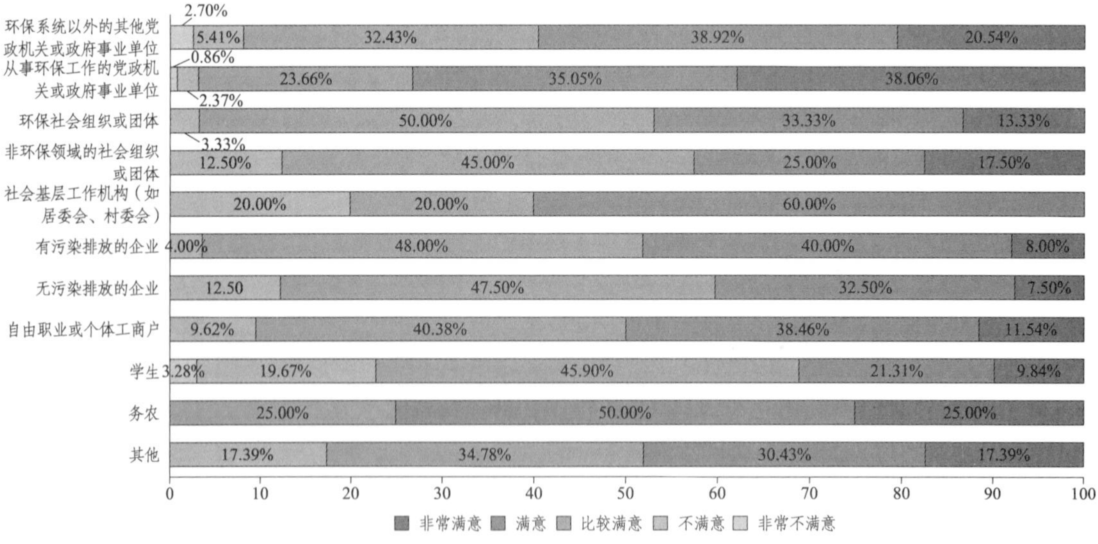

（e）不同职业对目前生活所在地的生态环境质量满意程度

图 2　不同特征对生态环境质量的满意度

（二）公民对生态环境与健康素养自评价较高

在进行正式测评前，对调查对象进行了生态环境与健康素养自评调查，总体而言，公众对生态环境与健康素养自评价较高，942 位受访对象中 85.80%的自评分数在 80 分以上，其中认为自己得分大于 90 分的占比高达 60.06%，为 567 人；认为自己得分小于等于 70 分的，仅有 31 人，占总数的 3.28%，如图 3 所示。

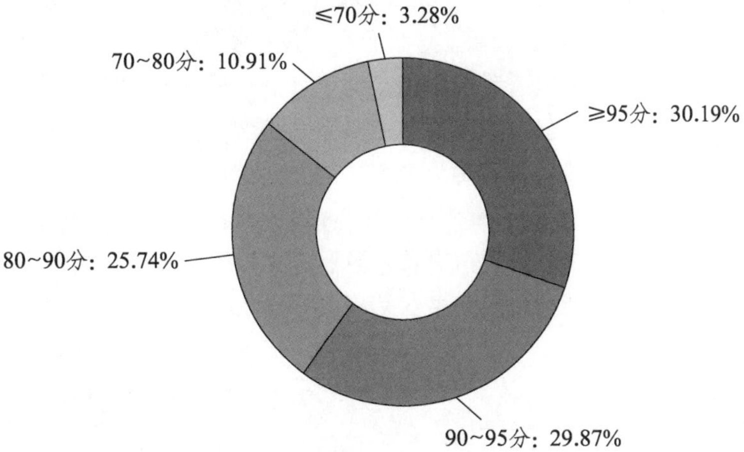

图 3　公众生态环境与健康素养自评概况（以 100 分为满分）

通过 Pearson 相关分析发现，公众对生态环境质量的满意程度和对生态环境与健康素养的自我评价的相关系数值为 0.667，并且呈现出 0.01 水平的显著性，如表 2 所示。这说明，公众对生态环境质量的满意程度与对生态环境与健康素养的自我评价呈显著的正相关性，即对生态环境质量满意程度越高的人群对自己的生态环境与健康素养评价越好。

表 2　生态环境质量满意度和生态环境与健康素养自评分 Pearson 相关分析

	您对目前生活所在地的生态环境质量满意程度如何？	
以 100 分为满分，您认为目前自己生态环境与健康素养可得_____分：	相关系数	0.667
	P 值[①]为 17	0

（三）公民生态环境与健康素养评价结果分析

总体来看，本次调查的最高分为 100 分，共 7 人；平均分为 77.561 分，中位数为 80 分。得分分布情况如图 4 所示，得分在 90 分以上的，有 113 人，为总数的 12.00%；37.26%的人得分为 80 ~ 90 分；28.13%的人得分为 70 ~ 80 分；22.61%的人得分小于等于 70 分。

交叉分析公民生态环境与健康素养评价结果与自评情况不难发现，公民生态环境与健康素养评价结果与公民自评情况有较大差异。自评分高于 95 分的人群平均分仅为 78.32，有 20.70%得分低于 70 分，仅 5.61%得分达到 95 分以上；自评分在 90 ~ 95 之间的人群平均分仅为 78.27；自评分在 80 ~ 90 之间的人群平均分仅为 78.26，如图 5 所示。

① P 值即概率，反映某一事件发生的可能性大小。统计学根据显著性检验方法所得到的 P 值，一般以 $P<0.05$ 为有统计学差异，$P<0.01$ 为有显著统计学差异，$P<0.001$ 为有极其显著的统计学差异。

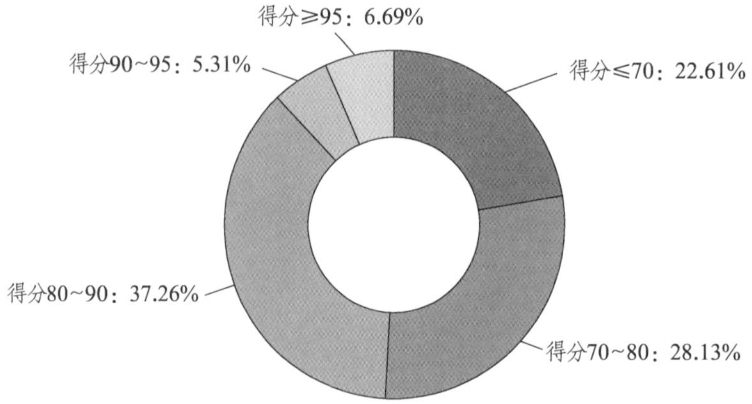

图 4　公民生态环境与健康素养总体评价情况

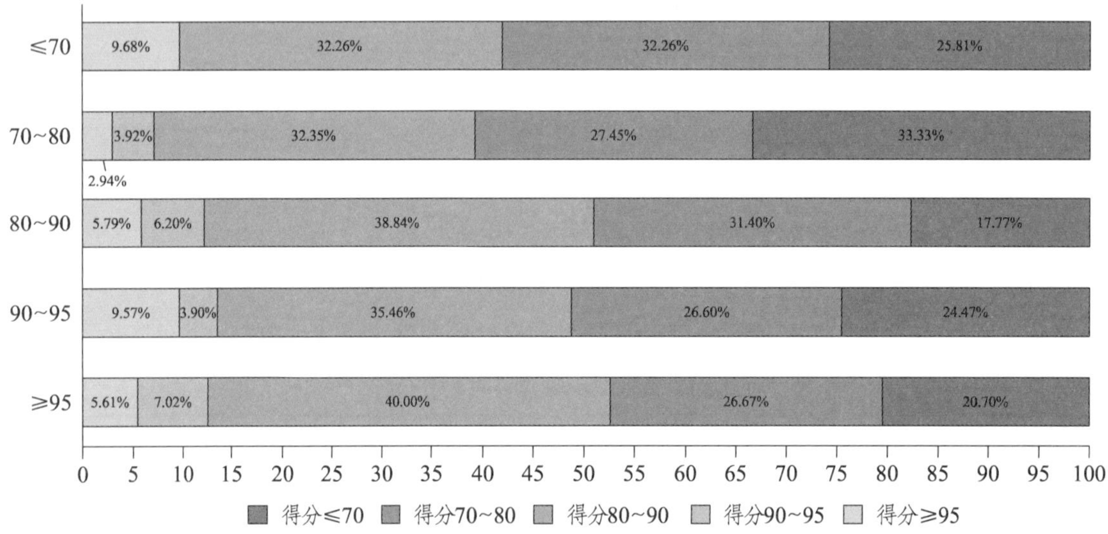

图 5　公民生态环境与健康素养评价结果与自评情况交叉分析情况

从人口特征分析，性别对于得分呈现出显著性，男性生态环境与健康素养评价结果优于女性；95 分以上的男性多于女性，70 分以下的女性占 27.15%，明显高于 70 分以下的男性（18.40%）。从城乡分类来看，城镇居民的生态环境与健康素养显著优于农村居民；农村居民得分在 70 以下的人数占 43.43%，城镇居民为 20.17%；且农村居民没有人得分在 95 分以上，如图 6 所示。

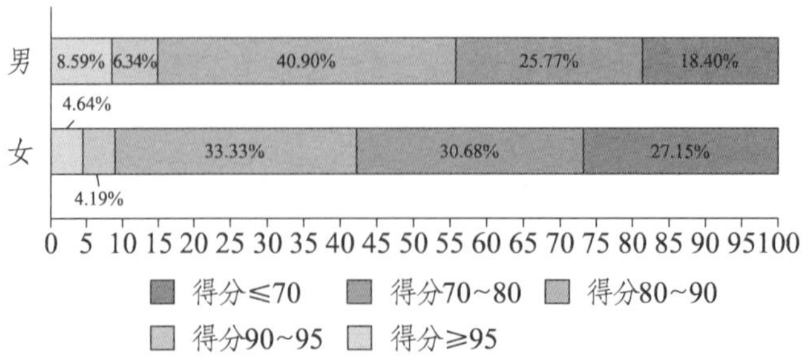

（a）性别与评价结果

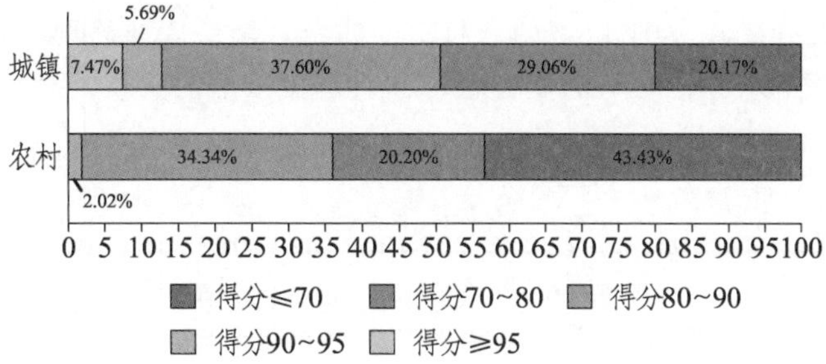

（b）城乡分类与评价结果

图 6　主要人口特征与评价结果对比情况

从地区来看，21 市（州）生态环境与健康素养水平有较大差异，平均分最高的前 3 个市（州）分别是攀枝花（84.30）、遂宁（82.89）和广安（82.80），平均分最低的 3 个州（市）分别是凉山（69.52）、自贡（68.50）、眉山（65.13）；眉山与攀枝花之间相差 19.17 分，如图 7 所示。

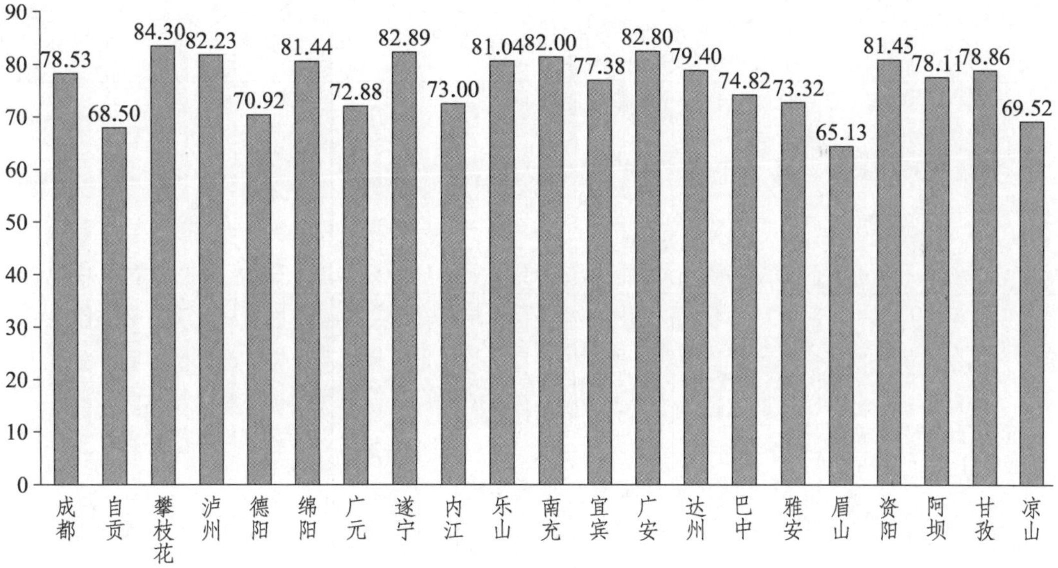

图 7　各市（州）平均得分

（四）公民生态环境与健康素养水平各维度均有不足

1. 基本理念总体掌握情况较好

根据《中国公民生态环境与健康素养》在问卷中设计题目，对相关知识点进行考查。在《中国公民生态环境与健康素养》中，涉及基本理念的知识点有 7 条，本次考查 6 个知识点。

从结果反馈来看，参与调研的公众生态环境与健康素养的基本理念掌握情况总体较好。对于“保护生态环境、维护健康人人有责”“良好的行为习惯能减少环境污染、降低健康风险”的认识较好。在对“环境污染和生态破坏是影响健康的重要风险因素”的考查中发现，虽然绝大多数人都意识到了环境污染对身体健康的危害，但还有部分人还没有认识到环境污染对心理健康的危害。正确率在 80%以下的，只有“防范环境健康风险要以预防为主”，其各选项的具体情况如表 3 所示，在参与的调查者中，有两成以上的人认为“环境污染是社会发展的必然代价”。

表 3 基本理念考核点情况

题目	选项	类型	对应考核点	正确率
关于环境污染对健康的影响，以下说法正确的是	A 对身体健康有影响 B 对心理健康有影响 C 对身体和心理健康都有影响 D 不知道	单选题	环境污染和生态破坏是影响健康的重要风险因素	88.98%
以下哪种行为可能会产生环境与健康问题	A 回收塑料瓶 B 使用一性筷子 C 使用环保布袋 D 减少包装物的使用	单选题	环境与健康息息相关	85.91%
以下哪种行为将增加健康风险	A 疫情期间规范佩戴口罩 B 拒绝食用野生动物 C 重污染天气暴露在室外 D 养成良好的生活卫生习惯	单选题	良好的行为习惯能减少环境污染、降低健康风险	97.78%
您认为对待环境质量信息的正确态度是	A 不关注环境质量信息，认为自己无能为力 B 从小道消息中获得相关信息 C 积极关注并合理地用以指导自己及家人的生活 D 不知道	单选题	保护生态环境、维护健康人人有责	97.88%
以下关于环境污染的说法，您认为正确的是	A 有些环境污染不易被察觉，通常需要较长时间才会显现出危害 B 环境污染一旦发生需要花大量物力财力来治理，所以应该一开始就预防 C 环境有自净能力，污染了也没关系 D 环境污染是社会发展的必然代价	多选题	防范环境健康风险要以预防为主	74.79%
人们会通过以下哪些途径接触到有毒有害污染物	A 空气 B 食物 C 土壤 D 水	多选题	环境与健康安全不存在“零风险”	85.38%

2. 基本知识存在明显短板

根据《中国公民生态环境与健康素养》在问卷中设计题目，对相关知识点进行考查。在《中国公民生态环境与健康素养》中，涉及基本知识的知识点有 13 条，本次考查 7 个知识点。

从表 4 中不难发现，公众对于生态环境与健康素养的基本知识点存在明显的短板，其中，仅关于“土壤污染影响土壤功能和有效利用，危害公众健康”“工作和生活中不当使用或处置有毒有害物质会带来潜在健康风险”和“保护生物多样性，维护生态平衡，有利于人类健康和可持续发展”的考查正确率在 90%以上。令人意外的是，关于空气质量指数（AQI）好坏的判断，正确率仅为 68.33%，这反映出超过三成的人还不能通过 AQI 指数判断空气质量的好坏。

表 4　基本知识考核点情况

题目	选项	类型	对应考核点	正确率
土壤一旦受到污染，可以通过土壤的自净功能很快恢复	A 正确 B 错误	判断题	土壤污染影响土壤功能和有效利用，危害公众健康	95.23%
装过有害液体的容器，经过清水清洗，就可以储存食物或饮用水	A 正确 B 错误	判断题	工作和生活中不当使用或处置有毒有害物质会带来潜在健康风险	98.09%
我国目前采用空气质量指数（AQI）表示空气质量的好坏，AQI 越高空气质量越好	A 正确 B 错误	判断题	空气污染会对呼吸系统、心血管系统等造成不良影响	68.33%
《生物多样性公约》缔约方大会第十五次会议（COP15）于 2021 年 10 月在昆明举行。关于生物多样性保护，应该	A 把大批野生动物迁入动物园水族馆等进行保护 B 猎捕国家一级保护动物来制造药物 C 大力引进外来物种丰富我国的动植物资源 D 建立自然保护区	单选题	保护生物多样性，维护生态平衡，有利于人类健康和可持续发展	96.61%
您认为下列哪些做法可以降低噪声污染	A 加装隔声窗 B 在道路旁种树 C 恰当选择空调室外机安装位置 D 调小广场舞音响音量	多选题	噪声污染干扰正常生活，影响身体健康	73.31%
气候变化产生的负面影响有哪些	A 海平面下降 B 极端天气事件发生次数增加 C 冰川融化 D 气温升高	多选题	气候变化对生态环境的负面影响增加健康风险	54.03%
预防儿童铅中毒，您认为应如何做	A 不带儿童到铅锌工厂附近玩耍 B 从事铅作业人员回家前需更换工作服 C 不让儿童啃咬色彩鲜艳的玩具 D 从事铅作业的工作服和儿童衣服一起洗涤	多选题	暴露是环境健康风险的决定因素	79.87%

从表 5 中不难发现，关于降低噪声污染的题目中 4 个选项均为正确答案，从结果来看每个选项的普及率都在 85%以上，但是正确率仅有 73.31%，这可能是由于公众对于噪声控制的 3 个环节了解不够导致的。关于气候变化的题目中，仅有不到六成的人掌握了气候变化将导致海平面上升的知识点，说明公众对于气候变化相关知识了解程度较差。在关于“暴露是环境健康风险的决定因素”的测试题中反映出，公众不能全面、准确地认识环境危险因素的健康风险与暴露途径。

表 5　基本知识相关多选题考查情况

问题	项目	响应		普及率
		样本容量	响应率	
您认为下列哪些做法可以降低噪声污染	加装隔声窗	887	26.01%	94.16%
	在道路旁种树	849	24.90%	90.13%
	恰当选择空调室外机安装位置	805	23.61%	85.46%
	调小广场舞音响音量	869	25.48%	92.25%
	汇总	3 410	100%	362.00%
	拟合优度检验：$\chi^2 = 4.377$　　$P = 0.224$			
气候变化产生的负面影响有哪些	海平面下降	400	12.69%	42.46%
	极端天气事件发生次数增加	921	29.23%	97.77%
	冰川融化	917	29.10%	97.35%
	气温升高	913	28.97%	96.92%
	汇总	3 151	100%	334.50%
	拟合优度检验：$\chi^2 = 254.521$　　$P = 0.000$			
预防儿童铅中毒，您认为应如何做	不带儿童到铅锌工厂附近玩耍	912	31.97%	96.82%
	从事铅作业人员回家前需更换工作服	911	31.93%	96.71%
	不让儿童啃咬色彩鲜艳的玩具	902	31.62%	95.75%
	从事铅作业的工作服和儿童衣服一起洗涤	128	4.49%	13.59%
	汇总	2 853	100%	302.87%
	拟合优度检验：$\chi^2 = 640.380$　　$P = 0.000$			

3. 基本行为和技能实践程度较差

如表 6 所示，根据《中国公民生态环境与健康素养》在问卷中设计题目，对相关知识点进行考查。在《中国公民生态环境与健康素养》中，涉及基本行为和技能的知识点有 10 条，本次考查 8 个知识点。

表 6　基本行为和技能考核点情况

题目	选项	类型	对应考核点	正确率
穿山甲、娃娃鱼、青蛙等野生动物不能食用	A 正确 B 错误	判断题	保护野生动植物，革除交易、滥食野生动物陋习	94.81%
在企业上马新项目进行环境影响评价时，公民可通过信函、传真、电子邮件参与企业的环境影响评价过程	A 正确 B 错误	判断题	主动了解生态环境信息和法律法规标准，学习环境健康风险防范知识	87.92%
为了引起有关部门的重视，举报和投诉环境污染事件时，要尽可能把情况说得严重一些	A 正确 B 错误	判断题	发生环境污染事件并可能危害健康时，按照政府部门和专业人员的指导应对	94.39%
生活垃圾一般可分为有害垃圾、可回收垃圾、厨余垃圾和其他垃圾四大类。以下属于可回收垃圾的有	A 过期药品 B 菜叶 C 废弃衣服 D 废灯管	单选题	掌握生活垃圾分类知识，正确分类投放垃圾	87.18%
此标志的含义为 	A 当心剧毒 B 当心电离辐射 C 当心有害气体中毒 D 危险废物	单选题	会识别常见的危险标识及生态环境保护警告标志，保护自身健康和安全	56.99%
当您发现污染环境、破坏生态的违法行为时，应拨打电话进行举报	A 12313 B 12369 C 12368 D 12315	单选题	通过“12369”举报污染环境、破坏生态影响公众健康的违法行为	78.28%
为助力碳达峰、碳中和目标，作为个人可以	A 频繁购买衣服 B 尽量乘坐公共交通工具 C 多爬楼梯少坐电梯 D 积极参加植树活动	多选题	践行公民生态环境行为规范，减少污染产生	80.19%
您认为下列哪些行为可以减少室内空气污染	A 购买环保材料制造的家具 B 做饭时开油烟机 C 不在室内抽烟 D 随时开窗通风	多选题	根据环境空气质量信息和个人、居家情况，采取有效防护措施	4.66%
保护环境，减少环境污染，我们应当	A 不焚烧垃圾、秸秆 B 及时关闭电器电源 C 选择乘坐公共交通 D 按需点餐，餐后打包	多选题	践行公民生态环境行为规范，减少污染产生	79.56%
为减少机动车尾气的排放，您会怎么做	A 选择公共交通出行 B 购买新能源机动车 C 定期对车辆进行年检 D 购买大排量机动车	多选题	选择低碳出行，践行绿色消费	81.04%
重污染天气时，以下做法正确的是	A 减少户外停留时间 B 开窗通风 C 佩戴适合的口罩 D 户外运动	多选题	根据环境空气质量信息和个人、居家情况，采取有效防护措施	78.5%
发现居住环境周围有企业排污影响到自身健康，为了维护自身的环境权益，您认为恰当的行为是	A 拨打举报电话 B 到环保部门进行举报 C 依法提起诉讼 D 未经核实直接在网上发布帖子	多选题	主动参与生态环境保护，维护公共环境权利和个人健康权益	65.47%

从表中不难发现，公众对于生态环境与健康素养的基本行为和技能相关知识点的掌握程度较差。其中，公众对于“保护野生动植物，革除交易、滥食野生动物陋习”“发生环境污染事件并可能危害健康时，按照政府部门和专业人员的指导应对”两点的掌握程度较好，其余知识点正确率较低。

如表 7 所示，本次问卷从如何减少室内污染和重污染天气下正确的做法两个角度对“根据环境空气质量信息和个人、居家情况，采取有效防护措施”进行考查。从整体情况来看，公民对于重污染天气下开窗通风能否有效减少污染有着较大的困惑，也正是由于这个困惑，导致两题的正确率偏低。由此反映出来，公众根据环境空气质量信息和个人、居家情况，采取有效防护措施的能力有所欠缺。

表 7　关于“根据环境空气质量信息和个人、居家情况，采取有效防护措施”考查情况

问题	项目	响应		普及率
		样本容量	响应率	
您认为下列哪些行为可以减少室内空气污染	购买环保材料制造的家具	876	25.54%	92.99%
	做饭时开油烟机	804	23.44%	85.35%
	不在室内抽烟	881	25.69%	93.52%
	随时开窗通风	869	25.34%	92.25%
	汇总	3 430	100%	364.12%
	拟合优度检验：$\chi^2 = 4.535$　　$P = 0.209$			
重污染天气时，以下做法正确的是	减少户外停留时间	926	44.16%	98.30%
	开窗通风	182	8.68%	19.32%
	佩戴适合的口罩	922	43.97%	97.88%
	户外运动	67	3.20%	7.11%
	汇总	2 097	100%	222.61%
	拟合优度检验：$\chi^2 = 1\,231.895$　　$P = 0.000$			

如表 8 所示，在问题“发现居住环境周围有企业排污影响到自身健康，为了维护自身的环境权益，您认为恰当的行为是”中，正确选项为“拨打举报电话”“到环保部门进行举报”和“依法提起诉讼”，绝大多数公民都认为打举报电话和到环保部门进行举报是恰当的维权行为，但“依法提起诉讼”的普及率仅为 67.94%，反映出公众维护公共环境权利和个人健康权益能力较为欠缺。

从整体评价反馈来看，按照“知识—行为—技能”理论模式分析发现，公众难以做到知行合一。一方面公众生态环境与健康素养的知识结构有所欠缺；另一方面公众具备一定的生态环境与健康理念、知识，但难以将其转化为实践技能。

表 8　维护自身的环境权益的考查情况

题目	项目	响应		普及率
		样本容量	响应率	
发现居住环境周围有企业排污影响到自身健康，为了维护自身的环境权益，您认为恰当的行为是	拨打举报电话	931	36.93%	98.83%
	到环保部门进行举报	929	36.85%	98.62%
	依法提起诉讼	640	25.39%	67.94%
	未经核实直接在网上发布帖子	21	0.83%	2.23%
	汇总	2 521	100%	267.62%
	拟合优度检验：$\chi^2 = 874.229$　　$P = 0.000$			

二、生态环境与健康素养培育途径分析

（一）培育方式探讨

1. 培育途径分析

（1）显性教育途径。

显性教育是指通过公开手段、公开场所，有领导、有组织、有计划、有系统的教育活动，使受教育者自觉地受到影响的有形的教育。最常见的显性教育途径就是课堂教育，根据生态环境与健康素养的要求、对象，设计相应课程，有计划、有目的、有针对性地组织生态环境与健康素养培训。

（2）隐性培育途径。

隐性教育是指在宏观主导下通过隐性的、无计划、间接、内隐的社会活动，使受教育者不知不觉地受到影响的教育过程。它实现教育目的于日常生活中，渗透教育过程于休闲逸致间，以“潜移默化”“润物无声”的方式对受教育者的思想、观念、价值、道德、态度、情感等产生影响。因此，相较于显性教育，隐性教育途径更适合于更广泛地培育公众生态环境与健康素养。常见的隐性教育有体验教育、榜样教育等。体验教育是生态环境与健康素养培育最直接的方式，就是通过亲身接触自然教育资源而产生“直接经验”，受教育者通过感受自然，积极地参与到对生态环境的理解与反馈中，从而提升生态环境与健康素养。在体验教育模式下，不同教育资源的科学、人文、生态价值等知识和信息经过科学性、技术性的编译，通过不同形式和方法的媒体传达给进入到现场的受教育者。榜样教育是指通过树立一些符合高生态环境与健康素养要求的典型个人、家庭或者组织，以之为典型，向人们进行宣传和教育，将枯燥的说教、空洞的口号变为实实在在贴近居民日常生活的事迹，使公众产生亲切感和认同感，从而对公众的思想和行为产生影响。

2. 教育资源分析

（1）自然教育资源。

四川生态环境与健康素养自然教育资源丰富。全川有世界自然遗产 3 处（九寨沟、黄龙、大熊猫栖息地），国家级风景名胜区 18 处。四川是全球 34 个生物多样性热点地区之一，全省

有高等植物近万种，占全国总数的1/3，居全国第二位，拥有高原兰花、“高山牡丹”全缘绿绒蒿、“裸子植物活化石”攀枝花苏铁等珍稀植物；重点保护野生动物150多种，占全国总量的39.6%，居全国之冠；脊椎动物近1 300种，约占全国总数的45%以上；兽类和鸟类约占全国的53%；居全国第1位；野生大熊猫种群数量达1 387只，占全国野生大熊猫总数的74.4%。

（2）城市教育资源。

四川生态环境与健康素养城市教育资源基础好。2019年，全省共有公园693个，公园绿地面积36 786万 m^2，人均公园绿地面积达14.03 m^2；共有城市污水处理厂141座，污水处理量达216 531万 m^3，污水处理率达95.29%；共有生活垃圾无害化处理厂53座，生活垃圾无害化处理量达1 166.48万t；水电装机容量居全国第一，凉山风电基地每年发电量达117亿kW·h。与此同时，四川积极整合各方资源，建成多个环境教育基地，70多所环境友好型学校，为四川生态环境与环境健康素养培育打下坚实基础。

（3）平台教育资源。

四川生态环境与健康素养媒体平台资源较完善。从传统媒体到新媒体，信息的传播形式更加多元化。一方面四川不断优化传统媒体阵地，生态环境厅与四川电视台联合制作《对话绿色先锋》系列访谈录，编发《习近平总书记关于生态文明建设、生态环境保护工作的重要论述和重要指示精神》《应对气候变化（碳达峰碳中和）政策汇编（2021）》等学习资料。另一方面四川积极搭建新媒体矩阵，在2020年国务院办公厅政务新媒体检查情况中，“四川省人民政府”网排名靠前；同时，生态环境厅也通过“四川生态环境”官方微博和微信公众号发布信息达9 153条，在四川省生态环境厅官网设置专门的“环境科普”栏目，依托四川省生态环境宣传教育中心网络平台，共享发布环境科普教育资源、开设环境教育课程。

（二）四川公众学习途径及需求分析

1. 四川公众获取生态环境与健康相关知识主要途径

如图8所示，有37.26%的公众主要通过微博、微信、QQ、抖音等获取生态环境与健康相关知识，35.14%的公众通过官方网站获取相关知识，15.29%的公众通过电视/广播获取相关知识。由此可以发现，大部分公众从新媒体途径获取生态环境与健康素养相关知识。

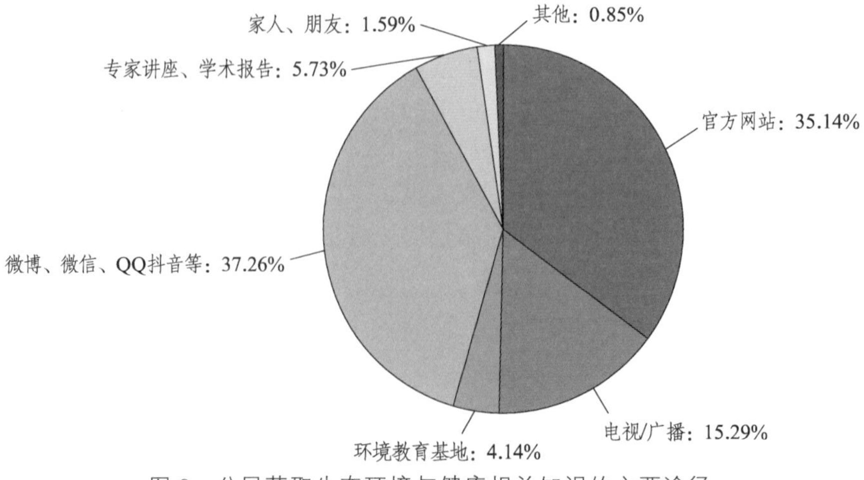

图8　公民获取生态环境与健康相关知识的主要途径

2. 四川公众生态环境与健康关注点分析

从表 9 中可以看出，公众重点关注的生态环境问题拟合优度检验呈现出显著性，意味着各项的选择比例具有明显差异性，表明公众对于不同环境问题的关注程度显著不同。公众对于大气污染的关注度最高，普及率达到 81.85%；其次是水污染，普及率达到 72.72%；公众对于电磁辐射的关注最少，普及率仅为 6.90%。

表 9　公众重点关注的生态环境问题

题目	项目	响应		普及率
		样本容量	响应率	
您当前重点关注的环境问题是	大气污染	771	29.85%	81.85%
	水污染	685	26.52%	72.72%
	土壤污染	387	14.98%	41.08%
	噪声污染	219	8.48%	23.25%
	固体废弃物污染	192	7.43%	20.38%
	应对气候变化	143	5.54%	15.18%
	生物多样性保护	118	4.57%	12.53%
	电磁辐射	65	2.52%	6.90%
	其他	3	0.12%	0.32%
	汇总	2 583	100%	274.20%
	拟合优度检验：$\chi^2 = 2\ 075.073$　　$P = 0.000$			

分析整理公众提出的关于四川生态环境保护或提升公民生态环境与健康素养的相关建议发现，有相当一部分人提出了加强环境宣传教育的需求，如在义务教育阶段多融入环境保护内容，加强环境保护法律法规和环保知识宣传和普及等；有相当部分人提出加强政府监管力度的建议，如重污染天气加强对企业的监管，将炭烤烧烤的油烟排放纳入监测范围等。

三、建　议

（一）坚持习近平生态文明思想引领

坚持习近平生态文明思想引领，将学习贯彻习近平生态文明思想作为提升公民生态环境与健康素养的首要任务，把人民健康放在优先发展的战略地位，对标对表健康中国、美丽中国建设目标，高标准谋划推进“十四五”全省生态环境与健康工作，协同推进健康四川和美丽四川建设。丰富习近平生态文明思想理论研究、实践研究成果，加大习近平生态文明思想宣传力度，引导公众将习近平生态文明思想内化于心，将学习的成效转化为认识问题、研究问题、解决问题的立场和本领，大力提升居民生态环境与健康素养水平，为促进绿色、低碳、健康发展提供有力支撑。

（二）构建多元主体共同参与的生态环境健康素养提升机制

构建以政府为主导，公众、环保组织等各方共同参与的生态环境与健康宣传教育工作格局。政府作为生态环境与健康素养培育当仁不让的主导者，应充分意识到当前形势下，提高公众生态环境与健康素养的重要性、长期性和紧迫性，把提高公众生态素养纳入议事日程，以政策为导向，运用行政手段加强宏观调控和监督管理，为公众生态环境与健康素养的培育提供正确的导向。公众作为生态环境与健康素养的主体，同时也是生态文明建设的受益者，应当依法、有序、自愿、积极地参与到生态环境与健康素养提升工作中来，强化自身生态环境意识，主动学习相关知识，自觉养成有利于生态的生活方式。环保组织应充分发挥自身的专业性、灵活性等特点，通过采取多种多样的活动，宣传群众、教育群众、组织群众、动员群众参与到生态环境保护中来，提升生态环境与健康素养。

（三）健全公众生态环境与健康素养测评体系

建立标准健全、多级评价的公众环境与健康素养测评体系，完善公众环境与健康素养水平追踪与反馈机制，制定生态环境与健康素养监测方案，定期开展公众环境与健康素养现状调查。强化公众环境健康素养测评结果运用，结合监测评估实际情况，从问题入手，针对不同地区、不同人群对症下药，精准施策开展生态环境与健康素养宣传教育工作，推动公民环境与健康素养水平的稳步提高，依靠公众的力量保护环境、维护健康，实现生态环境、健康和社会经济三者相互推动的良性循环。

（四）强化环境宣教能力建设

按照社会群体分类，根据不同群体特征、需求，进一步梳理生态环境与健康素养培育的重点，分类编制生态环境与健康素养指导手册，以群体为单位制定生态文化教育的普及策略。结合本次调查结果，在各平台，对气候变化、风险防范、法律法规等短板知识点有针对性地开展宣传教育工作。抓好生态环境宣传教育队伍建设，强化宣教机构人员力量配备，加强基层生态环境社会治理能力，加大宣教专业人才培养力度，增强做好宣教工作的责任感使命感，组建一支高素质干部人才队伍。加强帮扶指导，深入研判各地不同的环境宣教现状，结合各地特色资源对公民生态环境与健康素养在基层的宣传教育工作的开展给予有效指导和帮扶。

（五）推动媒体深度融合增强信息关联度

传统媒体与新媒体各有优劣，新媒体信息传播速度快、范围广，传统媒体传播的信息更有序、全面、有深度，将传统媒体和新媒体融合能够更好地提升信息的质量，使得信息关联度增强，生命周期得以延续。因此，制定生态环境与健康素养媒体宣教计划时，应当从提高信息质量本身和信息传播质量两方面入手，打造以政府、公众、环保组织等为主体，传统媒体和新媒体为“两翼”的“一体两翼”生态环境与健康素养宣教格局。同时，加强环境与健康舆情监测，了解公众关注的热点和焦点问题，对公众关切的内容给予及时的回应，加强科普宣传，形成科学理性的社会氛围。

（六）积极开发教育资源，促进培育方式多元化

四川自然教育资源、城市教育资源丰富，应通过优美的自然环境、便捷的城市资源等营造良好的生态环境与健康素养培育氛围，打造动植物和人类和谐共处的环境，通过环境熏陶，潜移默化地影响公众提升生态环境与健康素养，践行绿色生活，养成健康生态化的生活方式。鼓励环保组织利用丰富的教育资源，结合不同主体，开展丰富多彩的生态环境与健康素养教育活动，促进公众将知识转化为行动，进一步提高公众素养。鼓励社区结合自身的环境特色、地域特色、文化特色构建绿色社区，用良好的绿色社区氛围使社区居民将生态道德内化于心，既能提高公众自我约束，又能提升公民践行绿色生活的主观能动。

（七）促进知行合一，全面提升公民环境与健康素养

促进公众不断加深对人与自然的关系的认识和理解，增强公众的生态道德意识，帮助公众树立可持续的生态伦理观，化知识为德性、化德性为德行。以情为基础，激发公众对优美生态环境的热爱之情，引导公众自觉自愿趋近和认同美好德行，主动完善自身的科学知识和行为知识；以趣为方法，开展丰富、有趣的环境宣教活动，开发有吸引力的环境宣教读物，帮助公众有效地获取信息和知识；以行为关键，帮助公众正确理解和运用相关知识，引导公众真正践行绿色行为。

建立多元共治科学高效的现代治理体系

关于完善环境经济政策体系，助力生态文明建设的思考

孔茹芸　肖君实　顾城天
张凌杰　徐豪　林佳丽　刘冬梅
四川省环境政策研究与规划院

【摘　要】生态文明建设是关系中华民族永续发展的根本大计。推进生态文明建设需要投入大量的资金，构建现代化生态环境治理体系、提升生态环境治理能力，需要充分发挥环境经济政策在生态文明制度体系建设中的基础性和重要的支柱作用。建立健全创新支持生态文明建设的环境经济政策体系，对于大力推进生态文明建设、完善现代化环境治理体系具有重大现实意义。本文从落实生态文明体制改革总体思路出发，提出完善环境经济政策体系、助力生态文明建设6个方面39项政策建议。

【关键词】生态文明建设；环境经济政策体系；示范应用

一、建立健全环境经济政策体系助推生态文明建设

（一）建立健全生态环境财政政策

一是进一步完善生态环境财政预算支出制度，逐步建立以生态环境质量改善绩效为导向的财政资金分配机制。二是出台生态环境领域省市县财政事权和支出责任划分改革方案。三是增强环保财政支出的稳定性和持续性，确保每年环保财政支出在GDP中的占比和投入双增长。四是优化环保财政支出结构，发挥省级环保财政支出在环保领域的宏观调控作用，重点投入到跨区域、跨流域、外溢性强、突出环境问题的解决，地方政府重点投入到本地区的公共环保基础设施建设、污染治理和生态保护。五是优化环保专项资金使用方式，特别是激励奖励性资金的使用方式应更加灵活，适时将资金的使用逐渐从“强建设”调整到“保运行”上。六是加强环保财政投入的效率和效益评估，加大绩效考核的成果运用，将其与后期资金分配和奖惩挂钩；进一步完善绩效考核指标体系，如将影响居民健康、幸福感等社会公众指标纳入考核，让环保财政支出在社会方面的综合效益更加凸显。七是优化环境补贴政策制度，推动财政补贴从生产端为主逐步调整到消费端为主，补贴方向调整为针对生态环境技术创新应用。对提标改造企业、深度治理企业、环保公益企业、新能源企业等进行环保电价减免，

用以奖代补方式鼓励企业进行提标改造、深度治理或清洁能源替代。完善绿色生态农业补贴政策，加大秸秆综合利用补贴力度，推进有机肥替代补贴。八是探索实践行业环境经济政策。积极开展环保“领跑者”制度实践，广泛征集遴选行业环保“领跑者”企业，逐步建立行业标准和团体标准，并对获得环保“领跑者”称号的企业进行政策激励；推进绿色制造系统集成工作，围绕绿色设计平台建设、绿色关键工艺突破、绿色供应链系统构建三个方向进行支持。

（二）深化生态环境税费价格政策

一是完善环境保护税、绿色税收优惠、资源税等生态环境保护相关税收政策，优化调整环境保护税征收调控范围，推进将生态环境外部成本纳入资源税改革。推进地方税额标准制定，细化税收优惠阶梯分级，出台环保相关企业所得税优惠目录，制定应纳税额抵免规则；扩大环境保护税征收范围（如增加挥发性有机污染物、建筑和交通噪声等），适当调整优化环境污染当量值；将产品的全生命周期碳排放量贴标进行碳税征收，以此来鼓励绿色生产和绿色消费。二是优化其他环境相关税收政策体系，加大企业所得税、进出口税收优惠政策、车船税和车辆购置税、成品油消费税等税种在环保方面的税收激励。三是出台污水处理收费政策的指导意见，根据主要污染物种类、浓度、环境信用评级等对企业分档制定差别化收费标准，促进企业污水预处理和污染物减排；对水源地保护区、地下水易受污染地区、水污染严重地区等敏感区域，实行严格的污水处理排放标准，提高污水处理费标准。四是完善环境基础设施公共服务供给收费政策，加快构建覆盖污水处理和污泥处置成本并合理盈利的价格机制，建立有利于促进垃圾分类和减量化、资源化、无害化处理的税费激励机制，研究建立健全覆盖成本并合理盈利的固体废物处理收费机制，出台四川省危险废物处置收费管理办法。五是实行差别化的电价、水价、气价，推动制定钢铁、水泥等重点行业差别化电价政策。建立促进水资源节约的价格政策，开展农业水价综合改革，通过统筹价格、补贴等方式逐步提高农业水价，保障农田水利工程运行维护经费；推动城镇非居民用水超定额累进加价制度落地，非居民用水户用水超过定额用水量时，除按实际用水量正常缴纳水费外，对超出定额用水量加倍付费。强化高耗水行业用水定额管理。六是健全自然资源有偿使用制度，创新完善自然资源、污水垃圾处理、用水用能等领域价格形成机制。

（三）进一步完善生态环境补偿政策

一是完善重点生态功能区财政转移支付政策，将生态红线面积、生态功能重要性等因素纳入补助计算公式，加大补偿力度，体现重点生态功能区作为国家生态安全屏障地区的重要性。二是鼓励长江、黄河流域上下游、左右岸、干支流地方人民政府之间开展横向生态保护补偿，探索构建覆盖范围更广、补偿方式更多元化的生态补偿政策。三是完善环境质量改善激励政策，推广有益经验，设立饮用水水源激励金，保障饮用水水源安全；将目前的环境空气、水环境改善激励政策拓展到全省 183 个县（区、市）。探索引入市场机制和社会资金参与生态补偿。四是扩大退牧还草工程实施范围，研究适时提高补助标准，实施新一轮草原生态保护补助奖励政策，根据牧区发展和财力状况，合理提高禁牧补助和草畜平衡奖励标准，充实草原管护公益岗位。五是健全国家和地方公益林补偿标准动态调整机制，合理安排停止天然林商业性采伐补助奖励资金，将集体和个人所有天然起源商品林纳入森林生态效益补偿范围。六是探索建立湿地生态效益补偿制度，开展补偿试点，促进生态修复和生态环境综合整治等工作，改善湿地生态状况。七是落实矿山生态环境恢复治理工作，借鉴甘肃省、福建省经验，建立矿山环境治理恢复基金制度。

（四）持续完善绿色金融政策

一是完善私募投资基金和股权众筹等投融资机制，支持设立国家绿色发展基金四川子基金。二是完善绿色信贷制度，鼓励各类金融机构扩大绿色信贷规模，重点扶持生态产品价值实现项目，开展法人银行业金融机构绿色信贷自评估工作，推进绿色信贷市场稳步增长。三是加快发行绿色债券，鼓励符合条件的企业和金融机构发行绿色债券，募集资金用于支持节能减排技术改造、新能源开发利用、循环经济发展、水资源节约、节能环保产业等绿色循环低碳发展项目。谋划出台地方绿色债券财政补贴政策，通过综合运用财政奖补、贴息、风险补偿等方式促进绿色债券发行。四是推动绿色保险持续发展，建立环境污染强制责任保险制度。借鉴赣江新区经验，在试点区域探索建立绿色保险产业园，在环境高风险领域探索建立环境污染强制责任保险制度，进一步扩大环境污染强制责任保险试点范围。五是设立生态产业发展基金，积极争取中国绿色发展基金支持，突破空间行政区划阻隔，重点保障跨流域、跨区域环境治理、环境应急和生态修复工程的资金。推动生态产业发展基金与银行业金融机构、风投等金融机构的对接，撬动更多社会资本投入壮大基金规模。支持生态产业发展基金利用资产证券化进行结构化融资，拓宽资金来源。六是扩大环保信用评价覆盖面。

（五）完善环境资源价值核算政策

一是推动自然资源负债表编制工作，落实自然资源统一确权登记，借鉴承德模式，使用自然资源资产负债核算技术和资产评估方法编制自然资源资产负债表。二是综合考虑经济贡献和生态贡献，完善全省绿色 GDP 核算体系。三是完善生态环境损害补偿制度，借鉴江苏省生态环境损害赔偿“1 + 7 + 1”制度体系，在事件报告、损害评估、赔偿磋商、赔偿起诉、资金管理、修复管理、信息公开等方面完善配套政策，保障生态环境损害赔偿制度有效落实。四是科学核算生态产品价值，完善四川生态产品目录清单，评估各类生态产品的潜在价值量；探索组建全省生态产品价值核算评估机构，制定生态产品政府采购目录，在成都平原经济区以及岷江流域率先探索政府采购生态产品试点。

（六）落实环境权益交易与环境市场政策

一是不断深化排污权有偿使用和交易制度建设，鼓励发展排污权交易二级市场，借鉴浙江省开展的排污权租赁、排污权抵押贷款等模式，刺激二级市场活跃度。二是整合升级碳交易平台，丰富交易品种和交易方式，推动交易范围逐步扩大至其他高耗能、高污染和资源性行业。三是搭建区域性林草碳汇交易体系，逐步强制要求高耗能高排放企业购买林草碳汇履行减排义务；落实森林碳汇产业与乡村振兴集成示范项目，带动当地传统特色农业产业发展，助力乡村振兴。四是进一步规范用能权有偿使用和交易管理，扩大交易范围，激发企业节能降耗的内生动力。五是建立自然资源资产产权制度，用市场化手段优化生态资源要素高效配置。六是加快环境污染第三方治理的政策引导和落实，借鉴江苏省环境污染第三方治理经验，采取打捆方式引入第三方污染治理，推动环境公用设施管理向独立核算、自主经营的企业化模式转变。七是借鉴江苏 PPP 项目全生命周期法律顾问制度防范风险，推进 PPP 法制化、规范化发展。明晰 PPP 项目在污水、垃圾处理方面的投资回报机制，开展 PPP 项目示范，打造样板工程。利用政府和社会资本合作（PPP）模式扩大绿色生态环境项目投资范围，推动绿色项目 PPP 资产证券化。八是推行以生态环境为导向的开发（EOD）模式，推动环境治理与生态旅游、城镇开发等产业融合发展，解决环保公益性项目财政投入不足问题。

二、重点试点示范应用

（一）关于在黄河流域开展环境经济政策试点的建议

四川省若尔盖地区是黄河上游重要水源涵养地、补给地和国家重要湿地生态功能区，是“中华水塔”的重要组成部分，在黄河流域生态安全格局中具有重要战略地位。当前，四川黄河流域自然生态系统总体稳步向好，但因为历史欠账较多，加之投入严重不足，仍存在生态环境脆弱、发展基础和条件差、生态保护与高质量发展矛盾突出等困难和问题；草原退化沙化、鼠危害、湿地面积萎缩等生态环境保护形势依然严峻；地方财政基础薄弱，财政转移支付的纵向生态补偿力度不够，生态环境治理投入严重不足。加之，四川黄河流域是国家级重点生态功能区，各类开发活动受到严格管制，因此亟须通过机制体制创新来缓解生态保护与发展的矛盾，实现流域高水平生态保护和经济高质量发展协同。基于此，我们提出了关于黄河流域开展环境经济政策体系建设的试点建议。

一是建立健全山水林田湖草沙冰生态产品价值核算评估体系，制定黄河（四川）流域生态产品目录清单，全面评估山水林田湖草沙冰生态产品价值。二是建立健全山水林田湖草沙冰生态资产产权管理制度，推动生态资产所有权与使用权分离，扩大使用权权能，激励社会资本涌入；开展生态保护修复的产权激励机制试点，建立激励办法和操作流程。三是建立健全山水林田湖草沙冰生态产品市场交易机制，将生态产品通过参与出让交易、转移支付、抵押担保等实现其经济价值。探索建立黄河流域的生态产品交易平台，做好技术、监管以及配套服务的财政支持与保障。四是建立健全山水林田湖草沙冰保护信用制度体系，建立环保信用评价机制。建立企业和自然人的生态信用档案、正负面清单和信用评价规范，将破坏生态环境、超过资源环境承载能力开发等行为纳入失信范围。将生态信用行为与金融信贷、行政审批、医疗保险、社会救助等挂钩实施联动奖惩。五是建立健全山水林田湖草沙冰生态损害评估和赔偿制度体系。完善生态环境损害补偿制度，在损害评估、赔偿磋商、赔偿起诉、资金管理、修复管理等方面制定一系列配套政策，保障生态环境损害赔偿制度的有效落实。六是建立健全市场化、多元化生态保护补偿机制，健全国家和地方生态补偿标准动态调整机制，实施新一轮草原生态保护补助奖励政策；在若尔盖湿地国家级自然保护区开展补偿试点，探索建立湿地生态效益补偿制度。探索将生态产品价值纳入生态补偿，设立山水林田湖草沙冰保护修复基金。七是建立健全财政金融政策制度，放活山水林田湖草沙冰经营权，吸引社会资本投资绿色生态产业。着力建设具有高原特色的草原湿地农牧业，培育生态旅游和康养产业，进一步挖掘和转化黄河流域的生态产品价值。八是建立健全草原保护修复金融服务体系，开发绿色债券融资工具，探索开展生态产品收益保险。鼓励发行绿色债券、推行绿色保险，完善私募投资基金和股权众筹投融资机制，加大绿色信贷对生态资源循环开发、资源节约节能等绿色循环低碳发展项目的支持。九是建立健全生态资源价值考核评估机制。将生态资源价值纳入黄河流域发展规划，定期核查生态资源价值动态变化情况，动态考核政府管理部门和有关企业。十是建立健全“飞地经济”发展政策体系，调整优化不符合生态功能定位的产业布局、规模和结构，推动集中集聚集约发展。十一是制订适用于高原高寒地区的川西北生态示范区山水林田湖草沙冰保护修复治理条例。

（二）关于在龙泉山城市森林公园开展环境经济政策试点的建议

2018 年 2 月，习近平总书记在成都视察期间，首次提出“公园城市”概念。公园城市是将公园形态与城市空间有机融合，生产生活生态空间相宜、自然经济社会人文相融的复合系统，是人、城、境、业高度和谐统一的现代化城市，是新时代可持续发展城市建设的新模式，有利于统筹解决城市生态环境问题，提升城市品质和生态系统功能。成都市落实总书记重要指示精神，提出高起点规划、高质量建设、高水平运管，加快建设宜居公园城市，着力打造龙泉山城市森林公园名片。基于此，可将龙泉山城市森林公园作为环境经济政策体系建设的试点，通过机制体制创新探索一条保护与发展的双赢之路，为全省城市生态环境治理和生态系统修复提供可借鉴可复制的经验。

一是按照习近平总书记提出的“突出公园城市特点，把生态价值考虑进去”的要求，建立龙泉山城市森林公园生态产品价值核算评估体系。制定龙泉山城市森林公园生态产品目录清单，全面评估龙泉山城市森林公园山水林田湖草沙冰生态产品价值。二是建立龙泉山城市森林公园生态资产产权管理制度，推动生态资产所有权与使用权分离，扩大使用权权能，激励社会资本涌入，加快形成灵活反映市场供求关系的生态产品价格形成机制。三是建立生态产品市场交易机制，将生态产品通过参与出让交易、转移支付、抵押担保等实现其经济价值。引入 PPP 项目，探索以优化生态环境导向的城市开发（EOD）模式，推动环境治理与都市旅游、休闲康养等产业融合发展。四是设立龙泉山城市森林公园生态产业发展基金。突破成都、德阳、眉山、资阳的空间区划阻隔，广泛吸引社会资本和金融资金投资城市森林公园环境治理、生态修复和绿色生态产业。五是建立健全财政金融政策制度。制定龙泉山城市森林公园产业准入清单，放活山水林田湖草沙冰经营权，吸引社会资本投资山水林田湖草沙冰保护和利用。建立健全城市森林公园生态资源保护信用制度体系，由财政部门联合生态环境部门、发改部门以及金融机构建立环境信用评价机制。发行绿色债券、推行绿色保险，完善私募投资基金和股权众筹等投融资机制，加大绿色信贷对城市森林公园的资金支持，募集资金支持森林公园绿色节能技术改造、生态资源循环开发、资源节约节能等绿色循环低碳发展项目，建立绿色金融森林公园试点示范。六是建立健全税费奖惩机制。将生态信用行为与金融信贷、行政审批、医疗保险、社会救助等进行挂钩实施联动奖惩，对生态环境保护和修复有积极正向作用的企业或单位实行优化税费奖励激励。七是建立健全生态资源价值考核评估机制。将生态资源价值纳入森林公园发展规划，定期核查生态资源价值动态变化，定期考核政府管理部门和相关企业、乡镇社区等。八是建立健全山水林田湖草沙冰生态损害评估和赔偿制度体系。完善生态环境损害补偿制度，借鉴江苏省生态环境损害赔偿“1+7+1”制度体系，在事件报告、损害评估、赔偿磋商、赔偿起诉、资金管理、修复管理、信息公开等方面制定一系列配套政策，以保障生态环境损害赔偿制度的有效落实。九是制定龙泉山城市森林公园生态环境保护条例，在其中专章设置环境经济政策要求。

四川省生态环境保护投融资政策机制研究和工作建议

肖君实　罗彬　林佳丽　孔茹芸　徐豪
四川省环境政策研究与规划院

【摘　要】生态环境保护投融资是“十四五”期间优化投资结构、扩大战略性新兴产业投资的重点领域，生态环境保护投融资对生态环境的改善和经济社会持续健康发展具有十分重要的现实意义。四川省生态环境地位独特，生态环境保护任务艰巨，基层普遍存在环保资金不足的问题。同时，生态环境投融资在精准把脉投资方向、拓宽融资渠道、促进投融资模式转型、改进政府投资管理等方面还存在一些短板。基于此，本文提出四川省生态环境保护投融资的重点任务及保障措施。
【关键词】生态环境保护；投融资；政策机制

一、目的和意义

习近平总书记强调，生态环境是关系党的使命宗旨的重大政治问题，也是关系民生的重大社会问题；生态环境保护该花的钱必须花，该投的钱决不能省。生态环境保护投融资是“十四五”期间优化投资结构、扩大战略性新兴产业投资的重点领域，生态环境保护投融资对生态环境的改善和经济社会持续健康发展具有十分重要的现实意义。一是减轻政府财政压力。完善生态环境保护投融资机制有助于明确政府投资边界范围，把有限的政府投资资金用在重要的、民众呼声大、问题突出的领域，不仅有助于从源头上为政府投资“减负”，更好地发挥政府投资的作用，而且有助于防范政府投资风险，尤其是地方政府债务风险。二是引导企业投资方向。把大气、水、土壤污染治理和生态保护修复等绿色项目设计成为可供投资的项目，通过投融资明确政府投资发展意图，引导企业投资，有助于为企业投资提供更多更好的投资机会，也有助于发挥政府投资和企业投资的合力，通过投融资优化资金配置效率，促进绿色产业的发展和产业结构的优化升级。三是推动重大项目落地。在建立重大环保投资项目和绿色产业投资项目储备库的基础上，研究设计重大项目投融资模式，拓宽投融资来源，促进重大项目投融资落地，助推“十四五”时期生态环境保护目标任务实现。

二、重点任务建议

（一）把握趋势，研究确定投资方向和重点

“十四五”时期生态环境保护投资方向和重点，应重点服务于经济高质量发展和增进民生福祉，围绕推动绿色发展、加强污染防治、生态建设等重点领域。具体包括绿色节能产业发展、城乡生活环境治理、重要生态系统保护和修复重大工程、污染企业搬迁改造等方面，实

现推进传统基础设施绿色化改造、环境卫生设施提级扩能补短板建设一批，环保基础设施智能化、数字化改造智慧化建设一批。围绕投资方向和重点，拓展投资空间，谋划提出一批重大工程、重大项目，建立生态环境重大项目储备库，努力做到将“十四五”时期生态环境保护目标任务“项目化”。同时，通过重大工程、重大项目的建设实施，反过来调整优化投资结构，促进投资合理稳定增长。

（二）财政引导，充分发挥各级财政的支柱作用

生态环境保护需要大量的资金扶持与维护，财政资金的支持与投入是深入打好污染防治攻坚战、促进生态文明建设的关键。一是各级财政应统筹运用一般公共预算、政府性基金、专项债券等多种资金渠道，保障本级政府生态环境领域支出责任得到落实。二是发挥中央、省级环保专项资金引导作用，突出政府投资在补短板、惠民生中的作用，带动地方财政、金融机构以及社会资本投入。三是持续完善生态建设、保护及修复转移支付制度和重点领域、流域横向生态补偿制度，拓宽生态补偿领域与范围，创新生态补偿机制与方式。

（三）主动作为，搭好政金合作连心桥

地方生态环境部门要深化政金合作，共同推进生态环境领域投融资机制创新发展，更好地发挥“投资唱主角”的作用。一是建立良好的政银合作机制，以四川省生态环境厅与农发行四川分行、农行四川分行签订合作协议为契机，以地方政府需求为重点，进一步深化政银合作，以重点项目建设先行，在服务成渝地区双城经济圈建设、推进成德眉资同城化发展，持续加强长江、黄河上游生态保护修复和推进环保产业发展等方面倾斜融资力度，后期合作逐步扩大到环境权益市场建设、信息平台建设和环境违规信息通报等领域。二是进一步完善绿色金融政策，实现政、金、企绿色产业项目对接，加大对银行各项绿色金融政策的研究，推动出台四川省推进绿色金融服务经济高质量发展和生态环境高水平保护的政策，制定绿色产业项目目录，选择有信贷意向的项目和企业主动开展融资对接洽谈。三是联合发文推动绿色项目融资活动，生态环境部门主动联合金融工作局、人民银行支行，印发有关绿色信贷、债券、担保的指导文件。借鉴德国“绿色金融”模式，政府通过支持银行，运用资本市场开发相应的金融产品，为企业环保项目提供低息贷款。

（四）市场导向，吸引社会资本投入

发挥政府投资撬动作用，激发民间投资活力，生态环境保护不仅仅是一项公益事业，应注重推动其产业化运营，逐步形成市场主导的投资内生增长机制。一是积极争取国家绿色发展基金支持，以撬动社会资本投入为主要目标，用于环境保护和污染治理、生态修复和国土空间绿化、能源资源节约利用、绿色交通、清洁能源等领域，并选取 1 ~ 2 个城市试点。对风险投资基金或融资担保基金的回报率予以补贴，或对其投资或担保进行风险补偿，带动社会资金投入环保领域。二是加强 BOT、TOT、EOD 等融资模式的运用。针对经营期限较长的项目，采取 BOT 方式融资，以利于资金回收能得到保证，增加对企业的吸引力。由地方政府提出项目，寻找有合作意向的企业，跟企业签订合同，由企业出资建设，并享有合同所规定的

若干年的收益经营权，经营期届满则无偿把整个项目设施归还政府。或运用 TOT 模式，寻找企业投资，项目建设仍然由政府进行，建成后给予企业一定的经营年限，经营期满后企业无偿转交给政府。或运用 EOD 模式，推动生态环境治理项目与资源、产业开发项目有效融合，通过生态建设、环境修复、基础设施配套以及产业配套建设促使项目所在区域的土地升值，并为产业引入和人口流入提供良好的生态基底，以产业发展增加居民收入、企业的利润和政府的税收，同时依靠人口流入带来政府税收的增加及区域经济的发展，实现生态建设、经济发展、社会生活三者协调发展。三是健全投资回报机制，落实并完善污染者付费制度。落实《国家发展改革委关于创新和完善促进绿色发展价格机制的意见》，完善绿色发展价格政策，健全生活污水垃圾和危险废物等处理收费机制，解决环保基础设施建设成本高、收益低，社会资本进入生态环境领域意愿低的难题。四是稳步推进环境权益交易机制，全面推行排污许可制，持续推进排污权、用能权、用水权、碳排放权等市场化交易。建立健全环境权益初始分配制度，创新有偿使用，培育和发展交易市场，以较低成本实现资源能源消耗、环境污染排放总量和强度“双控”目标任务。

（五）资源捆绑，推进项目落地建设

生态环境部门应完善项目管理机制，形成项目运作的良性循环。一是加强横向合作，生态环境部门主动同发改、住建、水务等部门加强联系，共同编制项目，争取资金，调动各方积极性共同参与生态环境保护。通过项目打包、“肥瘦搭配”等方式，开展环境治理与其他资源组合开发，以经营性收益反哺生态环保公益性投入。二是建立完善地方各级项目储备库，提前谋划大气、水、土壤、农村环保和生态保护修复等领域项目，做好顶层设计，夯实项目实施基础。将污染防治、生态修复、生态补偿、高标准农田建设、碳达峰碳中和等重点项目纳入项目库，并实行滚动更新。三是利用专家力量，组织科研院所加强对地方生态环境部门的专业技术指导与培训，提高地方项目管理能力，切实解决项目包装申报中存在的质量不高、储备不足、推动缓慢、监管缺位等问题，提高项目申报质量。

（六）强化约束，提高资金使用效率

在财政收支矛盾突出的形势下，要提高地方生态环境部门合理运用财政资金的能力，着力优化支出结构，进一步健全完善资金监督机制。一是建立以绩效为导向的资金使用与分配方式，设置明晰的绩效目标，并加强后续绩效目标考核，将绩效考核纳入资金使用分配中，以绩效考核带动资金监管。二是加强政府投资管理，约束政府投资行为，明确政府投资职能，把政府的投资活动严格限制在应有的范围内，压减非刚性、非重点项目支出和公用经费，集中力量办大事、办难事、办急事，防止环保投资“虚化”和“盲投”，确保资金切实用于绿色发展，切实提高地区环境风险管理能力。三是规范资金使用程序，地方生态环境部门精简项目审核时间，加快拨付进度，提高资金使用效益。加强对重点项目的跟踪服务，及时帮助解决项目推进过程中的问题。四是完善资金使用方式，从政府投资向政府购买转变，减少项目资本金投入和投资补助，以运营补贴作为财政资金投入的主要方式，促进财政资金由“买工程”向“买服务”转变，缓解政府一次性投资压力。

三、保障措施建议

（一）强化全过程政策保障

加强项目谋划与储备工作，对“十三五”时期全省生态环境保护投融资情况进行全面评估，在此基础上分析“十四五”生态环境保护投融资发展面临的主要制约和挑战，结合可行性、有效性、科学性确定投资方向和重点。加强财政可承受能力评估，对拟出台的生态环境保护政策和项目，全面分析对财政支出的短期和长远影响，提高政策措施有效性和可持续性。强化组织保障，明确各地区、各部门的职责分工，形成部门合力。统筹协调安排各类政府投资资金，更好地发挥政府投资在补短板、惠民生中的作用，发挥政府投资的引导带动作用。营造公平透明的投资环境，推进要素市场化配置，鼓励支持引导民间投资发展。

（二）理顺财权责任划分

只有界定好政府的职能和作用，政府不缺位、不越位、不错位，着力构建起国家调控、地方负责、政府有为、市场有效的环保事权财权格局，才能使市场在资源配置中发挥决定性作用。建议进一步落实生态环境领域中央与地方财政事权和支出责任划分要求，健全省以下生态环境领域财政体制，增强基层生态环境保护的基本公共服务保障能力。

（三）建立监督检查机制

加快建立全方位全过程全覆盖的预算绩效管理体系，切实做到花钱要问效、无效要问责。进一步强化财政管理和监督，加强预算执行管理，依法依规组织收入、安排支出。强化预算对执行的控制，加强预算执行动态监控，严禁超预算、无预算支出。加大环保预算统筹力度，严格控制年度支出，防止年底突击花钱。支持纪检监察机构履职尽责，发挥驻生态环境部门纪检监察组监督作用。

（四）加大绿色金融宣传力度

提高对发展绿色金融战略意义的认识，充分体现其在推动绿色经济发展中具有的导向、支撑与促进作用。生态环境部门要强化绿色金融宣传工作，可以借助国际湿地日、国际生物多样性日、世界环境日、世界水日等重要节日进行宣传，筹划绿色经济、金融宣传周，集中通过各类媒介、载体宣传普及绿色金融知识。尝试在行政审批中融入绿色金融理念，营造全社会推广绿色经济、绿色金融的氛围。

马克思主义政治经济学视角下四川省生态产品价值实现路径

向蔓菁　刘冬梅　王恒
四川省环境政策研究与规划院

【摘　要】生态产品价值实现是我国政府提出的一项创新性的战略措施和任务，是一项涉及经济、社会、政治等相关领域的系统性工程。本文运用马克思主义政治经济学原理，结合九寨沟县“两山”转化实践案例，通过梳理生态产品的生产、消费、分配和交换各环节的相互关系，开展了四川省生态产品价值转化实现路径分析研究，并提出全面推进生态产品价值实现的相关建议。

【关键词】生态产品价值；实现路径；政治经济学原理

十九大报告指出，中国特色社会主义进入新时代，我国社会主要矛盾已经转化为人民日益增长的美好生活需要和不平衡不充分的发展之间的矛盾，满足人民群众对优美生态环境等优质生态产品的需要也就成为生态环境领域面临的主要挑战。由于生态产品的公共产品特性，生态产品价值呈现出外部经济，往往不能通过现有市场交易体系直接实现，使得生态产品的供给和需求之间存在矛盾。实现生态产品价值，其本质就是通过生态产品供给侧结构性改革和需求侧管理双向发力，最终实现需求牵引供给、供给创造需求的更高水平动态平衡。

一、生态产品价值实现的经济学过程

生态产品价值实现是生态产品的生产、分配、交换、消费等各环节相互联系、相互作用的结果，准确把握生态产品价值实现过程中所蕴含的马克思主义政治经济学原理，对当前我们基于新发展格局，深入理解生态产品供需关系，打通堵点，补齐短板，贯通生产、分配、交换、消费各环节，统筹谋划各环节、各领域的价值实现路径具有重大意义。

生产环节。按照马克思主义政治经济学原理，生态产品的生产决定着分配、交换、消费的水平，在价值实现总过程中起决定性作用，因此提升生态产品生产能力是供给侧结构性改革的重要内容之一，需要从生态系统自身生产和人类劳动投入两个关键环节同步发力，做到更加精准有效，协同提升生态产品生产的“量”和“质”。

分配环节。生产资料所有制是生产关系的基础，决定了劳动产品的分配形式。由于生态产品部分属于公共产品而具有非排他性和非竞争性，一方面需要创新生态产品价值核算机制，加快推进自然资源有偿使用制度改革，明晰生态产品边界、权属和定价机制，为其参与交易、消费奠定基础；另一方面需要通过完善生态补偿、环境税等经济政策，实现生态价值再分配，并为生态产品持续高效生产提供制度保障。

交换环节。生态产品的交易是实现“绿水青山”向“金山银山”转化的直接环节，但由于“绿水青山”所蕴含的如空气净化、固碳释氧、水源涵养等生态系统服务，不同于传统商品，具有公共产品属性且无具体的物质载体及成熟的运营模式，无法在市场中进行直接交易，需要加快创新体制机制，构建生态产品供给市场，搭建连接生产者和消费者的交易平台。

消费环节。消费是生态产品价值实现的最终关键环节，一方面通过买卖生态产品直接促进生态产品价值实现，另一方面消费也对提高生态产品生产形成正向激励，形成生态产品价值持续实现的良性循环。应积极创新环境经济政策和生态产品载体形态，发挥政策引领作用，构建生态产品消费平台和消费场景，促进生态产品消费需求的有益增长，形成生态产品价值实现的“源动力”。

二、影响生态产品价值实现的短板和堵点

目前四川省生态产品价值实现工作仍处于试点探索阶段，在生态产品生产、分配、交易和消费等多环节仍面临许多困难，尚未形成畅通高效的转化体系。

（一）短板主要存在于生产和消费环节

一是生态产品生产供给能力总体不足，供给创造需求的成效不明显。目前，四川省岷江、沱江流域水环境问题仍有待改善，部分市空气质量尚未全面达标，局部区域自然生态恶化趋势仍未根本遏制。在统筹推进山水林田湖草沙冰系统化修复和提升生态系统服务功能方面的生态环保技术创新滞后，将良好生态环境资产整合优化打造成优质生态产品的专业化机构和相关技术创新欠缺，适应生态产品价值实现的生产结构尚未形成，生态产品消费模式欠缺，难以满足人民群众对高品质宜居地的高标准、多样化需求。

二是生态产品消费激励机制有待加强，需求牵引供给的动力不足。目前新型消费业态创新能力不足，绿色商业模式欠缺，推进生态产品消费的法治、市场、行政手段欠缺，尚未营造起良好的生态产品消费激励机制。生态产品交易市场的规范化监测监管和调控机制尚未建立，生态产品的绿色认证体系还不健全，降低了企业和公众参与生态产品的消费意愿。对生态环保产业的减税降费政策以及绿色金融政策等引导社会资本进入生态产业的激励机制欠缺，生态产品需求传导机制有待进一步加强。

（二）堵点主要存在于分配和交换环节

一是生态产品利益分配机制缺失。现阶段生态补偿仍然是实现跨区域生态产品利益分配的主要渠道，但普遍存在补偿范围偏小、标准偏低，对生态产品的增值溢价体现不充分、覆盖不全面等问题，市场化、多元化的生态补偿机制还未形成，当地居民参与生态环境保护活动的利益共享机制有待进一步探索。有利于推进生态产品价值实现的考核和财政奖惩机制尚未建立，促进区域间进行利益再分配的机制欠缺。

二是生态产品交易缺乏科学的定价机制和多元化的市场模式。生态产品底数不清，系统全面的监测统计机制尚未建立。生态产品价格不明，生态产品价值评估尚未建立起统一合理

的标准技术规范，且自然资源权属不清，导致生态产品范围难以界定、定价难，阻碍了生态产品市场化运营的深入推进。同时，目前生态产品价值实现的模式较为单一，主要以生态旅游为主，碳汇交易、用水权交易和用能权交易等资源环境权属交易的新模式探索相对滞后。

三、九寨沟县生态产品价值实现路径分析

九寨沟县是全国首批“绿水青山就是金山银山”实践创新基地，在推进生态产品的生产、分配、交换和消费等方面做出了许多积极探索。

（一）做好“增量”“提质”“多样”三篇文章，提升生态产品生产供给能力

不断厚植生态本底，做好生态产品“增量”。一是九寨沟县持续推进生态保护修复和环境治理工作，巩固“天保”“退耕还林”两大工程成果，2019 年森林覆盖率达 58.69%。二是推进生态空间严格监管，全县自然保护地占幅员面积的 45.53%，率先在全省编制实施《国家重点生态功能区产业准入负面清单》，从源头上严控能耗物耗高、环境影响破坏大的旅游项目进入，严控水电、矿产等项目进入，蓄足生态产品生产力。

高标准开展生态修复，推进生态产品“提质”。2017 年地震以来九寨沟全力推进生态修复，开展震损林地、草地植被恢复和自然保护区珍稀动物栖息地修复等工作。生态建设工程突出“生态化地质灾害防治”理念，实行自然修复与人工治理相结合、生物措施与工程措施相结合的方式，树种选择优先考虑乡土树种，并有机搭配乔、灌、草，最大程度恢复灾区自然生态功能，提升治理措施的针对性、有效性。

积极创新产业模式，实现生态产品“多样”。一是深入推进全域旅游。充分发挥九寨沟景区的品牌效应和辐射作用，打破单一业态、单一景区模式，强化龙头企业带动作用，以旅游项目建设为抓手，不断丰富旅游产品类型，延伸产业链条，构建“一核多点”全域旅游格局。二是培育高品质生态农业。坚持建基地、创品牌、搞加工、促融合，积极打造现代农业产业园，提高有机、绿色、无公害农产品种植面积，实现生态溢价。三是创新发展“飞地经济”。与绵阳、嘉善、庆元和平湖等地共建“飞地”园区，拓宽县域经济发展空间和承载形式。

（二）积极探索绿水青山共享模式，推进生态产品价值合理分配

加强项目惠民效益，畅通生态产品价值分配渠道。一是创新生态扶贫公众参与渠道。九寨沟县组建全县生态资源管护合作社，推进脱贫攻坚造林专业合作社试点工作，创新建立完善专合社参与造林绿化项目的生态扶贫新模式。二是以生态产业带动人民致富。带动社区参与生态旅游，探索建立生态旅游产品订单式加工模式，定向选择贫困群众派发生态旅游商品生产订单。三是加强技术扶持。建立专家技术服务团队，围绕贫困村主导产业发展技术需求开展巡回服务和现场技术指导。

加强制度改革创新，调整生态产品利益分配机制。一是持续推进生态补偿。2017—2019 年九寨沟共计获得国家重点生态功能区转移支付资金 6 966 万元，为保护生态环境和生态扶贫工作提供重要资金来源。二是建立绿色导向考核机制。将生态保护成效纳入政绩考核，并

进一步建立九寨沟县生态文明建设评估指标体系，以年度考核实现地区间生态产品利益的重新分配。三是强化法治保障。成立旅游环保法庭，形成旅游环保纠纷案件就地立案、就地审理、当庭裁决和立即执行的快速处理机制。

（三）全域积极作为，畅通生态产品的交换渠道和平台

加强产销平台建设，拓展生态产品交易渠道。九寨沟县实施“互联网＋生态产业”，建立健全具有九寨沟特色的县、乡、村三级电子商务公共服务体系，80%的生态农特产品实现线上线下销售。开通并运营“神奇九寨”“九寨公社”“九寨良品”“九寨视界”等公众号及“神奇九寨”电商抖音号等，实现资料上传、产品收集等，帮助县内农特产品销售企业、农家乐、加工企业、专合社等入驻，进行农特产品销售。

创新建立合作模式，扩大生态产品消费群体。九寨沟县与周边市县共同成立“大九寨”文旅发展联盟，有效整合政府、景区、企业等各方资源，优化要素配置，协同提升旅游生态产品整体竞争力，打造精品旅游线路产品，实现“游客资源共享”“利益共赢”。同八一康复中心、中西医结合医院、成都市大健康产业协会、温江医学城、省森林康养产业协会、四川森林康养联盟等洽谈，争取形成战略合作关系，推进与温江、洪雅、米易等省内康养资源富集县（区、市）交流合作，共同发起创建全省康养产业联盟，定向拓展康养生态产品交易渠道。

（四）加大投入，拉动生态产品消费

强化产品服务质量，打造区域生态品牌。九寨沟县将旅游、餐饮、住宿的市场规范化整治作为重点工作，推动 5A 级景区打造和康养示范基地等创建工作，切实维护好地方旅游秩序，增加游客对九寨沟的满意率、美誉率，有力提升地方知名度。积极引进高端酒店、品牌康养等龙头企业，充分发挥社会力量的主体作用，鼓励社会资本通过多种途径和方式参与民宿、休闲、康养等产业项目建设和生产经营，提高生态产品服务供给效率和能力。推进多元化消费场景打造，构建集吃、住、行、游、娱和文化、体育、保健、医疗等于一体的疗养基地、生态园区等，满足多元化需求，拉动游客消费需求。

强化配套设施建设，提升生态产品消费体验。九寨沟县坚持“交通＋旅游”理念，探索打造“生态公路”，积极推进漳扎镇国际生态旅游魅力小镇建设和宜居县城建设，不断完善污水处理厂及其配套管网、垃圾处理设施等基础设施建设，优化提升游客生态旅游的体验感。

加强地方宣传力度，提升地方旅游吸引力。建立完善“九寨沟县、九寨沟管理局、旅游公司”一体对外宣传机制，策划举办系列吸引广大游客参与的文化旅游、体育赛事活动，九寨美食节、涂墨狂欢节等节庆品牌，全方位、多角度、深层次展示地方文化旅游资源，提升旅游市场影响力。

四、全面推进生态产品价值实现的建议

（一）生态产品生产环节：护好生态本底，增强生产能力

强化空间管控政策，保护先进生产力。习近平总书记指出“绿水青山就是金山银山。保

护生态环境就是保护生产力，改善生态环境就是发展生产力”。严格落实主体功能区战略，深入实施“三线一单”生态环境分区管控，健全生态环境保护责任体系和监管体系，完善生态环境破坏问题责任追究机制，守住生态安全底线。

坚持系统治理理念，提升生态产品质量。一是要系统推进自然生态保护修复。通过“治”“保”“还”“减”“护”等综合措施，大力开展“山水林田湖草沙冰”系统保护修复工程，全面提升生态系统质量和稳定性。二是加快建立以生态系统功能为核心的评价体系。深入研究森林、草原、湿地、冰川等各自然要素健康状态的评判标准，推进生态保护成效评估，探索建立生态产品质量等级分级体系。

推动自然资源的资本化转变，丰富生态产品类型。一是深入挖掘自然要素的生产力。例如发展林下经济，探索开发“林药”“林虫”“林菌”等多种生态产品。二是加强生态产品的专业化开发。鼓励地方培育专业机构开展自然资源的整合优化，实现自然资源的规模化、专业化和产业化开发运营，打造区域品牌，提供各类优质的生态产品。三是认识到“美誉度”在实现生态溢价中的重要作用。积极开展环境治理、生态建设、基础设施提升等人居环境整治，以优良的生态环境质量维护地方品牌，为生态产品价值实现创造载体。

（二）生态产品的分配环节：改革资源制度，构建分配规则

建立标准统一、科学合理的生态产品价值核算方法体系，为生态产品报酬分配提供“标尺”。加快建立与国民经济行业分类相衔接的生态产品分类目录，明确各类生态产品的基本特征和范围，制定生态产品价值核算标准，建立生态产品及其产业发展状况的统计、核算和评估体系。

深化自然资源资产产权制度改革，明确生态产品生产者的合法权益。推进自然资源统一确权登记，清晰界定自然资源资产产权主体，厘清各类自然资源产权主体占有、使用、收益、处分等责权利关系，根据谁生产、谁拥有的原则，赋予生态保护者生态产品法定产权。

完善环境经济政策制度设计，健全生态产品利益协调机制。一是探索重点生态功能区多元补偿机制，参考国家公园特许经营收益分配机制及反哺模式，鼓励当地居民深度参与生态资源保护活动，延伸产业扶持、人才培养等多元化补偿模式。二是健全流域横向生态保护补偿机制，深入推进沱江流域横向生态保护补偿，在成渝地区跨界流域探索建立“成本共担、效益共享、合作共治”的流域保护和治理长效机制。三是健全资源环境税制度，强化税收激励或减免政策对绿色环保产业的促进作用，构建生态产品的市场价格保护体系。四是推行优质生态产品的差别化价格政策，鼓励企业采取有利于提升生态产品供给能力的措施，间接推动污染者和保护者之间的利益分配。

（三）生态产品的交换环节：创新交易模式，搭建交换平台

创新生态产品“销售”模式。利用电商、直播等新经济模式，创新农林产品等传统生态产品经营方式，积极发展自然教育、生态体验等新业态。将生态元素融入传统商品交易环节，逐步提高生态产品的市场接受度和占有率。

加快构建多元化环境类生态产品交易市场。一是健全碳排放权交易机制和排污权有偿使用制度，探索用能权、水权交易，开展碳汇权益交易试点。二是创造生态产品交易需求。参

考重庆市设立“森林覆盖率”约束性考核指标促进地区之间开展生态产品交易，以及浙江丽水市建立“两山”公司推进公共生态产品政府采购的成功经验，以管控政策或资源限额等形式，激励引导利益相关方进行交易。

健全生态产品交易法治保障。探索制定生态产品相关的地方法律，明确政府对生态公共产品的法定职责以及社会组织、企业、个人在提供生态产品的合法地位。健全完善环境诉讼、生态环境损害赔偿等制度，保障人民群众获得足量、优质生态产品的权利和利益。

（四）生态产品消费环节：强化生态理念，加强激励引导

健全生态产品认证体系。加快推进绿色标识认证及推广，建立覆盖生态产品生产环境、生产过程和产品质量全流程的质量评价标准体系，严格把控产品质量，扩大绿色认证产品的影响力和可信度。

强化政策对绿色消费的引导激励作用。一是制定有利于推广生态产品消费的法律、标准、政策等，例如“碳普惠”公众低碳激励机制，以有效调动消费者的消费意愿。二是加强宣传引导，一方面使消费者自觉养成节约、理性、绿色消费理念，另一方面提升公众对生态产品的消费需求，以绿色消费促进供给侧绿色转型。

关于健全完善四川省生态补偿机制进一步筑牢长江上游生态屏障的思考

付思文　肖君实　孔茹芸
四川省环境政策研究与规划院

周永富　齐明　梅可斌
宜宾市生态环境局

【摘　要】近年来，四川坚决扛起筑牢长江上游生态屏障的重任，积极探索生态补偿机制，摸索出不少好经验、好做法，但在支撑筑牢长江上游生态屏障中仍存在补偿力度较弱、单一性特征明显、补偿协同性不够、长效机制尚未形成等问题，本文在四川省现有生态补偿机制调研的基础上，提出健全完善生态补偿机制的几点建议。

【关键词】生态补偿机制；生态服务价值；长江上游

长江是中华民族的母亲河，是中华民族发展的重要支撑。四川是长江上游重要生态屏障和水源涵养地，生态地位重要。省境内有大小河流近 1 400 条、湖泊 1 000 多个，水资源总量为 3 489 亿 m^3。有 56 个县（市）纳入国家重点生态功能区，数量居全国第一，面积占全省 60%以上。自然保护区全国第一，生物资源种类全国第二，森林蓄积量位居全国第二，川西北草原是全国第五大牧区，水源涵养、生物多样性保护、区域气候调节等功能不可替代，是国家“两屏三带、一区多点”生态安全格局中“青藏高原生态屏障”和“黄土高原-川滇生态屏障”核心区域。

一、四川生态补偿机制基本情况

四川省积极推动生态保护补偿机制建立健全，2011 年 9 月，在岷江、沱江流域干流及重要支流试行跨界断面水质超标资金扣缴制度，首次尝试流域生态补偿。随后，积极探索省内“三江”流域水环境生态保护补偿，省内沱江、岷江、嘉陵江、安宁河流域签订流域生态补偿协议。跨省域流域横向生态补偿试点取得积极进展，与云南、贵州 2 省签订《赤水河流域横向生态保护补偿协议》，成为首个在长江流域多个省份间开展的流域横向生态保护补偿试点，推动了赤水河流域跨省横向生态保护补偿机制的建立和落地。2019 年，中央、省级财政分别奖励赤水河 0.86 亿元、沱江 4.5 亿元、岷江 4 亿元、嘉陵江 3 亿元、安宁河 0.3 亿元。

二、存在的主要问题

（一）补偿力度较弱，支撑筑牢长江上游生态屏障作用发挥不够

现有补偿标准偏低，难以覆盖受偿方因为保护生态环境而承担的机会成本，难以反映相应的生态系统服务价值；在类似的政策之间或者类似受偿区域之间，补偿标准的差异可能会影响政策实施的效果。跨省流域生态保护补偿主要在长江经济带相邻省级政府间展开，由于上游省（市）财政支付能力相比中下游较弱，导致协议补偿标准普遍偏低，地方政府生态补偿积极性有限。如赤水河流域横向生态保护补偿，每年云、贵、川三省按照 1∶5∶4 的比例共同出资 2 亿元，按照 3∶4∶3 的比例进行资金分配，次年再依据各段补偿权重以及协议确定的考核断面水质达标情况进行分段清算。相比新安江流域，自 2015 年第二轮试点至今（第一轮安徽、浙江各出资 1 亿元），皖浙两省每年出资达 4 亿元，用于流域跨省界断面水质考核，四川省补偿力度明显偏低。

（二）单一性特征明显，生态补偿能效发挥一定程度受局限

生态补偿的单一性特征明显，主要体现在补偿主体单一、补偿方式单一、资金来源单一等方面。从补偿主体来看，当前各类生态补偿的主体仍是政府、部门，补偿主体与模式之间不存在必然的因果关系，没有形成多元化的主体结构。从补偿方式来看，现有流域生态补偿多以直接物资、资金补偿为主，而提升上游地区可持续发展能力和当地居民可持续生计能力的对口协作、产业转移、人才培训、共建园区等补偿方式还不足，社会群体对生态补偿红利的获得感不高。从补偿来源来看，资金来源单一，四川省乃至我国的生态补偿则主要依托政府补偿，政府财政负担巨大。同时，由于赔偿机制不完善，企业对生态环境造成的影响主要由当地政府承担，进一步加剧政府的财政负担。

（三）补偿协同性不够，合作共治格局需进一步加快构建

长江流域整体社会经济发展水平差异大，长江经济带上游源头区域，生态环境质量好但经济发展相对落后，长江中、下游地区工业发达，经济发展较好，区域发展不平衡问题显著。以四川为例，为履行好筑牢长江上游生态屏障的历史使命，四川多措并举加大生态环境资金投入，生态环境质量改善明显，但由于缺乏长江流域横向生态补偿机制，一些享受生态环境质量改善“红利”的下游地区未能对此进行相应的补偿，导致上游发展受限严重，流域发展不协调。

（四）基础性配套制度需要完善，长效机制尚未形成

虽然生态补偿制度建设已初具成效，但其长效运行机制仍存在一定不足。一是生态补偿法律体系仍不完善，相关立法相对滞后，国家层面的《生态补偿条例》尚未出台；二是生态补偿缺乏长远规划，短期行为严重，现行政策多是以项目、工程、计划方式组织实施，有的

甚至没有明确的时限；三是生态补偿标准体系、生态服务价值评估核算体系、生态环境监测评估体系建设滞后，缺乏统一、权威的指标体系和测算方法；四是相关产权制度不健全制约生态补偿机制的建立；五是配套政策尚不完善，更具针对性的长江流域生态补偿实施细则、规模以下畜禽养殖污染防治管理办法等相关配套政策尚留白。

三、国内外生态补偿概况

（一）国外几种生态补偿基本情况

国外流域生态补偿在推进过程中，逐渐形成了政府直接提供的公共补偿、开放式的市场贸易、自发的私人交易和生态标记四种模式。通过国外经验的研究不难发现，单独运用某种补偿模式往往难以持续推行，只有综合运用才能取得更好的效果。国外流域生态补偿与国内流域生态补偿相比具有不同特点，如表 1 所示。

模式一：政府直接提供的公共补偿。政府直接提供公共补偿的生态补偿模式最为常见，适用于大尺度流域生态补偿的交易费用比较高的情况，鼓励流域上游地区群众和企业开展生态保护的行为，这与我国的森林保护项目、退耕还林还草项目和湿地保护项目等政府主导的大型补偿项目的支付手段相似。值得注意的是，南非政府还将流域水资源生态补偿与弱势群体的就业联系在一起，在进行流域生态环境保护的同时减缓国内的就业压力。

表 1　国内外流域生态补偿差异性分析

<table>
<tr><th colspan="2"></th><th>国内</th><th>国外</th></tr>
<tr><td rowspan="5">模式</td><td rowspan="2">政府补偿模式</td><td>流域环境协议模式</td><td rowspan="2">公共支付</td></tr>
<tr><td>异地开发与环境保护协作模式</td></tr>
<tr><td rowspan="3">市场补偿模式</td><td rowspan="3">跨区域水权交易</td><td>市场贸易</td></tr>
<tr><td>一对一交易</td></tr>
<tr><td>生态标记</td></tr>
<tr><td colspan="2">区别</td><td colspan="2">（1）补偿模式不同，国外以市场交易补偿模式为主，国内以政府的转移支付补偿模式为主；（2）补偿资金来源渠道不同，国外的补偿资金来源多样化，而国内的补偿资金以政府财政支出为主，较为单一；（3）补偿方式不同，国外以资金补偿为主，辅以项目补偿、政策补偿、技术补偿和智力补偿等，补偿方式比较多元化，国内则大多采取资金补偿；（4）流域生态补偿参与群体不同，国外生态流域补偿参与群体众多，包括上下游居民、政府、企业、NGO[①]、协会、社区等，而国内的参与群体主要是政府和企业；（5）补偿效率和效果存在较大差异，国外流域生态补偿一般采用市场化交易模式，效率高，效果明显，而国内的流域生态补偿过多依靠政府，政府负担较重，致使效率低且效果不明显</td></tr>
</table>

① NGO（Non-Governmental Organizations），即非政府组织。非政府组织是独立于政府体系之外的具有一定程度公共性质并承担一定公共职能的社会组织，这些组织活跃于人类社会生活的各个领域和层面，其形式、规模、功能千差万别，但一般都具有非政府性、非营利性、公益性或共益性、志愿性四个方面的基本属性。它们往往以各种形式吸纳社会公益或共益资源，对公信力等社会资本有更强的依赖性，提供的是社会所需要的各种形式的公共产品或服务。

模式二：开放式的市场贸易。开放式的市场贸易模式是在政府或公共部门确定了环境公共标准的基础上，再由自由的市场贸易进行补偿。主要包括水资源补偿交易和环境服务付费（PES）项目，其中 PES 项目通过向流域内的用水者征收费用，然后把这些费用补偿到流域水环境的治理中，增加森林覆盖率，改善流域水质。

模式三：自发的私人交易。自发的私人交易的补偿模式是四种模式中市场化最高的一种，适用于小尺度流域中生态系统服务的受益者和供给者比较少且明确交易费用比较低的情况，整个补偿过程的可操作性很强，对于创新流域水资源生态补偿模式具有很大的意义。

模式四：生态标记。这种模式是以购买生态产品的方式来实现补偿的，是一种基于市场的间接补偿方式。生态产品是第三方根据生态环境可持续发展标准认证的，具有较高可信性的产品，消费者可以独立选择，以高于普通商品的价格购买拥有生态标记的生态产品。

（二）国内生态补偿政策基本情况

在党和政府的重视和引导下，全国各地积极探索流域生态补偿机制实践，取得了较好的成效。流域生态补偿已成为同保共治流域的重要手段，全国已有 20 余个省份相继出台了流域生态补偿政策，31 个省份出台了其他领域生态补偿政策，覆盖森林、草原、湿地、流域和水资源、饮用水源地、矿产资源开发、海洋以及重点生态功能区等领域，生态补偿机制建设迈出重要步伐。河北、山西、辽宁、江苏、浙江、广东、江西、湖北、北京等 9 省（市）实现了行政区内全流域生态补偿，多地出台了相关办法和意见，且在流域生态补偿范围、标准等方面开展了不同模式的探索。例如，在跨省界生态补偿方面，新安江、九洲江、汀江-韩江、东江、引滦入津等流域签署跨省流域上下游横向生态补偿协议，实现了跨省流域生态补偿试点；在资金使用方面，浙江形成了以“林、水、气”为主要分配依据的生态环保财力支付机制，广东省建立了补偿和激励相结合的生态保护补偿机制，福建省、江西省均形成了“水、林”为主要分配依据的重点流域生态补偿机制；在多元化补偿方面，广西壮族自治区积极扶持贺江流域水源林周边群众发展特色产业，浙江金华与磐安探索园区合作，浙江金华江流域开展水权交易。长江经济带省份出台的流域生态保护补偿政策文件，如表 2 所示。

表 2　长江经济带省份部分生态保护补偿政策一览表

省市	文件名
江苏	《江苏省水资源区域补偿办法（试行）》（2007 年） 《江苏省太湖流域环境资源区域补偿试点方案》（2007 年） 《通榆河水环境质量区域补偿试点工作方案》（2010 年） 《江苏省生态补偿转移支付暂行办法》（2013 年） 《江苏省水环境区域补偿工作方案》（2014 年） 《江苏省水环境区域补偿工作方案》（2016） 《江苏省省级森林生态效益补偿资金管理办法》（2019 年）
浙江	《浙江省生态环保财力转移支付试行办法》（2008 年） 《浙江省跨行政区域河流交接断面水质保护管理考核办法（2016 年修订）》（2016 年） 《关于建立省内流域上下游横向生态保护补偿机制的实施意见》（2017 年） 《浙江省重要湿地生态保护绩效评价办法（试行）》（2020 年）

续表

省市	文件名
江西	《江西省五河和东江源头保护区生态环境保护奖励资金管理办法》(2008年) 《江西省流域生态补偿办法的通知》(2018年) 《江西省在赣江流域开展按流域设置生态环境监管和行政执法机构试点实施方案》(2019年) 《江西省流域综合管理暂行办法》(2020年)
湖北	《湖北省流域环境保护生态补偿办法(试行)》(2009年) 《湖北省跨界断面水质考核办法(试行)》(2015年) 《关于建立省内流域横向生态补偿机制的实施意见》(2018年) 《湖北省环境空气质量生态补偿暂行办法》(2020年)
云南	《滇池流域河道生态补偿办法(试行)》(2017年) 《云南省建立健全流域生态保护补偿机制的实施意见》(2018年) 《云南省促进长江经济带生态保护修复补偿奖励政策实施方案》(2018年) 《建立赤水河流域云南省内生态补偿机制实施方案》(2018年) 《云南省森林生态效益补偿资金管理办法》(2020年)
贵州	《贵州省乌江流域水污染防治生态补偿实施办法(试行)》(2015年) 《贵州省人民政府关于健全生态保护补偿机制的实施意见》(2017年) 《赤水河流域横向生态补偿实施方案》(2018年) 《贵州省人民政府办公厅关于健全生态保护补偿机制的实施意见》(2020年)
湖南	《长沙市境内河流生态补偿办法(试行)》(2012年) 《湘江流域生态保护补偿(水质水量奖罚)暂行办法》(2014年) 《湖南省流域生态保护补偿机制实施方案(试行)》(2019年) 《湖南省人民政府办公厅关于建立长株潭城市群生态绿心地区生态补偿机制的实施意见》(2020年)
安徽	《安徽省新安江流域生态环境补偿资金管理(暂行)办法》(2008年) 《进一步完善大别山区水环境生态保护补偿机制的通知》(2016年) 《安徽省地表水断面生态补偿暂行办法》(2017年) 《安徽省地表水断面生态补偿暂行办法》(2018年) 《安徽省出台生态保护补偿机制行动方案》(2020年)
四川	《关于在岷江沱江流域试行跨界断面水质超标资金扣缴制度的通知》(2011年) 《四川省"三江"流域水环境生态补办法(试行)》(2016年) 《四川省"三江"流域省界断面水环境生态补偿办法(试行)》(2016年) 《岷江流域横向生态保护补偿协议》(2019年) 《岷江流域横向生态保护补偿实施方案》(2019年) 《四川省流域横向生态保护补偿奖励政策实施方案》(2019年) 《长江流域川渝横向生态保护补偿实施方案》(2020年)
重庆	《重庆市建立流域横向生态保护补偿机制实施方案(试行)》(2018年) 《重庆市实施横向生态补偿提高森林覆盖率工作方案(试行)》(2019年)
上海	《关于上海市建立健全生态补偿机制的若干意见》(2009年) 《上海市人民政府关于本市开展碳排放交易试点工作的实施意见》(2012年) 《上海市基本农田生态补偿工作考核办法》(2013年) 《上海市公益林生态补偿考核实施细则》(2017年)

四、对策建议

（一）强化纵向补偿，切实加大生态补偿投入力度

充分考虑不同区域生态功能因素和发展机会成本的差异，逐步增加生态环境保护专项资金金额总量、提高中央财政转移支付比例，加大对欠发达地区、水系源头地区、自然保护地和重要生态功能区，特别是中西部重点生态功能区的纵向转移支付力度。进一步加大对长江上游纵向补偿力度，加大对四川等长江上游地区高质量绿色发展转型升级的支持力度，鼓励地方在长江干流及其大的支流开展跨省流域横向生态保护补偿，鼓励各省（市）在省域范围内建立流域横向生态保护补偿机制，尤其鼓励财政资源由经济发达地区向贫困地区的横向转移。实施鼓励流域上游持续改善水环境，在补偿到位的前提下，建立水环境质量不退化资金激励约束机制，并将生态保护补偿与脱贫攻坚等政策结合。

（二）丰富补偿手段，构建立体多元的补偿体系

综合应用经济、法律等多种手段，探索资金补偿、政策补偿、智力补偿等多元化生态补偿方式。在资金补偿方面，通过建立企业购买良好生态服务价值、社会资本投入生态保护补偿、生态保护补偿基金构建等途径，积极开展碳汇交易、排污权交易、水权交易、生态产品服务等交易，探索市场化补偿方式，拓宽资金来源渠道。在政策补偿方面，出台财税、金融、产业指导等扶持政策，吸引并鼓励绿色产业和项目落户；探索“飞地”经济模式，在生态受益城市中设立开发区，安排能满足一般环保要求却因达不到生态提供区的高环保标准而无法落户的招商引资项目，由生态提供区参与经营，收益按协议分成。在智力补偿方面，引导和鼓励开发地区、受益地区与生态保护地区、流域上游与下游通过自愿协商建立横向补偿关系，生态受益区有计划地帮助生态提供区培养管理、科技人才，组织专家、环保志愿者开展绿色教育等。

（三）推动环境共治，完善跨省界的联动治理机制

推动区域共建共享、产业融合发展、区域协同推进、联防共治，建立生态资源与经济优势有机融合的协作联动机制，打通“绿水青山就是金山银山”路径。建立健全长江流域生态补偿跨省协商机制，完善流域综合管理机构以打破行政区域界线，统筹协调全流域各生态要素的生态补偿，加强流域联防联控联治，加快形成流域“环境共治、生态共保、产业共谋、责任共担、利益共享”共抓大保护新格局。共同设立生态补偿基金，鼓励流域用水企业、环保组织及其他社会公益团体等市场主体资金进入，用于生态服务提供区饮用水源、公益林、天然林、天然湿地、湿地公园、森林公园等的保护修复、环境污染治理，生态脆弱地带植被恢复、退耕还林（草）、森林质量提升，因保护环境而关闭或外迁企业的补偿，产业转型升级和环境宣传教育等绿色项目。在重要的自然保护地、生态脆弱等区域开展生态移民和森林资源赎买试点。同时建立生态补偿基金管理委员会，加强对补偿基金的使用管理监督。

（四）强化政策协同，健全法律法规政策体系

建立一套协调、配套的法律体系，尽快出台“生态补偿条例”，明确生态保护补偿的适用范围、领域补偿、区域补偿、横向补偿、市场补偿、资金来源等相关要求。随着条件的成熟，制定“生态补偿法”，对生态补偿的基本原则、类型与种类、补偿方式等做出规定，避免生态补偿短期化、随意化。修订完善有关生态补偿的地方性法规和政府规章，使生态补偿步入制度化、法制化轨道。延长《中央财政促进长江经济带生态保护修复奖励政策实施方案》实施年限，出台长江流域生态补偿实施细则，促进长江全流域横向生态保护补偿机制进一步建立健全。提高国家公益林补偿标准，启动长江上游商品林生态补偿试点。制定分区指导政策，增加对生态保护良好区域或生态环境保护成绩显著区域的补助。进一步完善政府采购制度，将有利于环境保护、资源节约利用等带有生态补偿属性的政策纳入进来，在实现节能降耗和环境保护的同时鼓励企业对加大对节能设备和技术的研发,引导企业研发更多生态节能产品。优化生态环境质量考核方法，将生态因素纳入考核，引入生态价值的保值增值对干部绩效进行评价和考核，进一步提升生态环境保护和生态补偿的重视程度。

（五）发挥生态服务价值，健全生态价值转化体系

充分发挥政府机制和市场机制的双重调节作用，推动生态补偿市场化。健全生态资源价值核算体系，根据各领域、不同类型地区的特点，完善测算方法，分别制定生态补偿标准，科学核算生态产品价值。构建生态产业投资体系，采取“打捆”方式引入第三方污染治理和第三方保护修复，完善政策，推进 PPP 模式法制化、规范化发展，探索以生态环境为导向的开发（EOD）模式；推动环境治理与生态旅游、城镇开发等产业融合发展，以解决环保公益性项目财政投入不足问题。完善生态产品市场体系，深化产权制度改革，明晰生态资产所有权主体，搭建生态产品交易平台，不断优化升级生态产品交易平台，丰富交易品种和交易方式。改进绿色财政金融体系，推进绿色信贷市场稳步增长，加快推动绿色债券发行，推动绿色保险持续发展；加强环境信用等级评估，完善企业环境信用评价制度，联合生态环境部门、发改部门以及金融机构扩大环保信用评价覆盖面。

（六）推进税制改革，完善生态补偿税收制度

完善所得税和增值税等有关制度，细化税收优惠阶梯分级，出台环保相关企业所得税优惠目录，制定应纳税额抵免规则，制定关于节能环保设备投入、绿色技术创新的优惠税收政策措施，对有利于生态环境的产品实行低税率，对污染严重的产品如一次性餐具、塑料袋等提高消费税。扩大环境保护税征收范围，如增加建筑施工扬尘税和噪声税等；针对重点环境问题如 VOCs 等适当加大环境污染当量值。明确提出各项环境资源税费使用中用于生态环境保护的比例，并逐步加大，向欠发达地区、重要生态功能区、水系源头和自然保护区倾斜。优化其他环境相关税收制度，加大企业所得税、进出口税收优惠政策、车船税和车辆购置税、成品油消费税等税种在生态环境保护方面的税收激励，通过减、免、抵扣及税收返还等多种形式促进环保事业的发展，全方位运用财税政策对生态补偿进行支持。

关于金牛区环保环卫“八个一体化”改革的调查与思考

徐豪　林佳丽　肖君实　罗彬
四川省环境政策研究与规划院

杨宁
四川省生态环境厅

刘永海
成都市金牛生态环境局

【摘　要】为探寻城市生态环境治理新模式，给公园城市建设提供典范参考，本文对金牛区环保环卫“八个一体化”改革工作进行了多次专题调研，总结出金牛区环保环卫一体化改革的四条主要做法，归纳出城市生态环境治理的三方面特点与需求，提出做好城市生态环境治理、完善现代环境治理体系的七条建议。

【关键词】城市生态环境治理；环保环卫；八个一体化

金牛区位于成都市西北部，幅员面积 108 km^2，辖 13 个街道办事处、89 个社区和 1 个省级工业开发区，人口 153 万，是成都市面积最大、人口最多的主城区。2020 年，全区 GDP 为 1 345 亿元，连续 31 年位列五大主城区首位。由于历史及现实因素，金牛区“环境问题”较为突出，尤其环保环卫工作职责交叉、重叠并存在“盲区”，部门间信息交流不畅、行政效率低下，环境质量不高。2017 年，金牛区空气质量综合指数 6.33，在全市垫底，PM2.5 和 NO_2 浓度超标，夏季臭氧污染严重，部分河道水质为劣Ⅴ类，“散乱污”企业造成的环境问题层出不穷，环境信访压力大。

2018 年，金牛区委区政府以问题为导向，在全省率先开展环保环卫“八个一体化”改革，经过 3 年多发展，金牛区环保环卫“八个一体化”改革从谋篇布局、机制建立、职责明确、力量整合，逐步过渡到典型示范创建、制度机制创新、治理体系提升阶段。本文在 4 次调研的基础上，从改革的动因、改革的突破点、改革成效等方面梳理了金牛区环保环卫“八个一体化”改革情况，总结出一些具有参考价值的经验启示，并针对城市生态环境综合治理提出有关建议。

一、金牛区环保环卫“八个一体化”改革四条经验

金牛区以有效整合各方行政资源、构建高效城市治理体系、提升环境综合治理能力为核心，由区委区政府负总责，金牛生态环境局牵头，探索开展了规划建设标准、大气综合治理、水环境综合治理、土壤固废综合治理、监测监管综合执法、环境服务环保产业、宣传教育发

动、生态品质效益“八个一体化”改革，通过优化国土空间格局、实施大气污染源头联动治理、推进岸上岸下、管内管外一体治理、构建再生资源回收利用体系、加强环境监测、监管、执法联动、完善多元投入机制、整合宣教资源、实现生态场景与生活场景融合等方式，厘清了多部门的环保环卫工作职责，消除了“重叠区”和“盲区”，建立起部门间信息交流的“桥梁”，为构建基层现代环境治理体系、形成多方共治、多元参与的大环保格局提供支撑，是基层探索提升城市环境综合治理水平和治理效率的有益实践。其主要做法有以下四条。

（一）实行行政管理流程再造——解决“谁负责”的问题

按照全流程管理思路，通过环保环卫一体化改革，开展行政管理流程再造。一是系统梳理环保环卫问题，疏解“堵点”。对工作内容整体性、改革系统性、参与配合度、制度完善等进行系统梳理，清理工作“盲区”“死角”，识别任务“重叠区”。例如，在大气综合治理一体化中，实施工业源、移动源、扬尘源联动治理，实现信息互通、部门互动；在水环境综合治理一体化中，同步明确岸上岸下垃圾一体化收集转运处理、雨水管内管外同步治理、问题发生前发生后分类处理；在土壤固废综合治理一体化中，建立工业园区水、气、土协同预警体系，强化土壤污染源头监管。二是构建联席会议制度，统筹各方“力量”。建立环保环卫一体化改革联席会议制度，规范改革工作中重大事项议事流程，强化部门联动，实行项目统筹、力量统筹、资金统筹，做到“一个区域、一名领导、一个专班、一套方案”的工作机制，逐级协调解决“谁负责”的问题。三是制定专项方案，压实“责任”。制定《金牛区环保环卫“八个一体化”深化改革实施方案》（以下简称《实施方案》），将规划建设标准、大气综合治理、水环境综合治理、土壤固废综合治理、监测监管综合执法、环境服务环保产业、宣传教育发动、生态品质效益等八项具有金牛特色的重点任务一体化组织实施，厘清各项重点任务的牵头单位和责任单位。四是制定示范项目清单，强化“引领”。以推进环境治理体系和治理能力现代化为核心，制定了金牛区环保环卫八个一体化重点工作示范项目清单，明确了各示范项目的牵头部门、责任部门，以及配合部门，高标准打造特色亮点示范项目。

（二）建立快速调处机制——解决“最后一公里”的问题

通过监测监管执法一体化，加强环境监测联动、环境监管联动、环境执法联动。一是建立环保环卫数字化综合管控平台。打通住房建设和交通运输局、综合执法局、生态环境局以及全区各街道的职能职责，实时统计分析辖区内环境空气质量、地表水及饮用水环境质量、在建工地、重点污染行业监测数据，形成职责明确、线上调度、全程联动的智慧治理体系。二是实行全网监管。建立以全区网格为基础、网格员为主体、社会各界人士参与的巡查力量，第一时间发现问题，能解决的当场解决，不能解决的马上上报。根据问题复杂程度，分别采取属地街道处理、主管部门介入、多部门联动处置等方式解决，并针对工地扬尘、餐饮油烟等群众反映集中的问题，加强重点区域联合治理力度。三是强化考核问责。以属地监管为原则，落实区级、街道、社区三级监督管理机制，组织目标考核部门、区综合执法局制定环保环卫八个一体化专项考核办法，明确目标任务、责任单位，促进环保工作落地落实。

（三）加强全方位协调沟通——解决“建管分离”的问题

环保环卫设施能否发挥实效，三分在建，七分在管。金牛区改革注重加强沟通协调，构建高效科学管理运行体系。一是加强项目联合。例如，实施规划建设标准一体化改革，加强环保环卫设施规划统筹，完善建设项目联合审查机制，提前合理化解邻避效应；在城市园林景观设计阶段充分征求生态环境部门意见，避免形成只好看、不实用、无实效的“假生态”。二是加强执法联动。制定《金牛区联合执法工作规则》，建立环保环卫应急处置预案机制，严格执行“双随机一公开”执法监管模式，建立“联合执法链”，明确联合执法的召集、运转、督查、考核等工作流程，实现多部门高效协同管理。三是加强政策宣教与公众参与联结。通过宣传教育与公众参与一体化，整合资源、丰富形式、凝聚合力。例如，探索建立生态环保教育示范项目，推进生态环境宣传教育进学校、进家庭、进社区、进企业、进机关；探索建立金牛环保环卫志愿服务总队，发动社区、学校、企业等各方力量，成立志愿者队伍，组织开展各具特色的志愿者活动。

（四）推动绿色发展——解决“环保与经济协调发展”的问题

通过环境服务环保产业一体化、生态空间品质效益一体化，围绕国企赋能转型、产业绿色化和绿色产业化，提出一系列创新举措，实现生态效益和经济效益“双提升”。一是完善多元化投入机制。建立常态化、稳定的财政资金投入机制。支持区属国有资本加大对城市生态环境公共服务领域的投资布局。拓宽资金筹集渠道，面向社会定期发布生态惠民示范工程机会清单，积极引导国有民生企业、社会资本等多元化市场主体参与，吸引社会资金资源投入。二是促进国有企业赋能转型，推动产业绿色化与绿色产业化“两化”互动。充分发挥相关国有企业在生态环保、民生保障、生活服务等城市公共服务运营方面“先行者”和“主力军”作用，推进国有企业战略性重组和专业化整合，实现环境科技与环保产业无缝对接。推动产业绿色化，鼓励绿色技术创新应用，促进传统产业智能化、清洁化改造，实施传统产业转型升级，促进先进制造业与现代服务业深度融合发展。推动绿色产业化，引进培育节能环保服务企业，培育新的经济增长点，鼓励发展以商贸业、文化产业、旅游业、健康服务业、法律服务业、体育产业、养老服务业等为主要内容的生活性服务业，通过提供绿色化程度更高的服务产品，促进绿色消费。三是加快生态价值转化。充分考虑城市发展在蓝绿空间体系、能效能耗等级、慢行街区单元和绿色环保建筑等方面的生态需求，协调布局生活空间和产业空间。探索建立城市品质价值提升平衡建设投入、消费场景营造平衡管护费用的“双平衡”机制。积极培育新兴业态，打造专属场景品牌，形成城市土地资源增值、消费业态聚集和综合效益提升的多赢格局。

二、城市生态环境治理特点与治理需求

城市环境治理在基层环境治理中占据重要位置。一是城市环境治理体量大。近年来城市迅速发展，经济社会不断走向繁荣，城市人口集聚、产业集聚，工业污染量和生活污染量迅速增大。根据第七次全国人口普查结果，截至 2020 年 11 月，四川全省城镇人口为 4 746.59 万人，占总人口比重 56.73%，与 2010 年第六次全国人口普查相比，增加 1 515.39 万人，比

重上升 16.55%。2020 年发布的《四川省第二次全国污染源普查公报》显示，截至 2017 年年底，与 2007 年的“一污普”相比，全省城镇生活污水排放量增长了 83.7%（2017 年全省城镇常住人口比 2007 年增加 45.8%）。预计 2050 年我国城镇化率将达 80%左右，城镇化的快速推进加剧了城市环境治理的复合性和庞杂性，超大城市在环境治理和精细化管理上面临更高的需求。二是城市生态环境治理要求高。习近平总书记指出，“城市是人民的城市，人民城市为人民”“努力创造宜业、宜居、宜乐、宜游的良好环境，让人民有更多获得感，为人民创造更加幸福的美好生活”。市民既是城市生态环境治理的受益者，也是参与者。近年来，越来越多的市民开始有意识地表达对城市环境污染问题的关注和对环境治理的强烈要求，针对城市中油烟、噪音、恶臭异味等问题的投诉时有发生。人民日益增长的优美生态环境需要，对城市生态环境治理提出了更高的要求。三是城市环境治理复杂性程度高。城市生态环境日趋复杂，城市环境治理不仅包含城市生态环境治理，还包括关于城市高质量可持续发展规划、生态系统、应对气候变化、交通、建筑，以及绿色空间环境等方面的研究和综合治理。同时，城市环境治理涉及生态环境、住房建设、水利、自然资源等多部门，地方政府在跨部门的环境治理体制上缺乏协调机制，无法高效集约利用各类治理资源，造成治理效能损失。如何高效整合各个部门职能职责，协同推进城市环境治理成为城市环境治理亟待解决的问题。

三、做好城市生态环境治理，完善现代环境治理体系的七条建议

为完善现代环境治理体系，更好提升城市生态环境治理效能，支撑践行新发展理念的公园城市建设，应坚持以习近平生态文明思想为指导，将习近平生态文明思想中“坚持人与自然和谐共生”“坚持绿水青山就是金山银山”“坚持良好生态环境是最普惠的民生福祉”“坚持山水林田湖草沙冰是生命共同体”“坚持用最严格制度最严密法治保护生态环境”“坚持共谋全球生态文明建设”“六项原则”的要求融入城市现代环境治理体系建设，强化各类相关主体的关系耦合，支持试点探索城市生态环境治理新路径。

建议一：坚持人与自然和谐共生

一是注重城市生态环境保护工作整体设计。坚持人与自然和谐共生，坚持节约优先、保护优先、自然恢复为主的方针，以生态文明建设引领城市发展，推动形成人与自然和谐发展的现代化公园城市建设新格局。着力构建生态保护利用、污染防治监管、空间治理美化一体化体系，积极探索中心城区在全方位各领域持续纵深推进生态文明建设。二是加快建立健全绿色低碳循环发展生产消费体系。推进城市工业绿色升级，提升产业园区和产业集群循环化水平，提高服务业绿色发展水平，构建绿色供应链。促进绿色产品消费，加大政府绿色采购力度，落实国家节能产品、环境标志产品优先采购和强制采购政策。加强对企业和城市居民采购绿色产品的引导，鼓励各地采取补贴、积分奖励等方式促进绿色消费。三是创新环保科技。构建清洁生产、污染治理、城市生态保护、绿色产品设计等城市生态环境治理绿色技术创新体系，通过科技创新破解城市生态环境治理技术难题。

建议二：坚持绿水青山就是金山银山

一是深入贯彻绿色发展理念，厚植城市生态本底。加大城市造林增绿力度，采取“政府主导、市场运作、公司承载、园区打造”的市场化、多元化参与方式，完善覆盖城市绿化网

络，多渠道提高城市绿化水平和数量。探索全面实行阶梯水价，大力推进中水回用，积极拓宽生活和工业用水来源渠道，降低地下水开采量。同时，着力保护城乡既有的自然景观、生态景观，建设一系列绿色、生态家园，使绿色、生态家园与周边林网、农田、森林和谐融合，为城市生产生活环境营造良好生态屏障。二是推动城市发展与自然要素过度消耗“脱钩”。加快推进能源生产清洁替代和能源消费电能替代，打造清洁低碳、安全高效的现代城市能源体系。在能源生产环节，以太阳能、风能、水能等清洁能源替代化石能源发电，加快形成清洁能源为主的能源供应体系；在能源消费环节，以电代煤、以电代油、以电代气、以电代柴，加快形成电为中心的能源消费体系。实现能源电力发展与碳脱钩、经济社会发展与碳排放脱钩。三是围绕城市生态环境治理发展生态经济。实施经济发展方式的生态转型，加快生态价值向经济价值转化。通过生态环境治理，依托城市优美的生态环境，有机植入公共服务、商业消费、生态美学等功能设施，积极培育智慧生活、健康休闲、文化创意等新兴业态，推进生态保护升级和经济结构的战略性调整。

建议三：坚持良好生态环境是最普惠的民生福祉

一是以人为本，补齐城市基础设施短板。城市建设要坚持以人民为中心的发展思想，坚持生态惠民、生态利民、生态为民，着力解决损害群众市民健康的突出环境问题，各类基础设施建设的布局与功能要充分考虑人与城市生态文明建设的需求，解决与市民日常生活密切相关的生态治理、人居环境等问题。二是建好生态惠民示范工程。以人民群众关切的生态环境问题为重点，进一步优化工作机制，打造一批主题鲜明、各具特色的生态惠民场景。例如，金牛区以“幸福美好生活十大工程”为抓手，建设水之心等 8 大公园和 16 个特色文化街区，着力营造多元生态场景。三是深入研究生态环保与其他工作的协同推进机制，探索以生态环境为导向的城市开发模式（EOD），突出“服务所有人”，力争满足各类人群的个性化需求，切实提升城市生态环境质量，努力实现生态效益和经济效益“双提升”，着力形成人、城、境、业和谐统一的公园城市发展模式。

建议四：坚持山水林田湖草沙冰是生命共同体

一是在城市环境治理方案上突出系统施策。站在系统工程和全局角度，将山水林田湖草沙冰与城市作为一个生命共同体，厘清城市与生态环境各要素之间的耦合关系，全面统筹水、气、土壤、固废等环境要素一体化治理，促进治理措施系统化，破解城市环境治理中单一单向治理和碎片化治理问题。二是在城市环境治理规划上做好系统布局。按照城市生态系统的整体性、系统性及内在规律，统筹考虑城市生态环境各要素。在充分科学研判当地生态环境和城市管理现状基础上，站在“长期 + 短期”时间维度进行科学系统布局，切忌头痛医头、脚痛医脚的短期性治理行为。三是构建一体化智慧治理、管控体系。充分利用互联网、移动互联网、物联网等网络平台，将智慧环保理念融合到基层现代环境治理工作的全过程，建立一体化智慧治理、管控体系，为基层环境治理过程中的治理、监测、监管、执法提供技术支撑和动态决策分析。例如，金牛区建设了“环保环卫数字化综合管控平台”，有效整合了包括大气环境质量和水环境质量在内的全区环境监测数据资源，形成了一套集预警预报、联防联控、应急处置、情况反馈为一体的智慧治理体系。

建议五：坚持用最严格制度最严密法治保护生态环境

一是坚持用最严格制度最严密法治保护城市生态环境。完善城市生态环境治理制度体系，结合城市生态环境治理面临的新情况、新问题，大力推进绿道体系、生态保护、森林公园建设等方面的立法与制度建设。完善生态环境治理法治体系建设，加快公园城市建设等方面的立法进程，开展城市生态环境治理政策研究。二是加强领导和组织协调，充分凝聚各方合力。对重大城市生态环境治理事项进行科学研究、集中决策，形成分级管理、良性互动的城市生态环境治理工作机制。构建各部门在城市生态环境治理方面的协调联动机制。建立会商机制，加强部门间沟通对接，协调解决基层环境治理工作中的困难和问题；建立协同机制，相关部门共同研究安排部署基层环境治理工作，共同对相关基层人员开展业务培训，共同督促指导基层开展相关工作，共同开展调查研究；建立信息共享机制，部门间实时或定期共享相关数据。三是建立健全城市生态环境治理绩效评价体系。围绕年度主要工作、主要环境指标和"十四五"规划中生态环境相关目标等制定相应评估指标体系，定期开展跟踪分析、考核评估。通过系列考核评估，规范城市环境治理，实时调整城市环境治理目标和重点任务，并制定相应政策和工作标准，为提升精准化城市环境治理工作提供发力方向、经验总结、优化建议、理论指导，以及技术和政策支撑。

建议六：坚持共谋全球生态文明建设

一是加强生态文明宣传教育和科学普及。拥有天蓝、地绿、水净的美好家园，是每个中国人的梦想，也是全人类共同谋求的目标。围绕减污降碳、污染防治、生态保护、气候变化、绿色发展、绿色低碳生活和消费方式转变等生态文明建设重点工作和公众关心的环境问题，采取组织重要环保纪念日活动、开展环保设施向公众开放工作、开设环保公益课堂、制作环保主题文化作品和宣传品、发起绿色倡议、举办圆桌对话、组织自然观察和体验活动等方式，开展宣传教育和科学普及。二是以行动促进认识提升，把建设公园城市转化为全民自觉行动。以城市环境治理体系改革创新为契机，以环保志愿服务平台等生态环保社会组织为桥梁，建立健全群众参与渠道，组织志愿者依法有序参与监督、举报和曝光各类破坏生态环境问题、突发环境事件、环境违法行为及影响公众健康的行为等，在各个生态环境领域开展不同类型的绿色低碳实践活动，包括组织志愿者开展人居环境维护、绿化美化、自然保育、节能减排、资源循环利用等方面的活动，推动社会力量积极参与到城市生态环境治理工作。例如，金牛区通过探索建立环保环卫志愿服务总队，开发利用"金牛环保志愿服务平台"，发动多方力量，引导公民自觉履行环保责任。三是倡导绿色低碳生活方式。推进"光盘行动"，坚决制止餐饮浪费行为。推进生活垃圾分类收集和资源化利用，持续提升城市生活垃圾回收利用率。推进塑料污染全链条治理、过度包装治理，加快快递包装绿色转型，积极推广可循环快递包装应用。优先发展城市公共交通，有序发展共享交通，积极引导绿色出行。

建议七：支持试点探索城市生态环境治理新路径

一是积极开展试点。鼓励地方政府结合当地实际，围绕做好城市生态环境治理，完善现代环境治理体系，针对各城市的问题和特点，因地制宜积极开展现代环境治理体系改革试点工作。二是制定改革项目清单。在开展现代环境治理体系改革过程中，通过制定一批重点工作改革事项清单，如生态惠民工程、黑臭水体整治、EOD 项目等，发挥好改革先导性作用，展示各地生态环境保护特色路径。三是点面结合、多层次推进。在打造了一批现代环境治理体系改革实践的鲜活案例和样本后，对行之有效的试点、政策措施形成可复制可推广的好经验、好做法，及时向各地区推广普及，通过地方政府引导，同时加大资金投入，促使各地区发挥自身优势，多元发展。

关于完善乡镇基层生态环境治理体制机制的建议

罗彬　张凌杰　林佳丽
四川省环境政策研究与规划院

冯中兵　张平述
绵阳市生态环境局

余淑蓉
绵阳市三台生态环境局

【摘　要】完善基层生态环境治理体制机制，打通、做实生态文明建设和生态环境保护“最后一公里”，是生态环境领域做好“两项改革”后半篇文章的重要任务，也是深化“支部建在连上”，加强新时代基层生态环境治理组织建设，把生态文明建设全面融入“五位一体”总体布局的切实举措。本文针对生态环境治理现实需求，对绵阳市基层生态环境保护体制机制改革试点先行区——三台县进行了深入调查研究，研判了基层生态环境治理长期未走顺的“三道门”问题，总结出三台县推进县乡生态环境治理的“三个统筹”经验做法，提出了完善乡镇环境治理体制机制需要把握的“四项启示”原则，最后提出了深化“支部建在连上”、构建县乡一体统筹的基层生态环境治理体系的四点建议。

【关键词】基层生态环境治理；三个统筹；支部建在连上；县乡一体统筹

在完成镇村“两项改革”基础上，绵阳市生态环境局主动作为，积极回应强化基层生态环境治理能力的现实需求，率先、创新在绵阳市三台县开展了基层生态环境保护体制机制改革试点，截至2021年年初改革工作已基本完成。带着“为何改？怎么改？改得如何？有何经验与启示？”等问题，笔者先后赴试点镇——绵阳市三台县芦溪镇、灵兴镇、建中镇等地开展调研和座谈，通过“解剖麻雀”，了解当地环保体制机制改革情况，梳理出一些具有参考价值的经验和启示，并提出有关建议。

一、存在问题——基层生态环境治理长期未走顺的“三道门”

在四川省推进乡镇行政区划调整改革和村级建制调整改革前，“镇村零散、县乡脱节、条块分割”是基层行政管理长期面临的问题，此背景下基层生态环境保护工作落实也面临诸多瓶颈，主要体现在：一是工作责任方面存在上面压却顶不过的“弹簧门”。长期以来，乡镇生态环保“属地权责”与“属地管理”并未匹配，在乡镇开展生态环保工作，离“事随责走、责随权走、钱随权走、人随权走”的局面还有较大差距。表面上看，生态环保任务下到了乡镇基层，但权力、资金、人员等仍掌握在相关部门手中，乡镇缺乏具体抓手，“上面喊得高，基层干不动”的现象普遍存在。二是环境管理方面存在看得见却走不通的“玻璃门”。对于基层生态环保工作，派驻县（区）的生态环境部门“要管事却鞭长莫及”，乡镇“想管事却又抓不到章法”的现象一定程度存在，形成了基层生态环保工作“有工作要求的框框，无分工和联动的举措”局面，权、责被局限在生态环境部门的“玻璃门”内，县（区）镇（乡）的权、责、人、财、事对应不明晰，导致“部门管不赢、镇乡理不清、人员干不顺”，镇乡大量精力被耗空。三是人员方面存在不停转却绕不出的“旋转门”。乡镇普遍存在“一人多岗、多责”，但“考评压力山大，但工作业务不清”“流汗流泪还心力交瘁”等更是横亘在工作落实、科学考核面前的难题。“乡镇忙于跑圈圈，考评工作画圈圈”是相当一段时间以来的常态。

二、主要做法——推进县乡生态环境治理“三个统筹”

三台县环保系统坚持“创新在一线、担当在一线”，聚焦基层环保工作落地落实的瓶颈问题，扭住“职责分工、各方主体、考核运用”三个关键点，充分统筹协调，创新构建了分工明层次清的责任体系、常态化无缝隙的治理体系、立体式多维度的考评体系，顺利完成了基层生态环境保护体制机制改革试点。2020 年，三台县环境质量改善创近 8 年来最佳成绩，首次全面完成上级下达的环境质量约束性目标任务，体制机制改革成效显著。

（一）统筹县乡职责、促进共同担当——构建分工明、层次清的责任体系

三台县把责任压实作为推进工作的前提条件，注重深化“责任共同体、命运共同体、荣辱共同体”的认识，深入实施“责任清单化”，围绕乡镇生态环保重点任务，分别从乡镇党委政府、乡镇领导干部、乡镇内设机构三个层面梳理出“三张清单”，构建了层层压实、一体化、系统化的环保责任体系。一是梳理健全乡政党委政府“统揽管总”的责任清单。研究制定《三台县乡镇党委、政府生态环境保护工作责任清单》，明确规定各试点乡镇党委政府对本行政区域内的生态环保工作和生态环境质量负总责，明确界定在政治引领、组织领导、规划先行、绿色发展、污染防治、环境监管、问题整改、宣传教育和监督考核等方面的工作任务和目标。二是梳理健全乡镇领导干部“分工明确”的责任清单。指导各试点乡镇针对性研究制定《乡镇领导干部生态环境保护工作责任清单》，明确党政主要领导负总责，分管领导统筹抓总、具体负责，其他领导对分管范围内的生态环保工作直接负责。芦溪、灵兴、建中 3 个试点镇多次召开党委会，班子成员多次主动集体梳理、讨论各自分管范围内的生态环保工作职责，将需要自己做的、需要别人配合做的、需要配合别人做的事项予以明确，并集体签字确认。三是梳理健全乡镇内设机构“细化落实”的责任清单。指导各试点乡镇研究制定乡镇机构[含乡镇党政机构、直属事业机构和派驻（出）机构、村（社区）]生态环保责任清单，尽量细化生态环保具体工作事务，并将其落实到部门、明确到人头，构建起“横向到边、纵向到底、边界清晰”的乡镇村组生态环保责任分工体系。

（二）统筹各方力量、强化整体能力——构建常态化、无缝隙的治理体系

三台县把力量统筹作为推进工作重要抓手，通过推进“四化改革”，着力提升基层业务能力、监管能力、治理能力，及时发现和妥善处置群众身边的突出生态环境问题，不断提高人

民群众生态环境获得感、幸福感、安全感。一是推进业务能力建设“指南化”。针对基层环保工作落地缺乏“专业性、针对性指导”，探索制定各乡镇差异化、简明实用的乡镇生态环保工作指南，把责任清单、重点污染源监管清单、各类环境问题整改清单和经常用得到的一些法律和环保业务知识纳入工作指南，实现了每个乡镇、每名干部“干事一册在手、干法了然于胸”。二是实施环境监管纵横交织“网络化”。纵向上建立从乡镇到村（社区）、村民小组甚至到院落的完整有效的环境网格化监管体系，层层落实环境监管网格员，定范围、定责任、定考核，实施“环境网格员全覆盖 + 环境信访办理 + 环境问题快速反应”的闭环工作机制。横向上鼓励相关各方创新开展县县间、镇乡间、村社间，上下游、左右岸、干支流，全方位、多领域、多层次的生态环保合作机制，以“信息共享、定期会商、协同监管”为导向，协同开展区域大气污染、流域水污染和生态保护联防联控工作。三是开展环境治理“智慧化”。推动生态环境监测装备和相关信息化、现代化治理手段向乡镇普及，确保快速反应，及时发现和处置生态环境问题。三台县芦溪镇将“雪亮工程”“数字城管”“慧眼工程”“绵阳市秸秆禁烧”等系统进行整合，融合创建数字环保系统，推进“智能化”监控。四是推动环境治理“全民化”。支持乡镇、村社组织当地群众、社会组织等参与生态环保工作，发挥其立足地方、了解实情、联络广泛等优势，形成生态环保共治共享的良好局面。三台县建中镇创立了麻柳河环境保护协会，动员干部、党员、群众参与相关生态环保工作，实现了推进环保与保障民生福祉的统一。

（三）统筹县乡考核、提升干事积极性——构建立体式、多维度的考评体系

三台县把考核制度作为检验工作成效的“标尺”，注重过程与结果、正面激励与失职问责相结合，坚持“三种导向”考评，科学设置考评指标体系，实现责任一体明确、指标一体下达、成效一体考评、考核结果一体运用。一是注重“精细导向”，明确考核内容。制定《三台县生态环境保护党政同责工作目标绩效管理办法》《三台县 2020 年乡镇、园区生态环境保护党政同责工作目标任务及考评细则》和《三台县 2020 年县级部门生态环境保护党政同责工作目标任务及考评细则》，重点考核加强组织领导情况、推动重点工作情况、强化考核问效情况，并细化具体计分方式。二是注重“督查导向”，严格考核程序。三台县委、县政府把生态环保工作纳入重点工作督查范围，建立生态环保重点工作督查制度。从“重督组”和生态环境局抽调 12 名干部组建两个督查组，常态化开展各类生态环保专项督查和明查暗访，每次督查都做到有方案、有检查、有通报，所有督查结果均应用于党政同责考核。三是注重“激励导向”，用好考核结果。根据考核得分排名，由县生态环境保护委员会确定一定数量考评对象为先进单位，在县委、县政府综合考评得分中予以加分。同时对排名后 3 位的乡镇进行约谈。并将考核结果作为领导班子和领导干部综合考核评价及干部选拔任用、奖惩、评先评优的重要依据。

三、经验启示——生态环境治理应充分依靠基层力量，推动基层环境治理体系和治理能力现代化

从中央到省委，均明确提出“十四五”期间将深入打好污染防治攻坚战。“打好乡镇基层

生态环境保护战”是新时期深入打好污染防治攻坚战的重要标志之一，是“延伸深度、拓展广度、强化力度”的表现形式之一。完善乡镇环境治理体制机制，总体应深刻把握以下几项原则：

一是深刻认识保护和发展的关系，切实将生态文明建设在基层全面融入“五位一体”总体布局。乡镇党委政府一定要深刻认识到生态环境保护与推动发展不是对立的，统筹推进经济社会发展与生态环境保护各项工作，坚定不移走生态优先、绿色发展之路。二是深刻认识“党政同责、一岗双责”，确保生态环保责任在基层全面落实落地。乡镇党委政府必须着力厘清职责，明确基层环保该抓什么、谁来抓、怎么抓，让齐抓共管机制回归本位。三是深刻认识“一分部署九分落实”，创新工作机制鼓励基层“攻坚克难”。围绕城乡环保协同推进的“痛点”“堵点”，通过强化城乡协调，形成“乡镇围绕中心干、部门协同乡镇干、大家服务基层干”的城乡生态环境统筹治理新格局。四是深刻认识“美丽中国，我是行动者”的重要性。充分凝聚力量，给基层组织“赋能”，给社会组织“授权”，请广大企业“出力”，请人民群众“参与”，保障生态文明建设的国家战略和以绿色为底色的新发展理念成为基层政府和广大民众的共识。

四、改革建议——深化“支部建在连上”，构建县乡统筹一体的基层生态环境治理体系

（一）厘清职责“边界线”，因地制宜明确乡镇生态环保职责

在做好镇村两项改革“后半篇”文章的工作中，乡镇机构设置“千人一面”现象仍存在，一定程度上忽视了乡镇功能定位对环保工作的差异化需求。据此建议：一是梳理乡镇类型。从服务乡村振兴战略、优化资源配置、推进新型城镇化、城乡融合发展等需求出发，根据乡镇规模、自然地理条件、经济发展、环保重点等情况，在市、县层面统筹确定每个乡镇的功能定位（如经济型、生态型、农业型、复合型等），差异化梳理不同乡镇类型的生态环保工作重点、责任分工结构等。二是实行乡镇生态环保差异化机构设置。在区别乡镇功能定位特征基础上，生态环保任务重的乡镇可在机构数量限额内，专门设置生态环保机构，配足配强专业人员。生态环保任务量一般的乡镇，可将生态环保与其他领域整合设立机构。三是梳理乡镇生态环保职责清单。差异化界定各乡镇生态环保工作任务和目标，“分好”责任清单，“做细”任务流程，制定特点明晰、简明实用的乡镇生态环保工作指南，推动实施“网络化”环境监管，开展“联动化”环境治理。

（二）提升人员“战斗力”，强化乡镇生态环保队伍建设

目前，乡镇生态环保工作存在明显的短板与不足，干好基层生态环保工作还需加强队伍建设，促进基层环保工作“人心顺、泰山移”。据此建议：一是推进人员力量向基层下沉整合。强化乡镇对涉及环保职责的各部门派驻机构人员的日常管理，尝试赋予乡镇对涉及生态环保职责的派驻干部指挥协调权、管理考核权、推荐提名权、反向否决权，保障派驻干部管理一

体化、使用一线化。按属地化管理原则，由乡镇统筹指挥调配条线协辅人员，同步整合各条线相关经费，按照费随事转的原则，由县财政统一转移至乡镇。二是优化县域内编制使用与调配。实现基层生态环保管住、用好、不出事，允许县级党委政府在乡镇间调剂使用乡镇编制。在县（区）级部门派驻机构设置方面，结合乡镇生态环保工作实际，优化派驻布局，根据实际需要调整专门派驻、跨区域派驻的方式和人员的数量与方式。三是加强乡镇生态环保业务能力建设。每年由县生态环境局统筹安排，对承担乡镇生态环保工作的相关人员展开培训，提升基层生态环保工作针对性、时效性，注重基层履职能力提升长效机制建设，推动基层干部从“要求我、催我负责”转为“我可以、我愿干事”。

（三）强化政策“导向性”，完善乡镇生态环保科学考核机制

实施基层生态环保改革试点后，落实生态环保职能职责需要特别注意乡镇生态环保工作的考核精准度，实现考核“有实效、讲公允、激励人”。据此建议：一是围绕赋能基层持续优化考核。坚持赋能基层必须精准考核的原则，切实增强乡镇统筹协调能力，将考核“业务随着权责走”调整为“考核随着实干走”，大胆创新考核机制，精准保障、有效激励考核目标的实现。二是强化城乡协调考核督办。建议出台省级或市级关于加强县级部门与乡镇生态环保一体化管理考核的政策，以“点兵点将”闭环机制为导向，实施县乡“双向捆绑”考评，推动部门与乡镇同担当、共进退，提升城乡生态环保统筹管理能力。三是探索开展基层生态环保人员多维考评。探索实施双向选岗，乡镇和派驻人员统一纳入“岗位、模块、组团、专项”等多维考评体系，激发基层人员担当干事。强化环保网格工作考核管理，建立动态管理和待遇保障相匹配的网格工作考核机制，确保网格工作有效运行。

（四）规范执法“合法性”，提升城乡生态环保监管执法效能

把基层生态文明建设和生态环境保护纳入规范化、法制化轨道，将基层生态环保执法同基层综合行政执法改革有效衔接起来，推动基层生态环境治理现代化。据此建议：一是在模式上“一支队伍管执法”。借鉴浙江、江苏等地经验，以资源整合、效率提高为原则，整合基层环保执法权限,实行“条块结合、以块为主”统筹管理，属地内打造“综合执法＋联合执法”行动体系。设立乡镇“高配”综合行政执法队，由镇乡党政领导兼任队长，统筹协调辖区内包括环保在内所有执法事务。合理配备下沉人员、抽调人员和社会辅助人员等，打造一支覆盖面广、专业高效的执法队伍。二是在方法上精准有效“不搞一刀切”。加强环保执法与重点监管、信用监管、河长制、林长制等融合。根据乡镇生态环境问题，实施分类监管，探索推广乡镇生态环保“正负面清单”。大力推广使用热点网格、信息监测等智能化手段，用好非现场监管手段。规范自由裁量权，提升精准、实效执法水平，坚决避免“平时不作为，急时一刀切”“一律关停”和“先停再说”等现象。三是在技术和装备上优先保障一线所需。根据不同乡镇生态环境特征和环保工作任务要求，强化一线监管执法所必需的设备、设施，依靠专业技术人员准确提供满足当地需求的技术支撑、监测监管、整改提升方案，促进乡镇环保监管执法在设备保障上集约、在技术应用上有效。

（五）提高公众“参与度”，鼓励社会力量参与基层生态环保

长期以来，政府都是行政管理的主体，社会力量被视为管理的对象或客体；环保社会团体在乡镇基层生态环保中的参与度不高，发挥作用有限。据此建议：一是发挥生态环保社会组织的“桥梁”功能。支持社会团体作为政府和企业、公众之间协商对话的平台，鼓励社会团体充当基层生态环保面向公众的“传声筒”，畅通沟通渠道，推动生态环保相关法规、政策、理念等落地基层。二是发挥生态环保社会组织的“助推”功能。创新引进环保社会组织参与农村污水治理、垃圾分类处置等环节，引入并用好价格机制、目标考核机制，助力垃圾分类处置得当、生活污水治理有效。通过环保社会组织力量鼓励绿色产品消费，推广各类绿色节能产品，更广泛开展绿色生活领域创建，支持电商、移动互联、共享平台和快捷物流等为镇村居民践行绿色低碳行为提供更多选择和引导。三是发挥生态环保社会组织“监督”功能。对公众和环保社会组织有权监督的生态环境领域，鼓励其积极有效参与、开展建设性监督。在对周边有较大环境影响的项目决策前，按照法律法规要求做好公众参与，充分发挥公众和环保社会组织的监督作用。